国家出版基金项目
NATIONAL PUBLICATION FOUNDATION

公共安全治理新格局丛书
New Patterns of Public Safety Governance Series

主　编 · **魏礼群**　　执行主编 · 李雪峰
Chief Editor · WEI Liqun　　Executive Editor · LI Xuefeng

网络安全治理新格局

The New Pattern of Cybersecurity Governance

封化民　孙宝云 / 著
FENG Huamin　SUN Baoyun

U0285306

北京 · 国家行政学院出版社
BeiJing · Chinese Academy of Governance Press

图书在版编目（CIP）数据

网络安全治理新格局 / 封化民 , 孙宝云著 . —北京：
国家行政学院出版社 , 2018.7
（公共安全治理新格局丛书 / 魏礼群主编）
ISBN 978-7-5150-2161-4

Ⅰ . ①网… Ⅱ . ①封… ②孙… Ⅲ . ①计算机网络—
网络安全—研究 Ⅳ . ① TP393.08

中国版本图书馆 CIP 数据核字（2018）第 155541 号

书　　名	网络安全治理新格局	
	WANGLUO ANQUAN ZHILI XINGEJU	
作　　者	封化民　　孙宝云	
策划编辑	张翠侠	
责任编辑	张翠侠	
出版发行	国家行政学院出版社	
	（北京市海淀区长春桥路 6 号，100089）	
	http://www.nsapress.com.cn	
电　　话	（010）68920640　68929037	
编 辑 部	（010）68922480	
经　　销	新华书店	
印　　刷	北京尚品荣华印刷有限公司	
版　　次	2018 年 7 月北京第 1 版	
印　　次	2019 年 1 月北京第 2 次印刷	
开　　本	185 毫米 × 260 毫米　1/16	
印　　张	19.25	
字　　数	328 千字	
书　　号	ISBN 978-7-5150-2161-4	
定　　价	68.00 元	

公共安全是社会安定、社会秩序良好的重要体现，是人民安居乐业的重要保障。我国公共安全事件易发多发，公共安全问题处理得好不好，直接关系到人民生命财产安全、社会和谐稳定以至国家安全。正如习近平总书记强调的，"公共安全连着千家万户，确保公共安全事关人民群众生命财产安全，事关改革发展稳定大局"。

党的十八大以来，以习近平同志为核心的党中央把维护公共安全摆在更加突出的位置，作出了一系列部署。党的十八大提出要加强公共安全体系建设，十八届三中全会围绕健全公共安全体系提出了食品药品安全、安全生产、防灾减灾救灾、社会治安防控等方面体制机制改革任务，十八届四中全会提出了加强公共安全立法、推进公共安全法治化的要求。十八届中央政治局第二十三次集体学习专门讨论了公共安全问题。党的十九大又进一步重申"树立安全发展理念，弘扬生命至上、安全第一的思想，健全公共安全体系，完善安全生产责任制，坚决遏制重特大安全事故，提升防灾减灾救灾能力。"此外，党中央和习近平总书记就公共安全各领域工作作出了一系列新的部署。可以说，我国公共安全治理的新格局正在逐步形成。

"公共安全治理新格局丛书"，是阐释构建公共安全治理新格局的新理念、新战略、新政策、新措施、新方法的一套著作。丛书由国内相关领域的资深作者撰写，首批共包括六个分册：

第一分册，为《中国特色安全之路》。将习近平总书记关于"加快构建全方位、立体化的公共安全网"的论述，概括为"全面安全治理"思想，集中阐释我国公共安全治理新的总体理念、总体战略、总体政策，是全套丛书的总论部分。

第二分册，为《防灾减灾救灾新格局》。围绕防灾减灾救灾是"衡量执政党领导力、检验政府执行力、评判国家动员力、体现民族凝聚力的一个重要方面"

等论述，全面阐释自然灾害应对领域新的战略思想与战略布局，以及各级党委政府应当落实的新工作格局。

第三分册，为《生态安全治理新格局》。从"坚决筑牢国家生态安全屏障"的高度，系统阐释生态安全的新理念、新战略、新思路。

第四分册，为《食品安全治理新格局》。以落实"最严谨的标准、最严格的监管、最严厉的处罚、最严肃的问责"的思路，系统阐述食品安全治理体系，以及健全从农田到餐桌的每一道防线的工作机制。

第五分册，为《社会安全治理新格局》。以落实"系统治理、依法治理、综合治理、源头治理"的总体思路，深入阐释社会安全风险治理的系统工作思路。

第六分册，为《网络安全治理新格局》。全面阐释习近平总书记关于"要树立正确的网络安全观，加快构建关键信息基础设施安全保障体系，全天候全方位感知网络安全态势，增强网络安全防御能力和威慑能力"的要求，系统讲述各级党委政府抓好网络安全新的思路、方法与策略。

本套丛书具有如下特点：

第一，高端权威性。全面、深入阐释党中央关于公共安全治理的理念、战略与政策，为各级领导干部抓好公共安全工作提供权威的参考指南。

第二，思路创新性。着眼于国家治理现代化和全面深化改革的思路，各专题著作都在论述公共安全治理理念、战略、政策的基础上，对公共安全问题加以深度剖析，凝练核心概念，总括工作思路，前瞻性地阐发创新公共安全治理的思路与布局。

第三，实践应用性。本套丛书以各级党政领导和专业部门领导干部为主要读者对象，以领导干部工作需要为切入点，努力将思路、政策、策略、方法等提纲挈领地清晰表述，使丛书成为好用、管用的工作指导读本。

第四，内容可读性。本套丛书以读者为中心，努力成为读者友好型读物，在行文表述上力求表述生动、图文并茂、以案释理，成为好读、好用的政务参考书。

魏礼群

2018年5月

2017年10月24日，中国共产党第十九次全国代表大会胜利开幕。党的十九大是在全面建成小康社会决胜阶段、中国特色社会主义进入新时代的关键时期召开的一次十分重要的大会，对于动员全党全国各族人民坚定道路自信、理论自信、制度自信、文化自信，万众一心、开拓进取，把新时代中国特色社会主义推向前进，开创更加美好的未来，具有十分重大的意义。党的十九大报告指出，"统筹发展和安全，增强忧患意识，做到居安思危，是我们党治国理政的一个重大原则。"报告明确提出"坚持总体国家安全观"，强调"必须坚持国家利益至上，以人民安全为宗旨，以政治安全为根本，统筹外部安全和内部安全、国土安全和国民安全、传统安全和非传统安全、自身安全和共同安全，完善国家安全制度体系，加强国家安全能力建设，坚决维护国家主权、安全、发展利益。"总体国家安全观的进一步明确标志着我国从此进入网络安全治理的新时代。

进入新时代，互联网将进一步全方位融入我国的政治、经济、社会、文化等各个方面，在推动社会发展中发挥不可替代的重要作用。党的十八大以来，党中央、国务院高度重视网络安全工作，成立了中央网络安全和信息化领导小组，出台了一系列有关网络安全的战略、规划和法律，并对网络安全治理提出了新要求，完善了网络安全治理的顶层设计。十八届三中全会提出推进国家治理体系和治理能力现代化、加大依法管理网络力度，确保国家网络和信息安全。"十三五"规划设立专章"强化信息安全保障"，提出统筹网络安全和信息化发展，完善国家网络安全保障体系。"十三五"国家信息化规划提出强化网络安全基础性工作，加强网上正面宣传，推进依法办网，健全网络与信息突发安全事件应急机制。《国家信息化发展战略纲要》也明确提出，要依法管理我国主权范围内的网络活动，坚定捍卫我国网络主权。党的十九大后，为加强党中央对涉及党和国家事业全局的重大工作的集中统一领导，强化决策和统筹协调职责，将中央网络安全和信息化领导小组改为中央网络安全和信息化委员会，负责网络安全领域重大工作的顶层设计、总体布局、统筹协调、整体推进、督促落实。

从全球范围看，互联网领域发展不平衡、规则不健全、秩序不合理等问题日益凸显。现有网络空间治理规则难以反映大多数国家意愿和利益；世界范围内侵害个人隐私、侵犯知识产权、网络犯罪等时有发生，网络监听、网络攻击、网络恐怖主义活动等成为全球公害，全球网络空间治理面临严峻挑战。从国内情况看，网络安全形势亦十分严峻，习近平总书记指出，没有网络安全就没有国家安全。"网络安全和信息化是事关国家安全和国家发展、事关广大人民群众工作生活的重大战略问题，要从国际国内大势出发，总体布局，统筹各方，创新发展，努力把我国建设成为网络强国。"这是本书研究的重要时代背景。

本书的研究对象是网络安全治理，属于跨学科研究，覆盖政治学、管理学、情报学、计算机、密码、保密等多学科的专业知识。全书共包括七章内容：绪论部分介绍了网络安全的严峻挑战、各国网络安全治理的经验、我国网络安全治理的历程。第一章介绍了习近平网络安全观和我国网络安全战略、法律、法规及治理体制。第二章聚焦网络安全风险治理，主要包括我国网络安全风险治理的现状、国外的经验、完善国内网络安全风险治理的建议。第三章是网络安全应急治理，研究了国内应急管理的现状、国外网络安全应急治理的经验，并提出加强国内应急治理的举措。第四章是全面提高领导干部网络安全素养，阐释了领导干部要知网、懂网、用网，介绍了国外政治人物的用网经验及教训，提出了提升领导干部网络安全素养的新思路。第五章是网络安全专业人才培养，分析了现状、总结了国外经验，探讨了完善国内网络安全专业人才培养的途径。第六章是网络安全宣传教育，介绍了宣传教育的现状、国外的经验，并提出了强化国内网络安全宣传教育的举措。

本书是领导干部培训的参考教材，以党政机关领导和专业领域的领导为主要读者对象，系统阐释了习近平总书记的网络安全观；全面梳理了党的十八大以来党中央、国务院关于网络安全治理的理念、战略与政策；深入分析了国外网络安全治理的经验，为各级领导干部做好网络安全治理工作提供了权威的工作参考指南。为增强趣味性、可读性，本书各个章节均不同程度嵌入相关图片、经典案例或知识链接，能够满足不同层面读者后续深入学习、研究的需求，是一本好读、管用、系统、全面的网络安全治理参考书。

《网络安全治理新格局》编写组

2018年3月

目录
Contents

绪论　网络安全形势与网络安全治理

第一节　网络安全的严峻挑战

网络安全问题发轫于互联网的快速发展。从世界上第一封电子邮件在1971年被发送，到现在每年有近40万亿封电子邮件被发送；从第一个"网站"在1991年出现，到2013年有超过30万亿个人网页；从屈指可数的联网电脑到2012年思科公司有87亿台连接到互联网的设备，相信到2020年，这个数字将上升到400亿台，实现汽车、冰箱、医疗设备等的万物互联，①互联网正以前所未有的方式深刻改变着我们的日常生活。

在我国，近20年互联网经历了飞跃式发展，截至2017年6月，中国网民规模已达7.51亿，互联网普及率为54.3%；②同期，全球网民人数为34亿，全球互联网普及率为46%。③也就是说，我国网民人数已超过世界网民总数的1/5，互联网普及率亦超过全球平均值8个百分点，是名副其实的网络大国。"以互联网为代表的数字技术正在加速与经济社会各领域深度融合，成为促进我国消费升级、经济社会转型、构建国家竞争新优势的重要推动力。"④但是，互联网带给我们的不仅仅是高效和便捷，还有巨大的网络安全风险。根据《中华人民共和国网络安全法》第七十六条的定义，"网络安全是指通过采取必要措施，防范对网络的攻击、侵入、干扰、破坏和非法

---

① 【美】P.W.辛格，艾伦·弗里德曼.网络安全：输不起的互联网战争［M］.中国信息通信研究院，译.北京：中国工信出版集团、电子工业出版社，2015（XII-XIII）.

②④　中央网络安全和信息化领导小组办公室，国家互联网信息办公室，中国互联网络信息中心.第40次中国互联网络发展状况统计报告［N/OL］.2017-08-04［2017-12-18］.http://www.cac.gov.cn/files/pdf/cnnic/CNNIC40.pdf.

③　【美】玛丽·米克尔.2017年的互联网趋势报告［N/OL］.腾讯科技，2017-05-31［2017-12-22］.http://tech.qq.com/a/20170601/009038.htm#p=1.

使用以及意外事故，使网络处于稳定可靠运行的状态，以及保障网络数据的完整性、保密性、可用性的能力。"当前，全球范围内的网络安全形势十分严峻：一是黑客攻击的常态化。《网络安全：输不起的互联网战争》一书中这样写道："97%的财富500强企业已经被黑客攻击（剩余3%可能也已被攻击，只是不知道而已），以及一百多个国家政府都在摩拳擦掌准备在网上开战。"[①]统计报告也显示，2015年，有4/5的组织的攻击响应预案无法适应新形势，有69%的受害者甚至是在外界披露后才知道自己遭受了攻击。二是安全响应速度的迟缓。对攻击作出响应往往需要数月的时间，有4/5的组织的攻击响应计划跟不上形势。但是事实上，"如果有合适的技术，再辅以智能和专业知识，从检测到响应的时间可以缩短90%以上。"[②]因此，某种意义上可以说，网络安全问题是21世纪人类社会面临的最大挑战之一。2016年4月，在网络安全和信息化工作座谈会上，习近平总书记指出："从世界范围看，网络安全威胁和风险日益突出，并日益向政治、经济、文化、社会、生态、国防等领域传导渗透。特别是国家关键信息基础设施面临较大风险隐患，网络安全防控能力薄弱，难以有效应对国家级、有组织的高强度网络攻击。这对世界各国都是一个难题，我们当然也不例外。"[③]在国内，网络安全面临的严峻挑战主要包括网络安全意识、关键基础设施、个人隐私、网络犯罪、网络恐怖主义、大数据安全隐患等方面，详述如下。

一、网络安全意识亟待加强

互联网的免费、高效和便捷是吸引网民的法宝：方便的Wi-Fi、无限存储的云端、方便支付的二维码、无所不能的手机，以及随时可以建群的微信等。但是，所有这些便捷操作中都蕴含着巨大的安全风险，如果缺乏网络安全意识，大量的个人信息在不知不觉中就被网络收集、存储在某个我们不知道的服务器中。其中，最简单的例子就是通过设置协议的方式收集信息，有些协议甚至设置了默认"同意"，这就意味着，只要你使

[①] 【美】P.W.辛格，艾伦·弗里德曼.网络安全：输不起的互联网战争［M］.中国信息通信研究院，译.北京：中国工信出版集团、电子工业出版社，2015（XII-XIII）.

[②] 【美】玛丽·米克尔.2015年全球互联网趋势报告［N/OL］.中国电子银行网，2015-05-29［2017-12-23］.http://hy.cebnet.com.cn/20150529/101187640_4.

[③] 习近平.在网络安全和信息化工作座谈会上的讲话［N］.人民日报，2016-04-26（2）.

用了这个软件就等于"默认"第三方对个人信息进行收集与使用。以2018年元旦刷屏的"支付宝个人年度账单和年度关键词"为例，大多数网友在转发时并没有留意到杂乱背景下的默认设置，即"同意《芝麻服务协议》"，虽然不到一天时间内这个问题就被具有安全意识的某位专业人士揭穿，而主办方也很快承认这是个"愚蠢至极的错误"，[①] 并在新版本中允许网友自主选择是否同意协议。但是就像新华社的评论所言，"满满的情怀被套路坑了"是用户的普遍感受，《芝麻服务协议》对个人信息的收集与使用，似乎已经超出了查看信用账单的合理需要。[②]

但这只是最简单的信息收集方式，更多的商家会采用更隐蔽的方式收集信息。例如，通过设置一定程序，在系统中自动收集用户的相关信息。此类程序通常隐藏很深，即使可以关闭，没有一定常识的网民也不知道从何下手，更何况还有很多网民甚至都不知道这个程序的存在。例如"苹果手机中的定位功能可以显示手机用户经常活动的地点，活动的时间及频度，会把一个人完整的行为轨迹进行比较翔实的分析，是公开性的，没有任何秘密。"[③]这个功能是记录"常去地点"或"重要地点"，该功能隐藏很深，但默认设置是"打开"，如果用户没有关闭该程序，手机就变身跟踪器，自动记录机主每天的行踪，并储存在不为我们所知的网络中，由此带来的个人安全风险不言而喻。"时代性的技术带来更重要的改变，网络中的数据因永久保存而永远存在，网络为人类实现了不会遗忘的记忆，网络永远记住了每个人的每个行为。"[④]此外，"苹果手机还会通过APP程序、Wi-Fi连接等记录用户的位置信息，而这些用户位置信息会被存放在手机的加密文件中。通过找到这些文件，也可以破解出用户曾经的位置信息记录。"[⑤]

---

① 芝麻信用综合.官方回应支付宝年度账单默认勾选：我们愚蠢至极[N/OL].中国青年网，2018-01-04[2018-01-05]. http://news.youth.cn/kj/201801/t20180104_11238779.htm.

② 许晟，周琳.靠默认勾选套取用户信息，差评![N/OL].新华网，2018-01-04[2018-01-04]. http://news.cnr.cn/comment/latest/20180104/t20180104_524087491.shtml.

③ 苹果手机定位：定位记录用户行踪[N/OL].2014-07-11[2017-07-30].央视网，http://news.cntv.cn/2014/07/11/VIDE1405041665250359.shtml.

④ 中央电视台大型纪录片《互联网时代》主创团队.互联网时代[M].北京：北京联合出版公司，2015:221.

⑤ 古晓宇.iPhone被曝记录用户位置隐私[N/OL].京华时报，2014-07-12[2017-07-21]. http://tech.sina.com.cn/t/2014-07-12/01399489467.shtml.

链接：如何关闭苹果手机中的"重要地点"

在苹果手机的定位服务中有一项名为"重要地点"或"常去地点"的功能，如果不关闭，就会记录并显示用户到达过的地点，包括在什么时间去过哪些地方，以及在该地点停留了多长时间。这样，你每天去了哪些地方、停留了多长时间都会被标注在地图上，对个人隐私保护是一个巨大隐患。苹果手机的这个功能隐藏很深，关闭时需要输入手机密码，具体关闭的路径是：设置→隐私→定位服务→系统服务→重要地点（常去地点）→关闭。

当前，国内网民安全意识淡薄的问题十分严重。2015年6月，在第二届国家网络安全宣传周启动仪式上，我国发布了首个《公众网络安全意识调查报告（2015）》。报告显示：公众网络安全意识不强，网络安全知识和技能亟须提升，如有81.6%的网民不注意定期更换密码，其中遇到问题才更换密码的占64.6%，从不更换密码的占17.1%。尤其需要注意的是，青少年网络安全基础技能、网络应用安全等意识也亟待加强，例如，我国有75.9%的网民存在多账户使用同一密码问题，其中最严重的是青少年网民，达82.4%；我国有44.4%的网民使用生日、电话号码或姓名全拼设置密码，其中青少年网民占比高达49.6%。此外，老年人安全事件处理能力和法律法规了解水平也亟须提高。例如，有55.2%的网民曾遭遇网络诈骗，但及时向当地公安机关报案的仅占12.4%，其中，60岁以上的网民"不知道如何处理"的比例高达34.1%。[①]到2016年年底，中国互联网络信息中心发布的报告显示，依然有超过三成的网民对网络安全环境持信任态度，认为网络环境不太安全和很不安全的人数仅为20%（见图0-1）。[②]

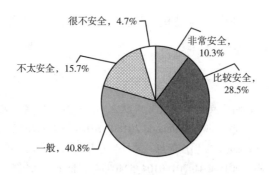

图0-1 网民网络安全感知

① 本刊编辑部.我国发布首个《公众网络安全意识调查报告（2015）》[J].中国信息安全,2015(6).

② 中央网络安全和信息化领导小组办公室，国家互联网信息办公室，中国互联网络信息中心.中国互联网络发展状况统计报告[N/OL].2017-01-22 [2017-4-20]. http://www.cnnic.net.cn/hlwfzyj/hlwxzbg/hlwtjbg/201701/P020170123364672657408.pdf.

缺乏网络安全意识的直接后果就是网络诈骗、网络木马病毒等安全事件的高发。报告显示，2016年，有高达70.5%的网民遭遇了网络安全事件，以当年7.3亿网民的基数计算，网络诈骗的覆盖人群超过5亿，其中网络诈骗占39.1%，设备中毒或木马中毒占36.2%，账号或密码被盗占33.8%，个人信息泄露占32.9%（见图0-2）。①足见网络安全形势之严峻，亟须加大力度普及推广网络安全意识教育，普及网络安全知识和技能，提升全民网络安全意识。

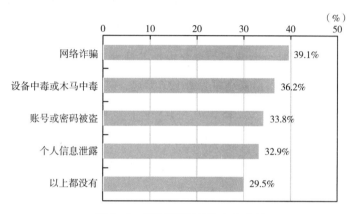

图0-2　网民遭遇网络安全事件

此外，政府网站的安全管理也存在很多薄弱环节，导致安全事件频发。报告显示，2016年，我国境内有2 361个政府网站被发现植入后门，有467个政府网站被篡改，虽然比2015年的898个锐减了48%，②但是形势依然不容乐观。在网络安全与信息化座谈会上，习近平总书记指出："网络安全具有很强的隐蔽性，一个技术漏洞、安全风险可能隐藏几年都发现不了，结果是'谁进来了不知道、是敌是友不知道、干了什么不知道'，长期'潜伏'在里面，一旦有事就发作了。"③典型的案例是"徐玉玉案"，最初的源头就是因为某省2016高考网上报名信息系统网站存在漏洞，因为该漏洞，初中肄业的18岁黑客杜天禹，仅用一个木马程序就成功侵入网站，下载了64万多条该省考生信

① 中央网络安全和信息化领导小组办公室，国家互联网信息办公室，中国互联网络信息中心.中国互联网络发展状况统计报告［N/OL］.2017-01-22［2017-4-20］.http://www.cnnic.net.cn/hlwfzyj/hlwxzbg/hlwtjbg/201701/P020170123364672657408.pdf.

② 国家计算机网络应急技术处理协调中心.2016年中国互联网网络安全报告［M］.北京：人民邮电出版社，2017：32.

③ 习近平.在网络安全和信息化工作座谈会上的讲话［N］.人民日报，2016-04-26（2）.

息，并在网上非法出售，最终导致悲剧的发生。①可见，加强网络安全教育，强化网络安全意识刻不容缓。习近平总书记强调："要全天候全方位感知网络安全态势。知己知彼，才能百战不殆。没有意识到风险是最大的风险。"

案例 0-1：2015 年网页仿冒事件数量暴涨

国家互联网应急中心监测发现，2015 年针对我国境内网站的仿冒页面数量达 18 万余个，较 2014 年增长 85.7%。其中，针对金融支付的仿冒页面数量上升最快，较 2014 年增长 6.37 倍；针对娱乐节目中奖类的网页仿冒页面数量也较 2014 年增长 1 倍。大量仿冒银行或基础电信企业积分兑换的仿冒网站链接由伪基站发送。2015 年，CNCERT（国家互联网应急中心）共处理各类网络安全事件近 12.6 万起，其中网页仿冒事件数量位居第一，达 7.5 万余起，同比增长近 3.2 倍。由于加大了对网页仿冒的打击力度，大量的网页仿冒站点迁移到境外。在针对我国境内网站的仿冒站点中，83.2% 位于境外，其中位于中国香港的 IP 地址承载的仿冒页面最多，达 6 万余个（见图 0-3）。②

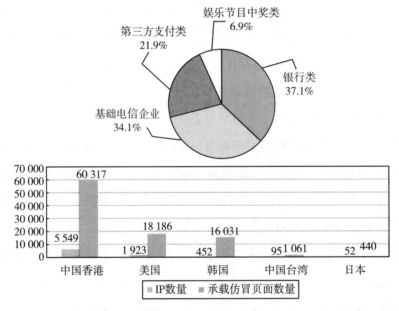

图 0-3 2015 年我国网页仿冒事件概况

---

① 沈寅飞.徐玉玉案调查［N］.检察日报，2016-10-12（5）.
② 国家计算机网络应急技术处理协调中心.2015年我国互联网网络安全态势综述［N/OL］.2016-4［2017-5-23］.http://www.cac.gov.cn/files/pdf/wlaq/Annual%20Report/CNCERT2015.pdf.

二、保护关键基础设施任重道远

国家关键信息基础设施是指关系国家安全、国计民生，一旦数据泄露、遭到破坏或者丧失功能，可能严重危害国家安全、公共利益的信息设施，包括但不限于提供公共通信、广播电视传输等服务的基础信息网络，能源、金融、交通、教育、科研、水利、工业制造、医疗卫生、社会保障、公用事业等领域和国家机关的重要信息系统，重要互联网应用系统等。[①]由于上述重要行业和领域等一旦遭到破坏、丧失功能或者数据泄露，可能严重危害国家安全、国计民生和公共利益，因此，《中华人民共和国网络安全法》（以下简称《网络安全法》）第三十一条规定，国家对公共通信和信息服务、能源、交通、水利、金融、公共服务、电子政务等关键信息基础设施，"在网络安全等级保护制度的基础上，实行重点保护"。

 **链接：关键信息基础设施保护范围[②]**

2017年7月，国家互联网信息办公室就《关键信息基础设施安全保护条例（征求意见稿）》向社会公开征求意见。其中第十八条对关键信息基础设施范围作出了如下规定：下列单位运行、管理的网络设施和信息系统，一旦遭到破坏、丧失功能或者数据泄露，可能严重危害国家安全、国计民生、公共利益的，应当纳入关键信息基础设施保护范围。

（一）政府机关和能源、金融、交通、水利、卫生医疗、教育、社保、环境保护、公用事业等行业领域的单位。

（二）电信网、广播电视网、互联网等信息网络，以及提供云计算、大数据和其他大型公共信息网络服务的单位。

（三）国防科工、大型装备、化工、食品药品等行业领域科研生产单位。

（四）广播电台、电视台、通讯社等新闻单位。

（五）其他重点单位。

关键信息基础设施是经济社会运行的神经中枢，是可能遭到重点攻击的目标，因此是网络安全的重中之重。要加快构建关键信息基础设施安全保障体系，因为"金融、能

---

① 国家互联网信息办公室.《国家网络空间安全战略》全文［N/OL］.中国网信网，2016-12-27［2017-12-10］.http://www.cac.gov.cn/2016-12/27/c_1120195926.htm.

② 国家互联网信息办公室.关于《关键信息基础设施安全保护条例（征求意见稿）》公开征求意见的通知［N/OL］.中国网信网，2017-07-11［2017-12-10］.http://www.cac.gov.cn/2017-07/11/c_1121294220.htm.

源、电力、通信、交通等领域的'物理隔离'防线可被跨网入侵，电力调配指令可被恶意篡改，金融交易信息可被窃取，这些都是重大安全隐患。不出问题则已，一出问题就可能导致交通中断、金融紊乱、电力瘫痪等，具有很大的破坏性和杀伤力。"①这里所说的"物理隔离"防线就是指涉密网、内网等与互联网分开的独立网络，如电网、核试验工厂的网络等。这些网络虽然处于隔离防护状态，但依然无法杜绝各种病毒攻击。以"震网病毒"为例，2010年6月，"震网"作为世界上首个网络"超级破坏性武器"，首次被检测出来，是第一个专门定向攻击关键信息基础设施的"蠕虫"病毒，感染了全球超过45 000个网络。其中，伊朗遭到的攻击最为严重，60%的个人电脑感染了这种病毒。2010年9月，伊朗政府宣布，大约30 000个网络终端感染"震网"，病毒攻击目标直指核设施。整个攻击过程如同科幻电影：由于被病毒感染，监控录像被篡改。监控人员看到的是正常画面，而实际上离心机在失控情况下不断加速而最终损毁，位于纳坦兹的约8 000台离心机中有1 000台在2009年底和2010年初被换掉。病毒给伊朗布什尔核电站造成严重影响，导致放射性物质泄漏，危害不亚于切尔诺贝利核电站事故。②病毒攻击的危害性由此可见一斑，因此，必须从技术上堵塞漏洞，从管理上强化标准和规范，通过有效的预警机制和风险管控机制，消除关键信息基础设施的安全隐患。

链接："震网病毒"的传播机制③

"震网病毒"包含空前复杂的恶意代码，是一种典型的计算机病毒，能自我复制，并将副本通过网络传输。任何一台个人电脑只要和染毒电脑相连，就会自动传播给其他与之相连的电脑，最后造成大量网络流量的连锁效应，导致整个网络系统瘫痪。"震网"主要通过U盘和局域网进行传播，利用了微软视窗操作系统之前未被发现的4个漏洞。"震网"还可以不通过互联网传播，只要目标计算机使用微软系统，"震网"便会伪装RealTek与JMicron两大公司的数字签名，顺利绕过安全检测，自动找寻及攻击工业控制系统软件，以控制设施冷却系统或涡轮机运作，甚至让设备失控自毁，而工作人员却毫不知情。专门针对工业控制系统发动攻击的恶意软件，能够攻击石油运输管道、发电厂、大型通信设施、机场等多种工业和民用基础设施，被称为"网络导弹"。

---

① 习近平.在网络安全和信息化工作座谈会上的讲话［N］.人民日报，2016-04-26（2）.
②③ 本刊采编部."震网"病毒袭击伊朗核设施［J］.信息安全与通信保密，2016（9）.

三、个人隐私保护形势严峻

根据《中华人民共和国政府信息公开条例释义》的解释，个人隐私是指"关系个人财产、名誉或其他利益的不宜对外公开的情况、资料。"[①]由于这个定义的提出已逾10年，无法适应互联网时代快速发展引发的信息权保护的迫切需求。因此，本书将"个人信息"或"公民个人信息"作为个人隐私的重要构成部分。根据《网络安全法》第七十六条的定义，"个人信息，是指以电子或者其他方式记录的能够单独或者与其他信息结合识别自然人个人身份的各种信息，包括但不限于自然人的姓名、出生日期、身份证件号码、个人生物识别信息、住址、电话号码等。"2017年5月，《最高人民法院、最高人民检察院关于办理侵犯公民个人信息刑事案件适用法律若干问题的解释》公布，自2017年6月1日起施行，其中第一条对刑法第二百五十三条之一规定的"公民个人信息"作出了解释，明确"公民个人信息"是指"以电子或者其他方式记录的能够单独或者与其他信息结合识别特定自然人身份或者反映特定自然人活动情况的各种信息，包括姓名、身份证件号码、通信通讯联系方式、住址、账号密码、财产状况、行踪轨迹等。"[②]综上，本书将个人隐私的外延扩展为：关系个人财产、名誉、个人信息（公民个人信息）、或其他利益的不宜对外公开的情况、资料。按照《中华人民共和国政府信息公开条例》（以下简称《政府信息公开条例》）第十四条规定，"行政机关不得公开涉及国家秘密、商业秘密、个人隐私的政府信息。"

从国内情况看，近年来个人信息泄露处于高发期。国家计算机网络应急技术处理协调中心发布的报告显示，2015年发生的个人信息泄露事件包括某应用商店用户信息泄露事件、约10万条应届高考考生信息泄露事件、酒店入住信息泄露事件、某票务系统近600万用户信息泄露等。针对安卓平台的窃取用户短信、通讯录、微信聊天记录等信息的恶意程序呈现爆发状态，安卓平台感染此类恶意程序后，大量涉及个人隐私的信息被通过邮件发送到指定邮箱。抽样检测发现，恶意程序转发的用户信息邮件数量超过66

---

① 曹康泰，张穹.中华人民共和国政府信息公开条例读本（修订版）[M].北京：人民出版社，2009：6.

② 最高人民法院，最高人民检察院.关于办理侵犯公民个人信息刑事案件适用法律若干问题的解释[N/OL].最高人民法院网，2017-05-09[2017-12-24].http://www.court.gov.cn/fabu-xiangqing-43942.html.

万封。①2016年，公安机关侦破的侵犯个人信息案件就达1 800余起，查获各类公民个人信息300亿余条，此外，还发生了多起恶性事件，如免疫规划系统网络被恶意入侵，20万儿童信息被窃取并在网上公开售卖；信息泄露导致精准诈骗案件频发，高考考生信息泄露间接夺去即将步入大学的女学生徐玉玉的生命等。②

案例0-2：准大学生徐玉玉被骗经过③

徐玉玉案的主犯陈文辉从黑客杜天禹处以5毛钱一条的价格购买了第一批800条考生信息，验证信息无误后，又十多次向杜天禹购买山东考生信息，其中就包括徐玉玉的个人信息。2016年8月初，陈文辉雇用了老乡郑贤聪等人，每天拨打上百个电话，绝大多数都以失败告终。直到8月19日下午，他们联系上了徐玉玉这个刚刚办理完当地贫困助学金申请的准大学生。这个让徐玉玉欣喜不已自称教育局工作人员的来电，正是从江西九江的一间出租屋里由郑贤聪拨打的。据郑贤聪向警方供述，他在这个骗局中的角色是冒充教育局工作人员。"我跟她说，你有一笔2 680元的学生助学金，如果要领取的话，今天是最后一天了，你要跟某某财政局工作人员联系，然后她就叫我把号码给她了。"

当徐玉玉按照对方提供的财政局号码打过去时，同样是在江西九江的这间出租屋里，冒充财政局工作人员的陈文辉开始与徐玉玉对话。作为二线人员，他的角色是假冒财政局工作人员诱骗对方汇款，这也是整个骗术最关键的一环。"就是叫她去银行查一下，看补贴款到了没有，然后顺便查一下她的卡上面有多少钱。"

在那个下着大雨的傍晚，徐玉玉告诉母亲要出去一下，便匆匆来到了附近的银行。电话的另一边，陈文辉开始实施整个骗术最重要的一步。当他得知徐玉玉有一张卡上有9 900元钱时，要求徐玉玉把这些钱向他指定的一个银行账户进行转账操作，以"激活这张银行卡"，并称到时候这些钱连同助学金将会全部打到她的账户上。毫无防范之心的徐玉玉按照对方要求进行了转账操作，但是两次操作均没有成功。此时，陈文辉想到另外

① 国家计算机网络应急技术处理协调中心.2015年我国互联网网络安全态势综述［N/OL］.2016-4［2017-5-23］.http://www.cac.gov.cn/files/pdf/wlaq/Annual%20Report/CNCERT2015.pdf.
② 国家计算机网络应急技术处理协调中心.2016年我国互联网网络安全态势综述［N/OL］.2017-04-19［2017-07-13］.http://efinance.cebnet.com.cn/upload/situation2016.pdf.
③ 沈寅飞.徐玉玉案调查［N］.检察日报，2016-10-12（5）.

一个办法，他让徐玉玉找一台可以存取现金的ATM机，把这些现金存入他指定的助学金账户进行激活。同样是出于完全的信任，当天17点30分左右，徐玉玉取出了9 900元学费，随后全部存入了骗子发来的银行账户。

诈骗过程完成后，陈文辉这样告诉徐玉玉："半个小时后，所有的钱将会打回她原来的账户，同时也会有短信提示"。单纯、朴实的徐玉玉足足在那里等了半个小时也没有收到任何回应，当她根据原来的号码拨回去的时候，对方电话却始终无法接通。

2016年8月19日晚，发现上当的徐玉玉和父亲一起到派出所报案，回家路上心力交瘁晕倒，两天后不幸去世。案发后，公安部立即组织多地公安机关开展侦查。随后几天，将远在千里之外的犯罪嫌疑人杜天禹（盗取、售卖个人信息人员）、陈文辉（假冒财政局工作人员）、郑贤聪（假冒教育局工作人员）、郑金峰（负责提取诈骗款）等人抓获。

进入2017年，个人隐私保护的形势依然十分严峻。2月，中央电视台记者以亲身体验的调查方式报道了《公民个人信息被非法窃取并贩卖》的新闻节目："只需提供一个手机号码，就能在网上买到他人的身份信息、名下资产、手机通话记录、滴滴打车记录等多项个人信息。"报道播出后，公安部成立专案组，根据记者提供的证据，辗转河北、天津、湖南等多个省市，经过近3个月的侦办，先后抓获涉案犯罪嫌疑人26名，成功破获了这起侵犯公民个人信息案。[①]6月，湖北武汉警方侦破一起非法贩卖个人信息案，截获公民信息2 600万余条。7月，在公安部统一部署下，辽宁、北京、广东、湖南等地公安机关对一起特大侵犯公民个人信息案开展集中收网行动，摧毁3个通过互联网非法获取、贩卖公民个人信息并利用公民个人信息复制、盗刷银行卡的犯罪团伙，共抓获犯罪嫌疑人31名，查获涉及交通、物流、医疗、社交、银行等各类被窃公民个人信息20多亿条，[②]有力遏制了此类违法犯罪活动。9月，浙江绍兴警方公布，破获全国首例利用人工智能技术窃取公民个人信息的案件，截获10亿余条公民个人信息。[③]10月底，机票"退改签"诈骗告破，引出信息泄露大案。涉及包括东方航空、中国国际航空、海南航空等50多家航空类公司网站，这些网站被黑客非法侵入，窃取乘客票务信息，再利用

① 中央电视台.公安部破获侵犯公民个人信息案信息泄露源头被查清［N/OL］.央视网，2017-05-23［2017-12-20］.http://news.cctv.com/2017/05/23/ARTIbYMqkuFYFAbAmPNpbJuT170523.shtml.

② 邢丙银.公安部指挥破获特大侵犯个人信息案　查获被窃信息20多亿条［N/OL］.澎湃新闻，2017-07-13［2017-07-12］.http://m.thepaper.cn/newsDetail_forward_1732102.

③ 朱琳.个人信息"裸奔"谁的眼泪在飞［N］.法制日报，2017-11-14（11）.

这些信息实施网络诈骗，骗取金额1 000多万元。警方现场缴获了公民个人信息30多万条以及登录各大涉案网站的大量账号、密码。①

特别值得警惕的是，公民个人信息泄露已经形成黑色产业链，对公民的个人隐私保护构成严峻挑战。售卖个人信息甚至出现平台化趋势，公然声称7天×24小时不间断服务。在卧底调查中，《南方都市报》（以下简称南都）记者仅花600元就从网上买到了同事的精准定位，700元就买到了同事的行踪信息，包括乘机、开房、上网吧等11项记录。南都暗访黑色产业链上服务商，结果发现不仅300元就可以买到高考以来全部的开房记录，还可买到四大银行存款余额（详见案例0-3）。②

案例0-3：《南方都市报》记者的卧底调查

2016年12月8日，南都记者以了解亲戚结婚对象为由，联系上一家名叫"××商贸"的服务商，经同事授权，提供了其姓名和身份证号码。上述工作人员称查询户籍所在省的开房记录，价格是200元，查询全国范围内的开房记录，价格则是300元，并可在当晚12点前出结果，不过要先微信转账。之后，南都记者按其要求支付款项300元，该工作人员请记者耐心等待结果。9日晚7时，对方不仅向南都记者发来了同事开房记录的整体截图，还单发了一张今年10月30日最后一次开房的记录截图。

截图显示，同事最早一次开房是在2011年8月10日21时48分，入住宾馆是西安市新城区安馨宾馆，房号为310房间，并可查到同住人员。南都记者询问同住人员如何收费，其表示"单独查一个同住要600"。该同事证实，他确曾在2011年高考结束后和家人同游西安入住宾馆。而最后一次开房的记录截图是一张蓝底图片，左边是身份证照片，中间一列自上往下是旅客编号、民族、出生日期、证件号码、住址详情、入住房号、旅馆编码和旅馆地址，右边一列自上往下则是姓名、性别、证件类型、住址、入住时间、退房时间、旅馆名称和旅馆地址区划。每一次开房记录，都把入住时间精确到了×时×分×秒。

之后，南都记者决定再换一个同事购买"身份证大轨迹"，几经讨价还价，将价格谈到了700元。在转账完成的一天后，对方发来了两个EXCEL文档，里面包含了该同事

---

① "退改签"诈骗引出信息泄露大案涉多家航空公司［N］.中国防伪报道，2017（11）.
② 饶丽冬，李玲.恐怖！南都记者700元就买到同事行踪［N］.南方都市报，2016-12-12（A4）.

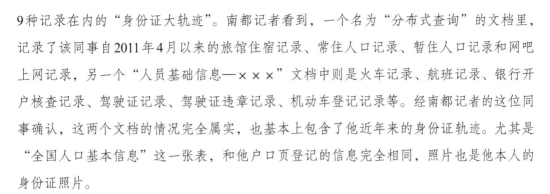

9种记录在内的"身份证大轨迹"。南都记者看到，一个名为"分布式查询"的文档里，记录了该同事自2011年4月以来的旅馆住宿记录、常住人口记录、暂住人口记录和网吧上网记录，另一个"人员基础信息——×××"文档中则是火车记录、航班记录、银行开户核查记录、驾驶证记录、驾驶证违章记录、机动车登记记录等。经南都记者的这位同事确认，这两个文档的情况完全属实，也基本上包含了他近年来的身份证轨迹。尤其是"全国人口基本信息"这一张表，和他户口页登记的信息完全相同，照片也是他本人的身份证照片。

据该工作人员介绍，只需提供身份证号码，即可查询包括开房记录、列车记录、航班记录、网吧记录、出境记录、入境记录、犯罪记录、住房记录、租房记录、银行记录、驾驶证记录11个项目在内的材料，统称"身份证大轨迹"。这一"全套服务"，收费仅850元。

特别需要强调的是，近年来，国家从多个层面加大了对个人信息保护的力度，包括完善立法、健全体制机制、强化执法力度等。2017年6月，《网络安全法》正式开始实施，其中有八条内容专门针对个人信息保护，规定"任何个人和组织不得窃取或者以其他非法方式获取个人信息，不得非法出售或者非法向他人提供个人信息"（第四十四条），要求"依法负有网络安全监督管理职责的部门及其工作人员，必须对在履行职责中知悉的个人信息、隐私和商业秘密严格保密，不得泄露、出售或者非法向他人提供"（第四十五条）。可以预见，未来个人隐私的依法保护将会全面提速。

四、网络犯罪危害公共安全

近年来，随着互联网的快速普及和发展，网络犯罪数量出现井喷式增长。2013年，中国破获网络犯罪案件17万起，直接经济损失2 300亿元，受害者接近3亿人，平均每分钟就有600余人被侵害。[1] 目前"我国网络犯罪已占犯罪总数的三分之一，并以每年30%以上速度增长。未来，绝大多数犯罪都会涉及网络"。[2] 2017年10月，最高人民检察院召开新闻发布会，通报检察机关依法惩治计算机网络犯罪、维护网络信息安全情况如下：自2016年以来，全国检察机关适用涉嫌非法侵入计算机信息系统罪等刑法

---

① 中央电视台大型纪录片《互联网时代》主创团队.互联网时代［M］.北京：北京联合出版公司，2015：181.

② 汤瑜.中央政法委：确保司法责任制改革年内基本完成［N］.民主与法制时报，2017–02–26（5）.

第 285 至 287 条 7 个涉及计算机犯罪罪名向人民法院提起公诉 727 件 1 568 人，其中，2017 年 1 至 9 月，提起公诉 334 件 710 人，同比分别上升 82.5% 和 80.7%；对网络电信侵财犯罪案件提起公诉 15 671 件 41 169 人，其中，2017 年 1 至 9 月提起公诉 8 257 件 22 268 人，同比分别上升 88.6% 和 118.6%。"今后计算机网络犯罪总量将呈现持续上升态势，跨国性计算机网络犯罪也将不断增多。"[①]

根据《最高人民法院、最高人民检察院、公安部关于办理网络犯罪案件适用刑事诉讼程序若干问题的意见》，网络犯罪案件的范围包括四类：一是危害计算机信息系统安全犯罪案件；二是通过危害计算机信息系统安全实施的盗窃、诈骗、敲诈勒索等犯罪案件；三是在网络上发布信息或者设立主要用于实施犯罪活动的网站、通信群组，针对或者组织、教唆、帮助不特定多数人实施的犯罪案件；四是主要犯罪行为在网络上实施的其他案件。不同于传统意义上的犯罪，网络犯罪呈现出以下特点。

第一，广泛借助社交媒体传播诈骗信息、隐蔽性日趋增强。通常通过建立微信群开展传销式洗脑；通过伪造一系列文件、执照、证件等证明组织的真实性；有时会打着良善或正义的旗号，以高回报为诱饵；有时会施以小利赢取受害者的信任。一些缺乏网络安全意识的网民特别是老年人容易被蒙蔽。以网络诈骗犯罪为例，2016 年，安全联盟共受理网友举报 152 万条，其中，有 45.6 万恶意网址被列入黑名单，举报原因分为欺诈骗钱、淫秽色情、博彩赌球、木马病毒四类，60% 以上的色情类、博彩类举报都是打着涉黄、赌博的名头进而实施诈骗，几乎 100% 的木马病毒都是为了盗取钱财。诈骗方式不断推陈出新，新花招层出不穷，传统的中奖欺诈、假冒银行、网购退款依然是热门的诈骗手段，而新生的虚假兼职、金融互助、APK 木马、虚假红包等也越来越多地出现在人们的视野。[②]

第二，借助网络技术传播恶意程序，网络流氓行为亟待遏制。统计报告显示，2016 年，CNCERT/CC 捕获及通过厂商交换获得的移动互联网恶意程序样本数量为 2 053 501 个。2016 年，流氓行为类的恶意程序数量仍居首位。2016 年，CNCERT/CC 捕获和通过厂商交换获得的移动互联网恶意程序按行为属性统计，流氓行为类的恶意程序数量为

---

① 薛应军.最高检：计算机网络犯罪总量呈现持续上升态势，犯罪主体日趋年轻化、专业化［N］.民主与法制时报，2017-10-17（1）.

② 安全联盟 2016 年度网络诈骗数据报告［EB/OL］.安全联盟，2017-01-03［2017-05-18］.https://www.anquan.org/news/2609.

1 255 301个（占61.13%），恶意扣费类373 212个（占18.17%）、资费消耗类278 481个（占13.57%）分列第二、三位。2016年，CNCERT/CC组织通信行业开展了12次移动互联网恶意程序专项治理行动，着重针对影响范围大、安全风险较高的电信诈骗类恶意程序进行治理，结果显示诱骗欺诈类和恶意传播类恶意程序的治理效果显著，样本数量减少近19.9万个，其比例分别由2015年的7.21%和7.03%下降至2016年的0.43%和0.12%（见图0-4）。①

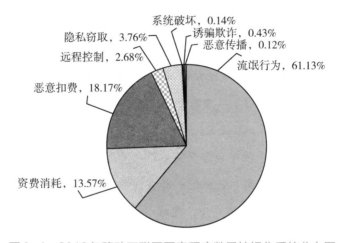

图0-4　2016年移动互联网恶意程序数量按操作系统分布图

第三，网络犯罪出现组织化、集团化倾向。主要特点是运用网络平台召集人员，形成庞大的犯罪团伙，犯罪成本降低，很容易形成全国性的犯罪集团，公安部门的联合执法能力面临巨大挑战。以"2017-42"公安部毒品目标案件"非法利用信息网络"吸贩毒案为例，为成功破获该案，苏州市公安局专案组成立了16个抓捕组，在18个省市开展抓捕行动，分别在吉林、山东、四川等地抓获涉案人员24人，缴获各类毒品1.2公斤。一举捣毁了以梁某、汤某为首的非法利用信息网络犯罪团伙，以及以高某、万某某、谭某某、陆某等为首的网络贩毒团伙。在各地公安机关配合下，600多名嫌疑人中已有近百人落网（详见案例0-4）。②

————————

　①　中国移动互联网发展状况及其安全报告（2017）［N/OL］.新华网，2017-05-17［2017-07-14］. http://news.xinhuanet.com/info/2017-0517/c_136291536.htm.

　②　刘巍巍."非法利用信息网络"吸贩毒案告破涉及600多名嫌疑人［N］.新华社，2017-08-08 ［2018-01-06］. http://www.cac.gov.cn/2017-08/08/c_1121450656.htm.

案例 0-4："非法利用信息网络"吸贩毒案告破　涉及 600 多名嫌疑人

2017 年 4 月 21 日，苏州警方接到一起扰民警情，民警现场查获一对吸过毒的男女，并在房屋内找到冰毒 100 多克和吸毒工具若干。与此同时，苏州市公安局禁毒支队正在对一个汇聚大量吸贩毒人员、名叫"名流汇"的网络聊天平台进行调查，并已初步梳理出平台内涉毒人员名单。而本次抓获的男子正是平台里一名管理员陆某。他的落网，加速了案件侦办进程。4 月 23 日，警方又接到一起与"名流汇"有关的涉毒警情，查获"名流汇"成员高某邮寄至四川绵阳赵某某的包裹里有冰毒 100 多克。民警将计就计，赴绵阳伏击守候 3 天，抓住了赵某某，并在其暂住地查出冰毒 200 余克、麻古 50 余颗及大量吸毒用具等。至此，一个全国范围内频繁活动的网络吸贩毒犯罪团伙浮出水面。

相关专案组迅速成立，查明了"名流汇"成员结构分"老板、管理员、会员"三级，注册会员超过 600 人。这个以"名流汇"网络聊天平台为纽带的犯罪组织，平台有两个 QQ 群，用户经介绍进群，下载平台客户端后，从管理员处获取账号密码，再通过吸毒视频验证，成为注册成员。入群后，他们一起在视频前吸毒、讨论涉毒话题，买卖毒品等。与传统吸贩毒案不同，这起案件中，犯罪行为大多都在网上进行，利用快递运毒，犯罪成员分散全国各地，侦办、抓捕难度特别大。

经层层上报，公安部把案件定为"2017-42"公安部毒品目标案件，指定苏州负责主要侦办工作。摸清了这个犯罪团伙的组织网络和主要人员情况后，专案组成立了 16 个抓捕组，前往 18 个省市开展抓捕行动，分别在吉林、山东、四川等地抓获涉案人员 24 人，缴获各类毒品 1.2 公斤。一举捣毁了以梁某、汤某为首的非法利用信息网络犯罪团伙，以及以高某、万某某、谭某某、陆某等为首的网络贩毒团伙。在各地公安机关配合下，600 多名嫌疑人中，已有近百人落网。

第四，网络犯罪日益呈现线上、线下的一体化联动，线上发布信息导致线下人群的非法聚集，造成的社会危害十分巨大。在国内的网络诈骗案中，上述三个特点通常会同时出现。以"民族资产解冻骗局"为例，其微信群名叫"武当山北京慈善总群"，看上去很正能量；宣扬所谓与民族资产解冻有关的内容号称"民族大业"，用以蒙蔽善良的眼睛；以"每个人只需出一千块钱就能得到六十万元的奖励"为诱饵，顺利吸引 3 万余以中老年人为主的网民上当。2017 年 4 月，他们鼓动全国各地的中老年人，到北京鸟巢体育场开"民族大业国际市场启动大会"，导致上万名中老年人在鸟巢聚集，是典型的线上、线下一体化。虽然中央电视台曾经多次报道"民族资产解冻骗局"的新闻，从公安部到各地警方，也曾多次打击这一骗局，"在公安部统一部署下，全国公安机关一举打掉了15个以'民族资产解冻'为名的诈骗犯罪团伙，初步查证涉案金额超过9.5亿元。"[①]但是，在全国各地该项目依然不断死灰复燃，不仅全国数万名受骗群众无人向公安机关报案，甚至破案后还有很多受害者不承认自己被骗，[②]足以证明网络安全宣传教育缺位之严重，提高网民的安全意识、预防网络犯罪可谓任重道远。

第五，网络犯罪虽然形式多样，但大多涉嫌网络诈骗，通常涉及的人数及金额庞大，且短期快速获利效应十分明显，这是高压态势下网络犯罪依然猖獗的主因。正因如此，打击网络犯罪需要社会力量的广泛参与，尤其是网络平台经营者，负有监管、举报并协助警方破获案件的责任。如2017年6月，广州警方专案组打掉了一个利用网络平台实施"投资返利"的诈骗团伙，就是在腾讯守护者计划安全团队、财付通、蚂蚁金服等社会力量的协助下，在江西、福建等地警方的配合下完成的。该团伙作案时间仅有20多天，但受害人却多达1 000多人，而且遍布全国各地。警方初步查证该团伙涉嫌诈骗总金额高达700余万元。[③]

五、网络恐怖主义渗透网络空间

网络恐怖主义是恐怖主义与网络的结合及在网络领域的延伸，具体指利用网络为工具或把网络作为攻击对象，以及同时作为工具和攻击对象的恐怖主义，其目的是利用网络为其恐怖活动服务。[④]随着网络技术的发展与进步，网络恐怖主义开始兴起并有愈演愈烈之势，对国家安全造成了极大危害。2016年10月，外交部部长王毅在"全球反恐论坛"第二次打击网络恐怖主义研讨会开幕式上发表主旨讲话时指出："以'东伊运'为代表的'东突'恐怖势力在中国境内外策划实施了多起恐怖袭击，严重危害民众安

---

① 起底"民族资产解冻"骗局　公安部：打掉15个诈骗团伙涉案金额9.5亿［N/OL］.央视网，2017–05–26［2017–07–10］. http://news.cctv.com/2017/05/26/ARTIwi11cUxVftAlzeStDHYQ170526.shtml.

② 中央电视台《今日说法》.我不是受害者（上）［N/OL］. 2017–07–08［2017–07–10］. http://tv.cctv.com/2017/07/08/VIDEeKRWKSt0sCdIvhqtjjg7170708.shtml.

③ 唐碧.网络犯罪团伙20天诈骗700多万元［N］.财会信报，2017–06–19（E4）.

④ 朱永彪，魏月妍，梁忻.网络恐怖主义的发展趋势与应对现状评析［J］.江南社会学院学报，2016（3）.

危。……网络恐怖主义是近年来助推恐怖活动大幅增多的主要原因。我们调查发现，在中国境内发生的暴恐案件中，大部分恐怖袭击者都受过网上暴恐音视频的诱导煽动。"①

为了打击恐怖主义，有效阻断网络上恐怖主义信息的传播，近年来，我国加大了网络反恐的立法力度。2015年8月，第十二届全国人民代表大会常务委员会第十六次会议通过了《中华人民共和国刑法修正案（九）》（以下简称《刑法（九）》）；2015年12月，第十二届全国人民代表大会常务委员会第十八次会议通过了《中华人民共和国反恐怖主义法》（以下简称《反恐法》）；2016年11月，第十二届全国人民代表大会常务委员会第二十四次会议通过了《中华人民共和国网络安全法》（以下简称《网络安全法》）。上述法律均有多个条款涉及反恐的具体规定，很多条款都给网民的随意转发套上了"金箍"。例如，《反恐法》第八十条规定："参与下列活动之一，情节轻微，尚不构成犯罪的，由公安机关处十日以上十五日以下拘留，可以并处一万元以下罚款。"其中，第二款规定："制作、传播、非法持有宣扬恐怖主义、极端主义的物品的。"从媒体公开报道看，全国已有多地发生网民因违法转发恐怖视频被处罚的事件（见表0-1）。这些网民大多出于猎奇、寻求刺激，或者为了博取他人眼球而随手转发传播内容暴力、血腥的暴恐视频的，却在不经意间触犯了国家法律，教训十分深刻。

表0-1　2016—2017年部分网民传播恐怖视频被处罚

序号	题目	出处	时间	处罚
1	微信传播恐怖视频邯郸一网民被拘留	《燕赵晚报》	2017年2月21日	行政拘留10日
2	女子网络传播恐怖视频被拘留	《宁夏日报》	2017年4月18日	治安拘留10日
3	广西灵山一男子微信传播暴恐视频被行政拘留10日	广西公安厅网站	2017年10月13日	行政拘留10日
4	男子网上传播斩首等恐怖视频被拘留12日	《厦门晚报》	2016年5月20日	行政拘留12日
5	男子网传暴恐视频　三门峡警方开出河南首张反恐罚单	《河南日报》	2016年8月11日	行政拘留10日
6	下载传播血腥暴恐视频一男子被南通警方拘留15日	中国江苏网	2016年9月8日	行政拘留15日，并处罚款2 000元

①　王毅谈国际反恐：倡导三个"坚持"厉行三个"推动"［N/OL］.外交部网站，2016-10-21［2017-07-11］. http://www.chinanews.com/gn/2016/10-21/8039984.shtml.

案例 0-5：晋州市一网民在微信群中传播暴恐视频被拘十日 ①

2017年7月7日，河北石家庄市公安局网安支队接到网民举报，有网民在微信群内发布了一段暴力恐怖视频，内容为暴力极端恐怖分子用砍刀砍人的镜头。该暴恐视频的传播在网民中引起了反感和恐慌。接到举报后，网安支队立即组织晋州市局等有关力量展开调查工作，并于7月10日将违法嫌疑人范某某抓获。经调查，范某某供认视频来自其手机上网过程中浏览到的视频网站，他看到后在微信群中转发了该视频。经过民警的批评教育，范某某认识到了自己行为造成的严重后果和社会危害，保证今后不再观看、存储和传播暴恐视频。根据《反恐法》第八十条第二项之规定，范某某的行为构成"传播宣扬恐怖主义、极端主义的物品"，晋州市警方依法对其行政拘留十日，同时将进一步追查视频源头。

为加强网络反恐，近年来中国积极推动网络反恐的国际合作。外交部在2014年主办了"全球反恐论坛"框架下第一次打击网络恐怖主义研讨会，受到各方积极评价。2016年10月，第二次打击网络恐怖主义研讨会在北京举行，"全球反恐论坛"成员及相关国家和国际组织的官员、专家学者、知名互联网企业代表共约180人与会。王毅外长在开幕式上发表主旨讲话，提出全面推进国际合作。②

第一，牢固树立人类命运共同体意识。恐怖主义没有国界，遏制恐怖主义泛滥、维护人民生命财产安全是国际社会的共同责任；要开展网络互联互通，构建和平、安全、开放、合作的网络空间，让我们的共同家园更干净、更安全。不论是在现实反恐战线还是在网络反恐战场，各国都应以人类命运共同体的名义，努力实现利益共享、责任共担、休戚与共。

第二，循序渐进推动务实合作。国际社会要以联合国为中心和平台，争取形成对网络恐怖主义认定标准、互联网企业相关社会责任等问题的共识。同时，本着求同存异精神，在分歧小、行动易的具体问题上积极开展合作，并在此过程中积累经验，凝聚共识，加深互信。国际社会对暴力极端思想带来的危害认识较一致，可以将打击暴恐音视频作为合作的重点。在此基础上，进一步探讨编制应对网络恐怖主义的合作指南，建立

---

① 晋州市一网民在微信群中传播暴恐视频被拘十日［N］.燕赵晚报官方微博，2017-07-17.
② 王毅.打赢网络反恐战需要各国同舟共济［J］.人民论坛，2016（35）.

情报共享、联手打击暴恐音视频等有效合作机制。

第三，坚持不懈加强能力建设。要汇聚一流人才，加大技术创新力度，推动有关识别和打击工作进一步智能化，让网上暴恐活动无所遁形。要不断创新线上线下的正面宣传措施和手段，增强去极端化效果。要继续向发展中国家提供资助和培训，提高发展中国家反恐水平和网络安全水平，夯实反恐战线每一个链条。要加大各国专家学者和从业人员的交流互鉴，使打击网络恐怖主义合作形成最大合力。

六、大数据的安全隐患日益凸显

大数据时代的到来是互联网时代发展的必然结果。当人类社会中每一个个体、每一个个体每一天的工作生活、每一天工作生活的每一个细节都被互联互通的网络所记忆的时候，大数据的原始库就自动建立起来了，互联网时代就迈进了大数据时代。然而，与此相生相伴的，是大数据时代网络安全隐患的出现。大数据时代的网络安全隐患主要表现在以下几个方面。

第一，大数据时代记录一切，这意味着每个普通人都已成为透明人。今天，智能手机日益成为工作、生活不可或缺的最重要工具，与传统手机主要用于移动中的通信不同，智能手机的主要作用是作为移动终端，可以实现看新闻、玩游戏、购物、导航、付账、刷卡等多重功能，而原本这些功能是由某一种设备单一提供的，如电视机、电话、银行卡、导航仪、交通卡等，智能手机由此给人们的工作、生活带来高效和便捷。但是，这也意味着人类从此成为透明人，因为当手机寸步不离地守护着我们的时候，我们的每一言、每一行、每一个选择也都被记录下来。以德国为例，根据2007年德国通过的一部法律，手机上的数据可以被保存6个月。作为德国电信的一名普通用户，一个名叫斯佩茨的人很想知道哪些数据会被储存，储存的限度是什么以及自己可否取回这些数据?但电信公司拒绝了，于是，斯佩茨提起了司法诉讼，3年后，德国电信把他过去6个月的通信记录还给了他，包括通话、短信、邮件、网络浏览记录，总计35 830条。斯佩茨发现，这些信息足以将自己过去6个月的行为清晰地描绘出来。"当他们掌握这些长达半年的数据后，可以清楚地观察到，一个人的行为方式，停留过的地方，晚上睡在什么地方，什么时候起床，晚上和谁打过电话，以及这些通话的具体时间。"[①]需要说明的

---

　　①　中央电视台大型纪录片《互联网时代》主创团队.互联网时代［M］.北京：北京联合出版公司，2015:218.

是，记录一切并非仅仅记录过去那么简单，还意味着根据这些记录可以预测未来。美国东北大学跟踪研究了10万名欧洲手机用户，分析了1 600万条通话记录和位置信息，他们得出的结论是：预测一个人在未来某时刻的地点位置，准确率可以达到93.6%。为此，《网民狂欢》的作者安德鲁·基恩告诫说，彻底的透明，将使我们不成为人。他建议："只有人们保持一定程度的自我隐私，我们才不会丢掉人的核心——人性，我们才不会丢掉人类最重要的东西。"[1]而《大数据时代》的作者舍恩伯格也不无忧虑地指出，比监控还要可怕的是大数据预测的准确性越来越高，并在人们犯错之前进行惩处，这将降低人类的意志自由，同时也否定了人们会突然改变选择的可能性。他强调，当我们判定一个人的责任并给予惩罚时，"必须牢记人类意志的神圣不可侵犯性。人类未来必须保留部分空间，允许我们按照自己的愿望进行塑造。否则，大数据将会扭曲人类最本质的东西，即理性思维和自由选择。"[2]

第二，大数据时代可以实现海量信息的存储和处理，这意味着人类在数据世界实现了永生，也意味着人类将无法忘记，而无法忘记在某些情况下可能会变成无法原谅。较早揭示大数据时代影响的是牛津大学教授舍恩伯格，2013年出版的《大数据时代》一书，较完整地揭示了大数据时代带来的生活、工作与思维变革。在书中，作者将当下的信息洪流与1439年前后古登堡发明印刷机时造成的信息爆炸进行了对比：1453—1503年，50年间大约有800万本书被印刷，比1 200年之前君士坦丁堡建立以来整个欧洲所有的手抄本还要多。也就是说，欧洲花50年时间才使信息的存储量增长了一倍，"而如今大约每三年就能增长一倍。"[3]不仅数量增长惊人，数字化存储的发展也十分令人震惊：2000年时，全球四分之三的信息依然存储在报纸、胶片、唱片、磁带之类的媒介上，仅有四分之一是数字化存储。但到了2013年，全球存储的数据预计为1.2泽字节，[4]其中98%为数据化存储。"人类存储信息量的增长速度比世界经济的增长速度快4

---

① 中央电视台大型纪录片《互联网时代》主创团队.互联网时代［M］.北京：北京联合出版公司，2015:220.

② 【英】维克托·迈尔–舍恩伯格，肯尼思·库克耶.大数据时代：生活、工作与思维的大变革［M］.盛杨燕、周涛，译.杭州：浙江人民出版社，2013：242.

③ 同上，2013:14.

④ 泽字节一般记作ZB，等于2的70次方。

倍，而计算机数据处理能力的增长速度则比世界经济的增长速度快9倍。"①这也意味着"网络永远记住了我们，网络不会遗忘每一个岁月，我们在数字时代实现了永生，但没有人知道，那些永远存在的数据会在什么时候、以什么方式，给一个人带来什么。"②在中央电视台的大型纪录片《互联网时代》中，曾列举了美国教师米歇尔的故事：20岁时他写了一本反省自己少不更事的书并上传至网络，包括年少时曾吸食大麻、偷盗喜欢的某件物品。12年后，他的同事从网络中看到了他的故事，于是他失去了工作，并在此后数年间辗转美国各地的多次求职均被拒绝，因为他的过往又一次次被检索出来，年少时的错事成了他无法摆脱的人生噩梦。这正是《大数据时代》作者舍恩伯格最为担心的，他特别强调"遗忘"的至关重要性："遗忘，在我们的社会里发挥着极其重要的作用。我们的头脑非常聪明，我们忘掉最多的就是在当下与我们不再有关联的事情，随着我们原谅某些人，原谅他们的过失，我们同时开始遗忘他们的过失。如果我们不能够再遗忘，因为我们时常想起其他人对我们做的不好的事情，如果我们不能忘记，我们就更不能原谅。随着我们进入一个'无法遗忘'的年代，我们也许会进入一个'无法原谅'的社会，这非常令人担心。"③

第三，在大数据时代，数据的相关关系更加重要。"相关关系的核心是量化两个数值之间的数理关系，相关关系强是指当一个数值增加时，另一个数值很有可能也会随之增加。……相反，相关关系弱意味着当一个数值增加时，另一个数值几乎不会发生变化。"④在《大数据时代》一书中，作者列举了一个强相关关系的例子：2009年，甲型H1N1流感暴发时，由于还没有研发出对抗这种新型流感病毒的疫苗，公共卫生专家能做的只是减慢流感的传播速度，但前提是必须知道流感的出现区域。如果按照传统方法，发布新流感病例统计信息会有两周的迟滞，这使得疫情暴发的控制难以实现。幸运的是，在流感暴发的几周前，谷歌的工程师在《自然》杂志发表了一篇引人注目的论文，不仅指出流感将在全美范围传播，而且具体到了特定的地区和州。谷歌的法宝是每天收到的来自全球的超过30亿条的搜索指令，把其中5 000万条美国人最

① 【英】维克托·迈尔-舍恩伯格，肯尼思·库克耶.大数据时代：生活、工作与思维的大变革［M］.盛杨燕、周涛，译.杭州：浙江人民出版社，2013：14.

②③ 中央电视台大型纪录片《互联网时代》主创团队.互联网时代［M］.北京：北京联合出版公司，2015:221.

④ 同①，2013：71.

频繁检索的词条和美国2003—2008年间季节性流感传播时期的数据进行比较，通过分析人们的搜索记录来判断这些人是否患上流感。具体方法是建立一个系统，关注特定词条的使用频率与流感在时间和空间上的传播之间的联系，通过检索4.5亿个不同的数学模型，并将预测结果与2007—2008年美国疾控中心记录的实际流感病例进行对比后，谷歌公司发现，他们的软件发现了45条检索词条的组合，将它们用于一个特定的数学模型后，他们的预测与官方数据的相关性高达97%。① 流感传播方向显然与45条检索词条的组合之间有强相关关系，而通过找到关联物，相关关系可以帮助捕捉现在并预测未来，② "大数据的相关关系分析法更准确、更快，而且不易受偏见的影响。"③

第二节　世界各国高度重视网络安全问题

一、全球网络安全形势不容乐观

（一）个人隐私泄露是全世界的共同难题

在过去20多年间，全球网民人数呈现井喷式增长。1995年，全球网民只有3 500万，到2014年网民人数已剧增至28亿；互联网渗透率则从20年前的不足0.6%增长至2014年的73%。智能手机用户数量也从1995年的8 000万增长到2014年的52亿④（见图0-5）。到2016年底，全球网民数已达到34亿，互联网普及率则高达46%。⑤

---

① 【英】维克托·迈尔－舍恩伯格，肯尼思·库克耶.大数据时代：生活、工作与思维的大变革［M］.盛杨燕、周涛，译.杭州：浙江人民出版社，2013：3.
② 需要说明的是，越来越多的商家正利用这一点挖掘商业价值。例如，亚马逊建立个性化推荐系统，约三分之一的销售额来自于此。沃尔玛超市会把蛋挞放在靠近飓风用品的位置、婴儿纸尿裤与啤酒放在一起等。
③ 同①，2013：70—75.
④⑤【美】玛丽·米克尔.2015年全球互联网趋势报告［N/OL］.中国电子银行网，2015-05-29［2017-12-23］.http://hy.cebnet.com.cn/20150529/101187640.html.

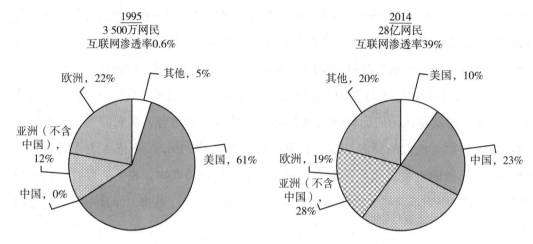

图0-5　1995—2014年全球网民数量及渗透率变化图

　　互联网给人类社会带来很多改变，从网络安全的角度看，最大的改变是人人登录并高度依赖网络，甚至把日常生活交给网络。以美国为例，美国成年网民每天使用电子产品的时间增长趋势十分明显，从2008年的2.7小时增长至2016年的5.6小时，9年间增长了一倍。以2016年为例，美国成年网民每天花费3.1小时看手机，2.2小时用于电脑，0.4小时用于其他电子产品。这是人类社会现代生活的一个缩影，也是互联网深刻影响人类日常生活的一个例证（见图0-6）。①

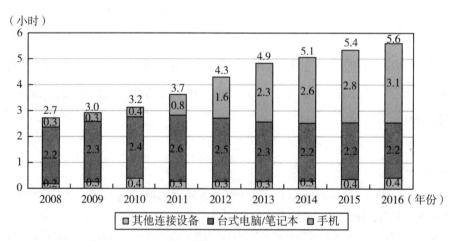

图0-6　美国每位成年用户在数字媒体上的消费时间（2008—2016年）

---

　　①【美】玛丽·米克尔. 2015年全球互联网趋势报告［N/OL］. 中国电子银行网，2015-05-29［2017-12-23］. http://hy.cebnet.com.cn/20150529/101187640.html.

对网民来说，互联网不仅太方便了，而且太便宜了，确切地说，很多互联网提供的服务都是免费的。但是，事实上，互联网从来都不是免费的，只是其盈利的模式已经从传统的收费模式转换成了信息收集模式，既包括我们的电话信息、身份信息，也包括我们的位置信息、银行卡信息，甚至包括我们的家庭信息、朋友信息以及日常生活信息。"随着越来越多不可抗拒的商品和服务融入你的居所和个人物品中，其中大部分关于你的个人信息就会进入他人拥有并掌控的集中综合数据库中。未来，秘密的维持会变得越来越难，不仅仅是你的秘密，还包括别人的秘密。"[①]在互联网时代，这些信息的海量收集可以产生巨大的经济效益和社会效益。例如，你乘坐了一次飞机，你的航线、购买机票的价格就保留在了订票系统中，对你而言，旅程结束了这些信息就不再有意义，但是对互联网企业而言，这些信息的累计就会变成企业的原始资本。2003年，美国人奥伦·埃齐奥尼，就依据从旅游网站上收集的12 000个价格样本，建立了一个机票预测系统Farecast，并在2008年被微软以1.15亿美元收购，这个只有27名员工的小公司成功演绎了互联网企业的成长神话。到2012年为止，该系统用了近十万亿条价格记录来帮助预测美国国内航班的票价，票价预测的准确度高达75%，使用Farecast票价预测工具购买机票的旅客，平均每张机票可节省50美元。[②]

案例0-6：Farecast公司的创业奇迹[③]

2003年，美国最有名的计算机专家之一奥伦·埃齐奥尼准备坐飞机到洛杉矶参加弟弟的婚礼。为了买到便宜机票，他提前几个月，就在网上预订了一张去洛杉矶的机票。但是，在飞机上，当他好奇地问邻座的乘客的机票价格时，意外地发现虽然那个人的机票比他买得更晚，但是票价却比他便宜得多。于是，他又询问了另外几个乘客，结果发现大家买的票居然都比他的便宜，他感到非常气愤。对大多数人来说，这种被敲竹杠的感觉也许会随着他们走下飞机而消失。然而，埃齐奥尼是美国华盛顿大学人工智能项目的负责人，曾创立了在今天看来非常典型的大数据公司，虽然那时候还没有人提出"大数据"这个概念。

飞机着陆之后，埃齐奥尼下定决心要帮助人们开发一个系统，用来推测当前网页上

---

① 【美】马克·罗滕伯格，茱莉亚·霍维兹，杰拉米·斯科特.无处安放的互联网隐私［M］.苗淼，译.北京：中国人民大学出版社，2017：81.

②③ 【英】维克托·迈尔-舍恩伯格，肯尼思·库克耶.大数据时代：生活、工作与思维的大变革［M］.盛杨燕、周涛，译.杭州：浙江人民出版社，2013：4-7.

的机票价格是否合理。这个系统需要分析所有特定航线机票的销售价格并确定票价与提前购买天数的关系。这个预测系统建立在41天内价格波动产生的12 000个价格样本基础之上，而这些信息都是从一个旅游网站上收集来的。这个小项目逐渐发展成为一家得到了风险投资基金支持的科技创业公司，名为Farecast。通过预测机票价格的走势以及增降幅度，Farecast票价预测工具能帮助消费者抓住最佳购买时机，而在此之前还没有其他网站能让消费者获得这些信息。为了提高预测的准确性，埃齐奥尼找到了一个行业机票预订数据库。有了这个数据库，系统进行预测时，预测的结果就可以基于美国商业航空产业中每一条航线上每一架飞机内的每一个座位一年内的综合票价记录而得出。

2008年4月，微软公司找上了他，并以1.1亿美元的价格收购了Farecast公司，这个系统被并入必应搜索引擎。到2012年为止，Farecast系统用了将近十万亿条价格记录来帮助预测美国国内航班的票价。Farecast票价预测的准确度已经高达75%，使用Farecast票价预测工具购买机票的旅客，平均每张机票可节省50美元。

但是，大量信息留存在互联网上也蕴含着巨大的风险隐患，那就是个人信息安全几乎无法保障。近年来，国外的个人信息被窃取情况也十分普遍。根据互联网研究专家玛丽·米克尔的研究报告，移动设备正越来越多地用于收集数据，从2013年到2014年前三个季度，广告软件增长了136%，达到410 000个应用程序，这使得攻击者可以访问联系人等个人信息并发动网络钓鱼攻击，大量的个人信息因此被泄露。[1] 从2014到2016年，全球发生的超过1 000万人的网络入侵事故分别为11次、13次、15次（见图0-7）。[2] 报告同时显示，对个人隐私的关注呈现上升趋势，其中有50%的人比上一年更担心他们的网上隐私问题，46%的人有点担心网上隐私问题，在过去一年里为了保护隐私控制自己的在线活动；表示不关心的网民只有4%（见图0-8）。[3]

---

① Mary Meeker. 2015 Internet Trends report,2016-05-29［2017-12-25］. http://www.199it.com/archives/598314.html.

② 【美】玛丽·米克尔.2017年互联网趋势报告［N/OL］.腾讯科技,2017-05-31［2017-12-22］. http://tech.qq.com/a/20170601/009038.htm#p=1.

③ Eric Emin Wood .Tech guru Mary Meeker declares 2015 peak iPhone, voice as the new touchscreen in latest report. June 3rd, 2016. Itbusinessca. https://www.itbusiness.ca/news/tech-guru-mary-meeker-declares-2015-peak-iphone-voice-as-the-new-touchscreen-in-latest-report/72482.

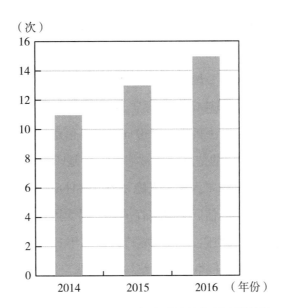

图0-7　2014—2016年全球网络入侵事故统计

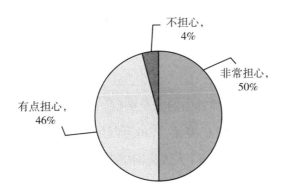

图0-8　被调查者关心数据隐私保护的情况

　　全球几乎所有知名互联网企业都发生过不同程度的个人隐私泄露问题。2014年11月，索尼影业遭黑客入侵，包括4.7万余名现任和前任索尼影业员工以及好莱坞明星的社保号码被泄露，总量超过110万个，此外，泄露的信息包括薪水和家庭住址。[①]2015年7月，著名婚外情网站Ashley Madison遭到黑客组织的攻击，包含用户数据、公司财务记录和其他机密信息等大量数据被盗。为此，3 700万个人信息泄露的用户发起了集体诉讼，该网站的母公司Ruby Corp准备支付1 120万美元和解金，数据

────────────

　　①　黑客入侵索尼多名员工艺人隐私泄露［N/OL］. 中华网科技，2014–12–08［2017–07–16］.
http://tech.china.com/news/net/156/20141208/19069213.html.

泄露成本超过其营收的四分之一，受影响的用户最高可以获赔3 500美元。①同年10月，英国宽带服务提供商TalkTalk网站遭受网络攻击，400多万客户的个人数据被盗，该公司称"有可能客户的姓名、地址、出生日期、电话号码、电邮地址、账户详细情况、信用卡详细情况等数据都被窃取了"。②2017年7月，印度移动通信运营商Jio的一些用户发现，自己的姓名、手机号、身份证号码等信息可在一个网站上查到。分析师认为："若Jio超过1亿用户的信息全部被泄露，将是印度电信行业有史以来最大规模数据外泄事件。"③目前全球最大的个人隐私泄露事件应当是雅虎公司的黑客攻击事件。2017年10月3日，世界电信巨头威瑞森承认，因受黑客攻击，其旗下雅虎公司所有30亿用户的个人信息均被泄露，这一数字是2016年12月公布的数据的3倍。2016年，雅虎公司就被爆出两次入侵事件，导致约15亿账户信息被泄露。④从5亿到10亿再到30亿，雅虎屡屡被自己刷新计算机和互联网历史上受影响账户最多黑客事件的纪录。"雅虎用户失窃资料包括用户姓名、电子邮件地址、电话号码、出生日期和加密密码等。"幸运的是，"支付卡与银行账户资料没有储存在被攻击系统内，未遭殃及。"⑤由此可见，全球范围内个人隐私保护都面临着严峻挑战。

（二）世界各国普遍存在网络空间犯罪

当前，网络犯罪已成为世界各国的安全痼疾。据权威机构的统计数据显示，2012年，网络犯罪让美国损失了207亿美元，710万网民成为受害者，平均每人损失290美元。2013年，全球每10人当中就有1人成为网络诈骗的受害者。可统计的网络犯罪使全球个人用户直接蒙受经济损失达1 130亿美元，每天有150万人因此受到侵害。⑥2015年

---

① 国外"婚外情"网站被攻击赔偿用户千万美元和解金［N/OL］.新浪科技，2017-07-17［2017-07-20］. http://news.pconline.com.cn/958/9582384.html.

② 陈栩.英遭遇史上最大黑客攻击　400万用户数据恐遭泄［N/OL］.澎湃新闻网，2015-10-25［2017-07-18］. http://tech.ifeng.com/a/20151025/41495966_0.shtml.

③ 郭倩.史上最大规模印度上亿手机用户信息恐遭泄露［N/OL］.新华社，2017-07-12. http://world.huanqiu.com/article/2017-07/10968608.html?t=1499994043986.

④ 雅虎的沉沦：三个月泄露15亿账户信息　安全成短板［N/OL］.新华网，2016-12-24［2017-07-21］. http://www.xinhuanet.com/finance/2016-12/24/c_129418590.htm.

⑤ 雅虎再次宣布所有30亿用户个人信息泄露［N/OL］.央视网，2017-10-05［2017-12-30］. http://news.cctv.com/2017/10/05/VIDEdaD1pec2aoJW1U9D4aS1171005.shtml.

⑥ 中央电视台大型纪录片《互联网时代》主创团队.互联网时代［M］.北京：北京联合出版公司，2015: 181.

4月1日，时任美国总统奥巴马授权对网络袭击者实施新的经济制裁，主要针对那些以美国重要公司和消费者为目标的外国个人和国有公司。奥巴马在签署要求制裁的行政命令时说："网络威胁是美国面临的最严重的经济和国家安全挑战之一"，类似的观点不断被其他国家重申。[①]

与传统意义上的犯罪不同，世界范围内的网络空间的犯罪呈现以下特点。

第一，犯罪成本与犯罪危害之间、犯罪人数与犯罪强度之间没有必然联系。网络空间的犯罪与现实世界的犯罪非常不同，一方面，表现在犯罪成本很低，且不会因为犯罪危害增高而增大。用斯坦福安全研究所计算机专家唐·B. 帕克的话说，你在偷了钱之后必须靠人力将其运走，但在计算机中进行金融诈骗就好比在计算机系统中改变一个数字那样简单，"因为计算机中的钱没有任何重量可言"，因此"你偷取100美元和100万美元根本没有任何区别"。[②]另一方面，也表现在个人所引发的犯罪强度方面，一个人就可以策划实施世界范围的犯罪。如一个21岁的俄罗斯女孩，依靠自己编写的病毒软件，就从英美银行的账户中窃取了1 200万美元，平均每月有326万美元入账。还有一个稚气未脱的年轻人，因为不满爱沙尼亚政府移走苏联"青铜战士"塑像，在2007年4月，对这个波罗的海国家发动了突如其来的网络攻击。全球超过100万台计算机瞬间前来登录，以所谓"拒绝式服务"的攻击模式，使这个国家的公共生活全面瘫痪。而美国最著名的黑客凯文·米特尼克，曾在美国太平洋电话公司的数据中心"溜达"了16年，随意摆弄那里的档案和服务程序。1992年11月，他几乎同时侵入摩托罗拉等5家大型公司的数据库，受害者认为损失超过3亿美元。[③]类似的案例数不胜数，网络空间犯罪的严重后果日益凸显。

第二，网络犯罪的指向对象几乎囊括所有的国家及各种不同类型的组织。无论网络强国还是工业大国，也无论是国际组织还是某个电台、医院，似乎都可能遭到无差别的网络攻击。以美国为例，作为网络强国也不断爆出被黑客攻击事件。早在2008年美军中央司令部网络就发生病毒感染事件，致使军方数据传到了入侵者控制的服务器上；2011年3月，五角大楼曾遭受历史上最严重的一次网络袭击，有2.4万

---

① 奥巴马签署行政令对网络袭击者实施新经济制裁［N/OL］.中国新闻网，2015–04–02［2017–12–10］. http://www.chinanews.com/gj/2015/04–02/7180357.shtml.

②③ 中央电视台大型纪录片《互联网时代》主创团队.互联网时代［M］.北京：北京联合出版公司，2015:178–182.

份敏感文件被盗走。① 2015年7月，美国联邦政府人事管理局局长凯瑟琳·阿奎莱拉因网站被攻击而引咎辞职，在这次攻击中，有2 150万人的信息被窃，泄露的信息"包括社会安全号码和一些人的指纹等，涉及范围包括现任、前联邦政府雇员和承包商。"②

第三，网络犯罪的源头日趋多元化。从已发生的网络攻击事件来看，既有政府背景的网军，也有各种非政府组织的黑客团体，还有很多单枪匹马的技术怪才。更让人担忧的是，近年来有很多非专业人士（大多为年轻人）仅凭个人兴趣、借助网络的开源软件，也能靠自学变身黑客，造成严重后果。例如，最早爆出希拉里"邮件门"事件的黑客拉扎尔原本只是一名出租车司机。此外，部分黑客组织或者个人，也很难用传统意义上的善恶敌友来划界，如"匿名者"国际黑客组织，曾攻击过很多国家的各种不同性质的网络，但是在2015年11月巴黎恐袭事件发生后，该组织正式声明，向伊斯兰国恐怖组织宣战。很快，该组织截获了5 500个ISIS成员的推特账号，并逐步在网络公开这些成员的名字和个人信息。此外，该组织的一些下属黑客团体还攻破了ISIS的宣传网站，包括暗网网站，并用百忧解广告替换网站内容。③

第四，网络空间中的嫌犯——"黑客"们——有强大的自组织能力，形成很多规模化的跨国组织，如"匿名者"国际、"维基揭秘"等组织。这些组织没有现实世界的组织结构，骨干力量都是技术超群的精英，即使有自己的网站，如"维基揭密"网站，日常运营也主要依赖散布在世界各地的志愿者。这些组织毫无例外地拥有十分强大的技术优势，而且只按照自己认同的价值观行事，让世界各国守护正义的警察十分头疼。典型的案例发生在2012年2月，美国联邦调查局（FBI）与英国伦敦警察厅举行了一次越洋电话会，讨论如何联手对付黑客组织"匿名者"国际，让人啼笑皆非的是，还没等计划开始实施，这次电话会的录音就被传到网上，背后的始作俑者正是"匿名者"国际的成员。他们还公开了FBI给英法德等6个国家的电子邮件，包括会议举办的时间、参加会

① 中新社.美军称2.4万份敏感文件被盗系"最严重网络袭击"［N/OL］.中国新闻网，2011-07-15［2018-01-02］.http://www.chinanews.com/gj/2011/07-15/3183986.shtml.

② 中新社.美人事管理局局长因政府雇员信息被泄引咎辞职［N/OL］.中国新闻网，2015-07-11［2018-01-03］.http://www.chinanews.com/gj/2015/07-11/7398570.shtml.

③ 匿名者组织攻破ISIS暗网站点［N/OL］.搜狐网，2015-11-27［2017-12-30］.http://www.sohu.com/a/44745772_114877.

议所需的相关密码等。①

第五，网络犯罪呈现明显的爆发性、全覆盖性、反复性等特征，危害十分巨大。以勒索病毒为例，2017年5月12日起，全球范围内爆发了基于Windows网络共享协议的蠕虫病毒攻击，包括美国联邦快递、英国国家医疗服务体系在内的企业、政府部门、医院、教育、能源、通信、制造业等多个领域超过20万台使用Windows操作系统的电脑均遭到攻击，我国一些行业和政府部门的计算机也没能幸免。这款被命名为WannaCry的病毒，传播速度很快，包括中国、美国、俄罗斯以及整个欧洲在内的100多个国家都遭到了攻击，涉及各行各业，主要诉求是勒索钱财。美国电脑安全公司"记录未来"的发言人表示，由于利润丰厚，类似的网络攻击很难停止。"一家韩国公司刚刚支付了100万美元来恢复其资料数据，这无疑是一种动力。对于网络罪犯而言，这是最大的刺激。"②中招的用户电脑屏幕会被锁定，需要支付等额价值300美元的比特币才能解密恢复文件，对重要数据造成严重损失（见图0-9）。虽然多国均开始调查幕后推手，国际刑警组织也开始全面调查，但是仅仅过了不到两个月时间，病毒的变种就出现并再次肆虐全球。2017年6月27日，该病毒从乌克兰、俄罗斯开始，一路肆虐至印度、西班

图0-9　电脑中毒后的页面

---

① 中央电视台大型纪录片《互联网时代》主创团队.互联网时代［M］.北京：北京联合出版公司，2015: 200.

② 新一轮勒索病毒登录欧美　乌克兰核电站也中招［N/OL］.大众网，2017-06-28［2017-07-10］.http://www.dzwww.com/xinwen/guojixinwen/201706/t20170628_16095205.htm.

牙、法国、英国、丹麦、美国等国家。受灾最严重的乌克兰，政府部门一度无法正常使用电脑，切尔诺贝利核设施辐射监测系统也被迫转成人工操作模式。此外，俄罗斯石油公司、丹麦航运与石油集团马士基、英国传播服务集团 WPP 等国际知名企业也深受荼毒。① 网络犯罪需要国际社会的密切合作，但令人遗憾的是，虽然网络犯罪日益猖獗，但国际社会尚未建立有效的合作机制，甚至没有统一的网络空间安全治理规则，因此源头治理变得异常艰难。

（三）全球网络反恐形势严峻，国际合作机制亟待建立

近年来，随着网络技术的发展与进步，全球范围内网络恐怖主义都有愈演愈烈之势。各种恐怖组织利用互联网进行自我宣传、招募人员、筹集资金、发布信息、秘密联络以及非法交易等，对国家安全造成了极大危害。一方面，表现在恐怖组织不仅运用网站、推特、脸书等网络新媒体，发布宣扬恐怖主义思想的文字、图片、音视频等，对网民进行"洗脑"。还通过互联网大肆招募成员，发展恐怖组织，策划恐怖袭击，如本·拉登及其追随者曾利用互联网和数据加密技术，策划针对美国及其盟国的恐怖主义活动，互联网上的许多体育交谈室、色情标贴板和其他著名网址都成为他们发布恐怖活动指令的隐蔽场所。② 另一方面，也表现在很多恐怖组织都对暗网技术运用娴熟。如"伊斯兰国"的恐怖分子之间经常使用暗网加密科技进行暴恐策划与交流，使之在互联网空间能够躲避各国政府的追踪、定位与抓捕。尽管各国都在加强对暗网搜索平台的监管，但成效并不明显，主要原因包括：一是暗网的开发者利用云服务运行多个网络互连的网桥，从而形成数以万计、可供恐怖分子藏匿的虚拟点，使各国政府在暗网追踪恐怖分子更加困难。二是隐私保护成为暗网反恐的难解之题。暗网代表了部分网民匿名上网以保护隐私的合理需求，但这也使恐怖分子能够大肆散布极端意识形态、进行犯罪交易。由于保护个人隐私在互联网治理立法过程中尚存在漏洞，因此，各国未能就访问暗网的个人隐私保护问题提出明确的法律约束条款。三是暗网的接口隐蔽性高，恐怖分子经常变动信息发布地址，且采取"一对一"私聊的方式传播，文件下载常常通过具有暗网接入软件的 BT 和网盘等方式，使反恐部门难以摸清上传者与使用

---

① 新一轮勒索病毒登录欧美　乌克兰核电站也中招［N/OL］.大众网,2017-06-28[2017-07-10].
http://www.dzwww.com/xinwen/guojixinwen/201706/t20170628_16095205.htm.

② 朱业鹏.网络恐怖主义的危害及其防范措施［J］.法制博览,2017（1）.

者的身份。而智能手机移动终端的大幅增多，也使暗网接入软件的使用更为频繁，提高了追踪成本。[①]

案例 0-7：美国司法部铲除全球最大的暗网平台"阿尔法湾"[②]

互联网世界已为人们所熟知，但互联网上的一个"地下世界"却鲜为人知。这里公开交易毒品、枪支、儿童色情以及许多违法服务，甚至恐怖组织也在招募成员，策划发动袭击，这就是暗网。人们通过加密的隐身软件才能进入这个普通搜索引擎不能发现的空间，一切交易都通过执法人员监管不到的虚拟货币隐秘进行。2017年7月20日，美国司法部长杰夫·塞申斯在华盛顿举行的记者会上宣布，他们已铲除全球最大的从事毒品、武器和其他非法物品交易的暗网平台"阿尔法湾"，"这可能是今年最重要的刑事调查之一，史上规模最大的暗网市场被打掉了"。根据美国司法部的说法，"阿尔法湾"上卖家达到4万人，客户超过20万人。在关闭前，网站上非法药品和有毒化学品的交易条目超过25万条，失窃身份证件和信用卡数据、恶意软件等的交易条目超过10万条。

需要警惕的是，"阿尔法湾"只是众多暗网平台之一。7月20日出席美国司法部记者会的欧洲刑警组织负责人罗伯特·温赖特透露，就在一个月前，荷兰警方秘密接管了全球第三大暗网交易平台"汉萨"，在用户不知情的情况下监控他们的犯罪活动。他们发现，"阿尔法湾"被封杀后，其用户开始寻找新的暗网黑市，许多人转移至"汉萨"。"事实上，他们成群结队蜂拥而来，"温赖特说，"紧随着'阿尔法湾'被铲除，我们看到'汉萨'的用户数量增加了8倍。自荷兰警方接管'汉萨'的秘密行动以来，成千上万个非法商品买卖方的用户名和密码已被确定，将成为后续调查的对象。"除美国、欧洲刑警组织和荷兰外，泰国、立陶宛、加拿大、英国、法国等国也参与了打击暗网黑市行动。

网络空间的治理需要充分的国际合作才能得以有效开展，尽管当前国际社会已充分认识到建立网络空间国际合作机制的重要性，但实际建立过程中尚存诸多难题。因此，各国应携手并肩、共同推进网络空间命运共同体建设：一是推动大国间的协调与

---

① 肖洋."伊斯兰国"的暗网攻势及其应对路径［J］.江南社会学院学报，2017（3）.

② 林小春.全球最大暗网是怎么被打掉的？［N/OL］.人民网，2017-07-24［2017-11-23］. http://sc.people.com.cn/n2/2017/0724/c345461-30517905.html.

信任建设，消除不必要的猜疑与敌意，避免过度政治化解读"黑客攻击"，共同打击国际网络犯罪和网络恐怖主义；二是均衡发达国家与发展中国家的利益分配与责任承担，增加发展中国家参与网络空间治理秩序建设的话语权；三是增加各区域组织和国际组织间的沟通与对话，重视联合国的平台作用；四是区分网络犯罪、网络恐怖主义、网络军备竞赛等多项议题，分清不同的政治、经济、军事、技术含义，采取恰当措施予以解决。①

二、各国均制定网络安全战略

近年来，随着互联网的快速发展，网络安全问题日益凸显，已成为各国国家安全的重要组成部分。西方国家如美、英、法、德等，是较早发布网络安全战略的国家，在相当长的时间内，上述国家与日本、意大利、加拿大和俄罗斯组成了八国集团（简称G8），"作为一项非正式国际制度，八国集团尽管饱受合法性和有效性质疑，但无论是协调宏观经济政策，还是应对新兴的全球性挑战，八国集团仍然是全球治理的重要力量。"②需要特别说明的是，在乌克兰危机激化后，俄罗斯被暂停八国集团成员国地位。美国政府于2014年3月24日宣布："总统奥巴马和其他国家领导已经决定，暂停俄罗斯在八国集团成员国的地位。"③目前，除俄罗斯外，G8国家均正式公开发布了网络安全战略，所有成员国都采取多种措施、全方位加强网络安全治理，概述如下。④

> **链接：八国集团（G8）**⑤
>
> 八国集团是世界最重要的八个工业体国家结成的国际联盟。始创于1975年，原初的目的是共同解决世界经济和货币危机，协调经济政策，重振西方经济。成立之初只有六个国家，分别是法国、美国、日本、英国、西德和意大利，后来随着世界形势的发展变化，西德被统

---

① 颜琳，谢晶仁.试论全球网络空间治理新秩序与中国的参与策略［J］.湖南省社会主义学院学报，2016（3）.

②⑤ 胡勇.八国集团的现状评估及其未来发展［J］.国际观察，2014（6）.

③ 白宫宣布将暂停俄罗斯G8成员国地位［N/OL］.中新网，2014–03–25［2017–04–12］.http://www.chinanews.com/gj/2014/03–25/5989064.shtml.

④ 孙宝云.G8国家网络安全战略文本比较及对我国的启示［J］.保密科学技术，2014（4）.

一后的德国替代，加拿大（1976年）、俄罗斯（1998年）也陆续加入该集团，形成现在的八国集团。该集团汇集了世界上最强大的工业体国家，成员国的国家元首每年召开一次会议，简称"八国峰会"，对世界政治、经济、军事的发展产生了重大影响。

2014年3月，由于在乌克兰问题上出现严重分歧和激烈对抗，八国集团中的西方七国（G7）决定暂停俄罗斯在八国集团内的成员国资格，并抵制原定6月初在俄罗斯索契举行的八国集团峰会，改为在比利时布鲁塞尔单独召开七国集团首脑会议。在6月5日发表的布鲁塞尔峰会联合公报中，七国集团领导人一致谴责俄罗斯侵犯乌克兰的主权和领土完整，并威胁对俄罗斯施加新的制裁。

（一）八国网络安全战略的文本框架

八国中最早发布网络安全战略的是美国。早在2003年2月，小布什政府就发布了《确保网络安全国家战略》；2009年5月，奥巴马政府公布了《网络空间政策评估——保障可信任和稳健的信息和通信基础设施》；2011年5月，现行的网络安全战略公布，全称是《网络空间国际战略——网络世界中的繁荣、安全与开放》。该战略全文共25页，除序言外，正文由四个部分构成：构建网络空间政策；网络空间的未来；优先政策；勇往直前。[①] 为进一步落实该战略，美国国防部于同年7月发布了《网络空间行动战略》，行动战略共19页内容，分为四个部分：引言；战略背景；五大战略规划；结论。

英国政府的第一个网络安全战略发布于2009年6月，由时任英国首相布朗发布，全称是《英国网络安全战略：网络空间的保密性、安全性和可恢复性》。在战略摘要中，布朗政府誓言"确保英国在21世纪拥有网络空间的优先地位，就像19世纪保障海洋安全、20世纪保障天空安全一样，而首个网络安全国家战略的颁布，就是朝着这个目标迈进的最重要的一步。"[②]2010年10月，卡梅伦政府发布上任以来的第一个国家安全战略《不确定时代的强大英国：国家安全战略》，提出由于越来越多的关键数据和系统依靠网络，国家安全的保护和防御面临新的挑战，因此，英国政府把"其他国家对英国网

---

① THE WHITE HOUSE. INTERNATIONAL STRATEGY FOR CYBERSPACE: Prosperity, Security, and Openness in a Networked World. MAY 2011.

② Cyber Security Strategy of the United Kingdom safety, security and resilience in cyber space. Presented to Parliament by the Prime Minister, by Command of Her Majesty June 2009, p.4.

络空间的恶意攻击和大规模网络犯罪"①列为四大最高级别的安全威胁之一。英国政府
现行网络安全战略在2011年11月发布，全称为《英国网络安全战略：保护和推动数字
化世界中的英国》，全文共43页，分为这样几个部分：引言；网络空间驱动经济增长和
增强社会稳定；变化中的威胁；2015年网络安全愿景；行动：直面威胁，抓住机遇；附
录：执行方案。②

法国现行网络安全战略于2011年2月发布，全称是《信息系统防护与安全法国战
略》，战略的英文版全文共24页，分为引言、总结、四大战略目标、七项具体举措四个
部分。③其中，总结部分主要介绍《国家安全与防卫白皮书》的四大战略，显然这就是
法国维护网络安全的核心战略。从这个意义上说，法国网络安全战略应该由法国战略和
白皮书两部分组成，而前者更像是对战略的细化和实施办法。法国的《国家安全与防卫
白皮书》是2008年6月萨科齐任总统期间公布的，共48页，明确提出未来十五年法国
面临的主要威胁是针对国家信息基础设施的大规模黑客攻击。因此，维护信息系统安全
是法国政府的首要任务。④需要特别说明的是，2013年4月，时任总统奥朗德发布了新
的白皮书，从英文版看，内容扩充明显，由原来的48页剧增至137页。相比于五年前的
白皮书，如今的法国政府不仅再次强调网络威胁的严重危害，而且明确提出要加强网络
空间攻防能力建设，包括制定相关法律法规、建立网络防御学说、加强军事网络防御能
力、加强网络安全领域的科技投入五项举措。⑤

《德国网络安全战略》颁布于2011年2月，内容简明扼要，英文版全文只有10页，
正文包括6个部分：引言；信息技术威胁评估；框架条件；确立网络安全战略的基本原

---

① A Strong Britain in an Age of Uncertainty: The National Security Strategy, Presented to Parliament by the Prime Minister, by Command of Her Majesty. October 2010.

② The UK Cyber Security Strategy Protecting and promoting the UK in a digital world. Presented to Parliament by the Prime Minister, by Command of Her Majesty November 2011.

③ Information systems defence and security France's strategy, 15 February 2011（in English）. http://www.ssi.gouv.fr/en/the-anssi/publications-109/press-releases/information-systems-defence-and-security-france-s-strategy.html.

④ PRÉSIDENCE DE LA RÉPUBLIQUE. The French White Paper on defence and national security 2008（in English）. foreword by Nicolas Sarközy of the French Republic. 17 June 2008.

⑤ FRENCH WHITE PAPER DEFENCE AND NATIONAL SECURITY 2013（in English）, foreword by François Hollande President of the French Republic. 29 April 2013.

则；战略目标与举措；可持续发展。^①

加拿大的网络安全战略颁布于2010年10月，全称是《加拿大网络安全战略为了建设更加繁荣富强的国家》，共17页，正文包括5个部分：导言；认识网络威胁；加拿大的网络安全战略；具体举措；勇往直前。^②

日本网络安全战略发布于2013年6月，全称是《网络安全战略——创建领先世界的强健而有活力的网络空间》，全文共55页，分为5个部分：导言；环境的变化；基本政策；努力的方向；推进系统及其他。^③

意大利的《网络空间安全国家战略框架》发布于2013年12月，是已颁布战略的7个国家中最晚的一个，也是内容解读最为详尽的一个，总计有48页，包括前言、摘要、正文、附录四个部分。^④其中正文有两部分内容：一是网络威胁及国家信息通信技术基础设施薄弱环节的本质及演化趋势；二是增强国家网络防御能力的工具和措施。附录1为有关部委的角色及授权，附录2为专业术语。

俄罗斯是八国中目前唯一未制定网络安全战略的国家，但是网络安全战略构想已进入议会讨论中，于2013年11月就草案举行听证会。听证会在俄罗斯联邦委员会（俄罗斯议会上院）举行，该院于2014年1月10日在其官网发布了《俄罗斯联邦网络安全战略构想（草案）》，^⑤该草案俄文版只有10页内容，分别就为什么制定战略、如何制定战略的八个方面进行了说明：制定战略的迫切性；网络安全在信息安全架构中的作用；战略在现行法律体系中的地位；战略目的；战略原则；战略确保网络安全的优先事项；战略应明确规定的网络安全行动方向；战略的制定和实施。需要特别说明的是，这个战略构想明确提出要延续《俄罗斯联邦信息安全学说》提出的战略原则。事实上，《俄罗斯联邦信

① Cyber Security Strategy for Germany. February 2011. http://www.germany.info/Vertretung/usa/en/06__Foreign__Policy__State/02__Foreign__Policy/05__KeyPoints/CyberSecurity-key.html.

② Canada's Cyber Security Strategy For a stronger and more prosperous Canada. October 2010. http://www.publicsafety.gc.ca/cnt/rsrcs/pblctns/cbr-scrt-strtgy/index-eng.aspx.

③ Cybersecurity Strategy – Toward a world-leading, resilient and vigorous cyberspace. June 2013. http://www.nisc.go.jp/eng/.

④ National Strategic Framework for cyberspace security. December 2013. http://securityaffairs.co/wordpress/22416/security/italy-national-strategic-framework-cyber-security.html.

⑤ Концепция стратегии кибербезопасности Российской Федерации, 10 января 2014. http://council.gov.ru/press-center/discussions/38324/.

息安全学说》目前已经被西方国家当成俄罗斯的信息安全战略，在欧盟网络与信息安全机构的官网中，汇集了世界35个国家已经发布的网络安全战略，其中《俄罗斯联邦信息安全学说》就赫然在列，[①]可见，这个学说已经阐明了俄罗斯网络安全的基本原则与战略举措。该学说于2000年9月由俄罗斯总统普京签署，基本框架包括四个部分[②]：俄罗斯联邦的信息安全；确保俄罗斯联邦信息安全的方法；俄罗斯国家信息安全政策的主要议题和迫切实现方法；确保俄罗斯信息安全系统的组织基础。

从上述八国网络安全战略文本的基本框架看，虽然内容简繁差异较大，但是基本结构却趋同，都介绍了战略出台的背景，分析了网络安全威胁的严峻性，明确了战略目标和战略原则，规定了优先发展或重点建设的领域，制定了实施战略的具体举措，并展望网络安全发展的未来。

（二）八国网络安全战略的目标

从八国网络安全战略目标看，可以分为三类：第一类是谋求霸主地位，期望建立国际社会网络空间的行动规则，利用自身的技术优势开展网络攻防，并引导国际合作，成为网络空间的领导者，以美国为代表。第二类是希望在网络安全方面确立世界领先地位，并充分挖掘网络空间的商业价值，以英国、法国、日本、俄罗斯为代表。第三类属于积极防御者，主要目的是确保本国网络安全，建立各种组织的合作伙伴关系，并积极推动国际合作，以德国、加拿大、意大利为代表。

1.美国的战略目标是成为世界网络空间的领袖

美国网络安全战略的总目标是：通过国际合作推动开放、互惠、安全、可靠的信息和通信基础设施建设，用以支持国际贸易和商业，强化国际安全，培育言论自由和技术创新。为实现这一目标，美国将建立和维护这样的国际环境，以负责任的行为规范指导各国行动、维护伙伴关系并支持网络空间的法治化。[③]从总目标可以看出，美

---

① The Information Security Doctrine of the Russian Federation . http://www.enisa.europa.eu/activities/Resilience‒and‒CIIP/national‒cyber‒security‒strategies‒ncsss/national‒cyber‒security‒strategies‒in‒the‒world.

② The Information Security Doctrine of the Russian Federation. Approved by President of the Russian Federation Vladimir Putin on September 9, 2000.

③ THE WHITE HOUSE. INTERNATIONAL STRATEGY FOR CYBERSPACE: Prosperity, Security, and Openness in a Networked World. MAY 2011, p.8.

国要建立一个符合自身价值观偏好的国际网络空间秩序，并明确自己在未来网络空间中的角色，"就像在20世纪下半叶，美国帮助全球建立战后国际经济和安全合作框架一样，在21世纪，美国将秉持合作与共同负责的精神，致力于构建和平、可靠的网络空间。"①为此，美国从外交、国防、发展三个视角界定自己在未来网络空间中的角色：一是在外交方面加强合作伙伴关系。通过外交和联盟，建立双边或多边关系，寻求与国际组织及众多利益相关组织的合作与沟通，并与私营部门合作，就网络空间负责任行为的原则和有必要采取的行动等问题，达成广泛共识，创建一个开放、互惠、可靠的网络空间。二是在国防方面采取积极防御和有效威慑的战略。积极防御包括国内、国际两个层面，主要措施是培育网络安全文化，建立降低安全风险、应对紧急事件的有效机制。②威慑则是针对威胁国家安全和经济安全的犯罪分子及其他非国家行为体，采取自卫反应，"美国将确保攻击或利用我方网络所带来的风险远远超出潜在的收益。"③战略中还特别提到，收到预警时，美国将像应对国家受到的其他威胁一样应对网络空间的敌对行为，并根据对军事条约缔约伙伴的义务采取行动。三是在发展方面提升世界各国构建繁荣、安全网络空间的能力。在建设开放、安全、可靠网络的共识下，通过双边和多边组织，使各国有能力保护数字基础设施，强化全球网络活动，建立更紧密的伙伴关系。④

2.英国、法国、日本、俄罗斯的战略目标是成为世界领先的网络强国

相比美国在网络空间追逐主导者地位的雄心，英国的网络安全战略则更加务实，希望能够在网络安全技术中占据世界领先地位，同时从网络世界中攫取巨大商机并获取社会价值。在2011年的网络安全战略目标中，英国构建了未来四年的愿景：希望在

---

① THE WHITE HOUSE. INTERNATIONAL STRATEGY FOR CYBERSPACE: Prosperity, Security, and Openness in a Networked World. MAY 2011, p.11.

② 对于积极防御，美国《网络空间国际战略》指出，"美国政府十年来一直在继续加强国内的网络防御力量，增强网络空间抵御各种扰乱、攻击的能力以及网络恢复能力，并将这些有效机制推广到国际社会，通过技术协作和军事领域的合作，遏制潜在的威胁，增强全球网络预警能力。"

③ 具体而言，在国内启动相关程序来调查、逮捕和起诉非法入侵或扰乱国内外网络的人员；在国际方面，根据《布达佩斯惩治网络犯罪公约》的主要准则，各国执法部门尽可能相互协作，对容易丢失的、并且对当前调查极为关键的数据进行固化处理，并与各国立法和司法部门合作，协调这些部门的手段运用，以推进应有的程序和法治。

④ 在发展战略上，美国提出构建技术能力、提升网络空间建设能力、构建政策伙伴关系三个具体层面。

2015 年从充满活力、可靠和安全的网络空间获得巨大经济和社会价值。在网络空间践行核心价值观——自由、平等、透明和法治，以促进经济繁荣、国家安全并建设一个强大的社会。为此，英国提出网络安全战略的四大目标：一是打击网络犯罪，使英国网络空间成为世界上最安全的商务活动领域之一；二是使英国具有更强的抗网络攻击能力，更好保护英国在网络空间的利益；三是继续帮助塑造开放、稳定、充满活力的网络空间，以供英国大众安全使用并支持开放社会建设；四是英国需要构建跨领域的、有交叉的知识、技能和能力体系，以便支撑所有网络安全目标。为实现上述战略目标，英国网络安全战略提出了三大原则：一是风险导向原则：针对网络安全的脆弱性和不确定性，在充分考虑风险的基础上建立响应机制；二是通力合作原则：在国内加强政府与私营部门以及个人的合作，在国际上加强与其他国家和组织的合作；三是平衡安全、自由与隐私关系原则：在加强网络安全的同时充分考虑公民隐私权、自由权和其他基础自由权利。

与英国一样，法国也希望成为世界一流的网络强国，且表述更直接，位列网络安全战略四大目标之首：一是成为网络防御领域的世界强国。法国既要保持网络战略的独立性，同时也要确保跻身世界一流网络防御国家的行列。只有这样，法国才能在应对共同威胁的统一战略实施方面和运行层面获得多重效益。二是通过保护与主权有关的信息，捍卫法国的决策能力。政府的权威和危机管理的角色需要保密通信设施的支持，必须保证在任何情况下都能进行保密交流。符合这一要求的互联网应该被扩大，尤其是在地方层面。确保信息在互联网中流转的保密性要求掌握信息安全方面的产品，法国要拥有必需的专业知识设计这些产品，优化产品开发，主导生产模式。三是强化国家关键基础设施的网络安全。法国社会对信息系统和网络，尤其是互联网的依赖与日俱增。针对法国关键信息系统或互联网的有效攻击可能造成严重的人员或经济后果。国家必须与相关设备制造商和运营商紧密合作，努力确保并不断提高关键系统的安全性。四是确保网络空间的安全。信息系统的威胁同时影响公共服务部门、私营企业和公民。公共服务部门应该在信息系统保护方面做出榜样，努力提高对信息系统以及委托给他们的数据的保护能力。同时，通过宣传提高企业和个人信息保护的责任和意识。在打击网络犯罪方面，法国将加强立法工作并促进国际司法合作。

日本的网络安全战略的总目标是构建世界领先的、可靠的、充满活力的网络空间，使之成为社会系统的一部分，这个"网络国家"要能够强有力抵御网络攻击、充满创新，并让人民为之骄傲。[①]为此，日本提出四项战略原则：一是确保信息的自由流动。日本将努力构建安全、可靠的网络空间，使信息能够在其中自由流动，并确保网络空间的开放性和互用性，避免过度的调控与管理。二是及时回应日益增长的严重威胁。如果网络空间脆弱到无法承受网络攻击或其他威胁，那么就无法实现信息的自由流动，甚至让人民对网络空间丧失信心。鉴于传统的防御措施已无法应对目前日益严重、波及全球的网络风险。因此，必须通过多方共同努力建立能快速反应、并能恰当处理变化中的威胁的新机制，以适应信息通信技术及其他因素带来的巨大变革。三是强化基于风险的管理方法。日本一直致力于打造世界一流的网络防御能力，到目前为止，所有主体包括政府机构、重要基础设施运营商、企业及个人都在尽最大努力采取适合自身的信息安全措施。然而，重要信息和信息系统对网络的依赖性日益增加，遭受更复杂的网络攻击的可能性也在增加。因此，各主体除了继续实施现有措施外，还应针对时刻变化的网络风险，通过适当、及时分配资源以灵活应对。具体包括提高对网络攻击事件的识别和分析能力，整合功能，促进信息共享，加强各主体间的合作等。四是基于责任共担原则联手行动。政府机构、公共部门、学术界、产业界和民间的各种主体都从网络空间中获益颇丰。因此，面对日益复杂且不断扩大的网络威胁，上述主体应该共同分担维护网络安全的责任，采取自我防范措施，并联手行动实现"网络空间的健康"。

从俄罗斯的《国家信息安全学说》看，俄罗斯的网络安全战略希望确立信息安全方面的领先地位。认为保护信息安全就是维护俄罗斯联邦的国家利益，有四个原则非常重要：一是尊重公民获取和利用信息的宪法权利与自由，确保俄罗斯精神的复兴，保护和强化社会的道德价值、爱国主义、人道主义、文化科学传统。二是向国内外公布关于俄罗斯的国家政策、国内外社会重大事件官方立场的准确信息，为俄罗斯公民提供公开的政府信息资源。三是大力开发现代信息技术，加快国家信息产业尤其是信息、电信和通信设施领域的发展，以保障国内市场的发展需求，推动其进入国际市场。只有这样，才能发展高科技，重新装备产业，使国家科技成果转化效率倍增，"俄罗斯必须在世界微电子和计算机行业领导者中占据应得的位置。"[②]四是保护信息资源，杜绝非法使用，确

---

① Cybersecurity Strategy – Toward a world-leading, resilient and vigorous cyberspace. June 2013, p.19.

② The Information Security Doctrine of the Russian Federation. Approved by President of the Russian Federation Vladimir Putin on September 9, 2000, p.3.

保部署和已经设立在俄罗斯境内的信息和电信系统安全。

3.德国、加拿大、意大利的战略目标是积极防御并强调加强多边合作

德国的网络安全战略文本最为简单，对成为网络强国的战略目标的表述也相对隐晦，其战略目标包括：一是使联邦政府在维护网络空间安全方面发挥重大作用，以维护和促进德国经济、社会的繁荣发展。二是网络安全水平必须与互联网信息基础设施的重要性及受保护的要求相一致，而且不能阻止或削弱网络空间提供的机会以及对网络空间的使用。在这个约束条件下，要综合国内外一切可能的措施，保护信息和通信技术的可用性，网络空间数据的完整性、真实性和机密性。三是网络安全建设需要采取综合性的方法，以民用的方法和措施为核心，以军队的措施和预防战略为补充，并与各种国际组织广泛协调，争取包括联合国、欧盟、欧洲理事会、北约、八国集团、欧安组织等在内的国际组织合作。其主要目的是确保国际社会在保护网络空间方面的一致性和能力。

加拿大的网络安全战略文本特别强调："本战略反映了加拿大人的价值观，如法治、责任和隐私；战略将保持开放性并不断完善以应对新的威胁；战略是跨越加拿大政府的整合活动；突出加拿大人及省、地区间的合作，并与盟友建立紧密的工作协作。"[1]为此，加拿大网络安全战略提出三大战略目标：一是保护政府网络系统的安全，加拿大人信任政府会合理利用他们的个人和工作信息，也相信政府为他们提供的服务。政府将以适当的方式、工具和人力来承担保障网络安全的义务。二是联手保障联邦政府外的关键网络系统安全，加拿大的经济繁荣和加拿大人的安全依赖于政府外围系统的顺利运行。通过与各级省和地方政府、私人机构合作，政府将支持加强包括重要基础设施区域在内的网络可靠性。三是保障加拿大人的上网安全。政府将帮助加拿大人从网上安全地获取他们需要的信息，保障个人和家庭的在线安全，加强执法机构打击网络犯罪的能力。

意大利的网络安全战略用了8页篇幅分析网络威胁的性质和发展趋势，并将网络威胁分为网络犯罪、网络间谍、网络恐怖主义、网络战争四种，要求相关各方协作落实战略提出的下列目标：一是增强所有网络安全相关机构的技术、操作和分析能力，撬动整个国家对各种网络威胁的分析、阻止、缓解和有效反应能力的提升。二是加强保护关

---

[1] Canada's Cyber Security Strategy For a stronger and more prosperous Canada. October 2010, p.8.

键基础设施和战略资产免受网络攻击的能力。同时，确保他们业务的连续性且完全符合国际要求、安全标准和协议。三是简化公私伙伴关系的设计，加强国家知识产权保护和技术创新。四是提高民众和机构的安全文化意识，通过学术界的专家提高用户对网络威胁的认识。五是在遵守国内和国际准则的前提下，加强民众有效反制网络犯罪活动的能力。六是全力支持网络安全方面的国际合作项目，积极推进包括意大利在内的国际组织或联盟的合作。

（三）八国网络安全战略的特点

第一，八国网络安全战略都突出网络威胁的严重性，强调维护网络安全的重要性，但是表述方法有所不同。如加拿大通过数据列举方式介绍，开篇即强调全球17亿人通过互联网连接在一起，加拿大经济高度依赖互联网，2007年有87%的加拿大商人使用互联网，在线销售额2007年就达到627亿美元。2008年有170万加拿大人身份信息被盗取，造成损失估计达19亿美元。[1]英国也采用类似的方法，不仅列出商业安全事件及损失，还指出有2/3的关键基础设施公司报告，在2011年定期发现恶意软件蓄意破坏他们的系统，2010年每个月超过2万封恶意邮件攻击政府网络等。[2]多数国家通过较为宏观的方式描述网络威胁的严重性，如美国总结网络技术的增长会带来各种形式的挑战：包括能够破坏美国本土及海外光缆、服务器和无线网络的自然灾害与事故；一国采取封锁网页的措施，将导致更大规模的国际网络的中断；勒索、诈骗、身份信息盗窃都将打击网络用户从事网络商务、社交的信心，甚至危及个人安全；对知识产权的侵犯将威胁到国家竞争和推动竞争的创新精神。[3]法国强调"网络空间中有越来越多怀揣恶意的个人或组织，试图侵犯他人隐私，获取密码等信息、入侵银行账户或收集并贩卖个人资料等。远程恶意控制计算机的案例日益增多，包括网络攻击或发送恶意邮件，制造僵尸网络等，达到实施违法活动的最终目的。"[4]

第二，八国在网络安全战略中都宣布了实施的侧重点，方式有简有繁。信息最少的

---

① Canada's Cyber Security Strategy For a stronger and more prosperous Canada. October 2010, pp.2–4.

② The UK Cyber Security Strategy Protecting and promoting the UK in a digital world. November 2011, p.17.

③ THE WHITE HOUSE. INTERNATIONAL STRATEGY FOR CYBERSPACE: Prosperity, Security, and Openness in a Networked World. MAY 2011, p.4.

④ FRENCH WHITE PAPER DEFENCE AND NATIONAL SECURITY 2013（in English）. 29 April 2013, p.14.

是加拿大、日本，分别围绕三个战略支柱和三个总目标展开。信息最多的是德国和意大利，分别罗列了10个和11个侧重点，从执行机构的设立到人员培训再到国际合作，几乎涵盖了可能涉及的各个方面。美国、法国各列了7个侧重点，列举的方法有所不同：美国选择经济、执法、军事、网络保护、国际合作、网络治理和网络自由七个方面分别阐述战略侧重点；法国的七个方面则聚焦更为具体的层面，包括检测并阻止攻击、保护国家信息系统和关键基础设施运营商、修订法国的法律以适应技术变革等非常具体的描述。英国的战略侧重点有8个，描述方法介于美国和法国之间，既有未来资金投入的数量，也有建立网络安全专业人才队伍、构建防止网络犯罪的法律体系、提高公众网络安全意识等较为宏观、系统化的描述。需要特别说明的是，各国网络安全的战略侧重点与战略总目标是一致的。

第三，八国都建立了网络安全战略的执行机构。虽然八国网络安全战略的执行机构名称不尽相同，如英国叫"网络安全行动中心"、法国是"国家信息系统安全办公室"、德国名为"国家网络响应中心"等，但是执行机构的性质基本相同。其中，德国的任务描述最具代表性：协调整合所有国家机构对信息技术事件的防御举措；确认攻击来源，对网络安全突发事件作出缜密的分析，并为统一行动提供可靠的建议；国家网络防御中心将定期就日常的基本预防和特定事件向国家网络安全委员会提交建议；网络安全危机迫在眉睫或已发生时，国家网络防御中心将直接通知联邦政府内务部由国务卿领导的危机管理人员。[①] 在八国中，执行机构设置最具攻击性的是美国。2009年6月，时任国防部长罗伯特·盖茨签署命令，成立网络空间司令部，2010年10月正式运行。网络司令部将分散的不同机构协调、整合在一起，使美国国防部和美国政府提升各自的职权，确保网络空间行动与高效管理资源的能力。2011年7月，美国国防部发布首份《网络空间行动战略》，正式将网络空间列为与陆、海、空、太空并列的第5域，目前该行动战略已经开始修订。美军高级军事顾问、陆军少将约翰·戴维斯认为，《网络空间行动战略》发布以来取得了显著成效，其中包括建立美国网络司令部下属的网络服务机构；为每个作战司令部建立了联合网络中心；使用军事命令程序来处理网络作战行动；研发了网络部队的组织模型；举行网络战演习等。[②]

---

① Cyber Security Strategy for Germany. February 2011, p.5.

② 顾舟峰，姚文文.美国国防部正修订《网络空间行动战略》[N].人民邮电,2013–07–17(6).

第四，八国都重视网络安全的经费投入，尤其是在"棱镜门"事件后，经费增加趋势明显。如法国国防部长勒德里昂提出，要推广保密电话、加密技术和网络监控，以强化敏感计算机系统，阻止黑客入侵和间谍活动，提升应对日益增加的网络攻击的防御能力并加强监控能力。为此，法国在2014年2月公布了10亿欧元的投资计划，用于加强网络攻击防御，其中约4亿欧元用于装备战略性企业，采取数据加密措施以保证数据安全、检测黑客入侵以及监视内部网络。此外，法国还将在西北部城市雷恩成立一个网络防御人员培训中心，并专门设立一个研究机构，用于开发法国首个攻击性网络安全武器。[①] 在英国，从2010年起，网络空间威胁就被定义为一级威胁，成为英国最优先处理的事项。在网络安全战略中，英国在财政紧张的情况下提出在未来四年投入6.5亿英镑，以支持英国网络安全技术和法律行动的实施。在网络安全战略的实施部分，英国详细列举了6.5亿英镑的具体支出情况，其中独立情报支出和构建跨部门能力的支出最大，占59%；国防部主要网络的保护占14%；政府关键通信技术、构建安全的在线服务占10%；内政部处理网络犯罪占10%；内阁办公室，协调、维护对操作性威胁的发现占5%；商务、技术创新部门携手私营机构提高网络的可靠性占2%（见图0-10）。[②]

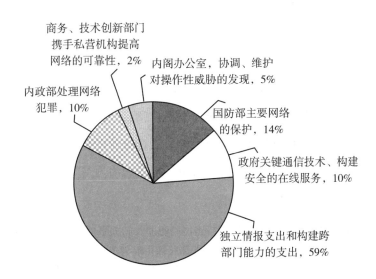

图0-10 英国政府应对网络空间威胁的经费投入情况（2010年）

---

① 刘长安，张百玲.法国公布10亿欧元投资计划加强网络防御［N］.人民邮电，2014-02-12（6）.

② The UK Cyber Security Strategy：Protecting and promoting the UK in a digital world. November 2011, p.25.

需要特别指出的是，2014年初，英国政府追加了2.1亿英镑经费，使2016年前政府对网络安全的持续投资达到8.6亿英镑。负责监督网络安全战略实施情况的内阁办公室大臣弗朗西斯·麦浩德解释说，在总体节俭和费用削减时期增加该项拨款，是因为网络攻击对国家安全依然构成严重的威胁。为此，政府将更加重视技能培训，帮助英国本土的安全软件开发商和咨询公司增加出口收入。

三、各国加强网络安全的治理协作

互联互通是互联网的本质属性，决定了网络安全问题必然是跨越国界的，网络安全治理也不同于传统意义上的其他安全问题的治理，不能依靠一己之力解决，而是需要广泛的国际合作。从全球范围看，网络安全治理合作既通过双边对话[①]或多边合作机制[②]实现，也日益依赖各种国际化论坛提供的合作平台，其中全球互联网名称与数字地址分配机构大会（ICANN）、世界互联网大会（乌镇峰会）、互联网治理论坛（IGF）的影响十分深远。"三大会议各有渊源，各有特点，各有侧重，ICANN 专注于技术层面，IGF 侧重于公共政策，乌镇峰会注重发展问题。ICANN 美国力量主导，IGF 欧洲明显占优，乌镇峰会当然是中国主导。"[③]通过描述三大会议的发展进程，大致可以勾勒出全球网络治理的综合图谱。

（一）全球互联网名称与数字地址分配机构（ICANN）

万维网的发明为数十亿普通人打开了网络空间的大门，也让地球村的故事成为现实，但网络治理问题也由此而生，而且带着与所有领域的治理问题都不同的特殊性，那就是已经实现全球互联互通的网络，网络治理必然意味着世界各国政府、企业、非政府组织之间的博弈与合作。按照马蒂亚森的观点，网络的治理主要体现在三个方面：一是

---

① 双边对话如2015年12月举行的中美打击网络犯罪及相关事项高级别联合对话，这是中美首次举行此类对话，由中国国务院国务委员、公安部部长郭声琨与美国司法部部长林奇、国土安全部部长约翰逊共同主持，本着"依法、对等、坦诚、务实"的原则，中美双方就打击网络犯罪合作、加强机制建设、侦破重点个案、网络反恐、执法培训等方面，达成一系列共识和具体成果。

② 多边合作方面北约国家最具代表性。早在2010年10月，北约各国国防部长在北大西洋理事会就网络安全问题达成一致，并同意各国将在此问题上持统一立场。

③ 方兴东，陈帅，徐济涵.全球网络治理热点、重点和趋势概览与总结——2016 年全球网络治理三大会议综述［J］.网络空间研究，2016（8）.

技术标准，即采取什么样的连接协议、软件程序和数据格式等；二是资源分配，即如何调配与管理网络的各种资源要素，如域名和IP地址等；三是公共政策，即包括人员与机构在内的制定相关网络政策的本质、方式和程序等。①由于互联网来源于美国的阿帕网，所以在互联网发展的早期，网络治理完全由美国主导，全球网络治理方面的矛盾并不突出。

但是，随着互联网的快速发展，美国的垄断地位开始引起其他国家、非政府组织的不满，于是，1998年10月，国际性非营利组织成立了，即互联网名称与数字地址分配机构（ICANN），通过设立董事会和咨询委员会，在形式上实现了网络治理的国际化。2009年10月，该机构获准取得独立地位；2014年3月，美国政府宣布启动IANA职能管理权移交，虽然遭到美国国内保守势力的反对，但是，在国际社会的携手推动下，移交工作推进总体顺利。2016年3月，互联网名称与数字地址分配机构第三届高级别政府会议在摩洛哥举行。会议围绕互联网号码分配机构职能监管权移交结果、加强ICANN问责制和政府在ICANN新架构中的作用、通用顶级域名和公共政策、ICANN与发展中国家能力建设等议题进行了交流。中国、美国、俄罗斯、英国等96个国家和地区政府派部级或高级别代表出席了会议。②2016年10月，美国商务部下属机构国家电信和信息局将互联网域名管理权交给位于加利福尼亚州的"互联网名称与数字地址分配机构"，两者之间的授权管理合同自然失效，不再续签。至此，美国政府理论上不再拥有该领域的主导权，标志着互联网迈出走向全球共治的重要一步。③

2016年11月3日—9日，互联网名称与数字地址分配机构第57次会议在印度举行。此次会议共有3 182人参会，打破了ICANN参会人数纪录。开幕式上，总裁兼CEO Goran Marby这样概括该组织的未来发展：一是移交后美国政府对ICANN的监管变成了全球互联网社群的监管。二是进一步加强ICANN与全球互联网社群的交流合作，使更多人了解互联网架构的分布，以及去中心化和自愿合作的工作机制。三是要明确划分ICANN社群、ICANN董事会和ICANN机构的不同职责，由社群负责制定政策并监督董事会和员工、董

① 刘杨钺.全球网络治理机制：演变、冲突与前景［J］.国际论坛，2012（1）.
② 张峰出席互联网名称与数字地址分配机构第三届高级别政府会议［N/OL］.工业和信息化部网站，2016-03-14［2017-05-13］.http://www.isc.org.cn/zxzx/zfxx/listinfo-33338.html.
③ 美国交出互联网域名管理权［N］.光明日报，2016-10-03（3）.

事会批准政策、机构负责实施政策。①

到2016年底，包括中国在内，ICANN的政府咨询委员会（GAC）在全球已有170个成员，在新一届主席、副主席选举中，中国信息通信研究院郭丰成功当选副主席。此外，ICANN、巴西互联网指导委员会和世界经济论坛还联合发起成立了全球互联网治理联盟。联盟致力于建立开放的线上互联网治理解决方案讨论平台，方便全球社群讨论互联网治理问题、展示治理项目、研究互联网问题解决方案。2015年1月，联盟从来自全球的46位提名人选中投票选出20名委员会成员并在官网发布，其中包括阿里巴巴董事局主席马云。委员会主要负责议决联盟重大事项，推动 ICANN 国际化和全球网络空间治理。②2015年6月，联盟首次全体理事会在巴西圣保罗召开，在此次大会上，阿里巴巴董事局主席马云当选联盟理事会联合主席，是共同主席中唯一来自亚洲的代表。马云当选主席后表示：这是对中国互联网的信任，也是对中国互联网治理能力的信任。当选后他将致力于推动互联网创新发展，使更多年轻人和小企业从中受益。③

（二）国际互联网治理论坛（IGF）

2003年，在国际电信联盟及其成员国的推动下，世界信息社会峰会在日内瓦召开。信息峰会的主要成果有两个：一是成立了联合国网络治理工作组，主要任务是确定互联网治理的内涵、互联网关键性资源的技术管理中的公共政策内容，并澄清参与互联网治理的各利益攸关方的作用和责任。由此，互联网治理的定义得以明确：互联网治理是通过政府、私营部门和公民社会各尽所能，来发展和应用共同的原则、守则、规则、决策程序和项目，进而影响互联网的发展和应用。二是根据当时参会的各国政府首脑的要求，联合国秘书长发起并召开国际互联网治理论坛，为多边利益攸关方开展政策性对话，主要使命是讨论公共性政策问题，推动不同实体之间的对话。

国际互联网治理论坛的突出特色是其开放性，论坛鼓励所有的利益相关者参加，任何人只要在网站注册都可以申请参会。IGF 设有一个秘书处，负责管理论坛，准备年度

---

① 陈莱姬. 从IANA移交看ICANN新全球网络治理模式［J］. 汕头大学学报：人文社会科学版，2016（8）.

② 伍刚. 共铸全球互联网治理的通行货币［N/OL］. 央广网，2015-07-01［2017-08-07］，http://news.ycwb.com/2015-07/01/content_20377103.htm.

③ 侯露露. 马云当选全球互联网治理联盟理事会联合主席［N/OL］. 人民网，2015-07-01［2017-05-03］. http://world.people.com.cn/n/2015/0701/c1002-27233308.html.

会议；多利益相关方咨询组就 IGF 的组织和日程给予建议，MAG 共有 40~60 位来自政府、私营企业、公民社会以及学术和技术社群的代表，由各团体向秘书处提名，秘书处挑选出提名名单，最后由联合国秘书长任命。除政府代表外，每年轮换 30%。主要职能为制定 IGF 年度会议的详细规划，确认主题和议程，评估并批准每年全球 200 多个研讨会提案等，以保证多利益相关方的参与。IGF 会议的准备过程是完全开放的，任何人可以在线提交研讨会提案，研讨会的议题、形式和发言人都由参与者自己决定。IGF 资金来源于各利益相关方的资金捐助，年度会议由主办国资助。① 第一届论坛为期一周，2 000 多名来自政府、私营企业、民间团体和国际组织的代表，自主组织和参加了 200 多场分会议、工作坊及圆桌会议，议题涉及网络接入、开放性、网络安全和多样性四大领域。此后，巴西、印度、埃及、立陶宛、肯尼亚、阿塞拜疆、墨西哥等国家先后接力，一年一度的治理论坛先后落地各大洲多个国家，吸引了众多参会者。② 2016 年 12 月，第 11 届国际互联网治理论坛在墨西哥举行，这是 IGF 获得联合国大会新的十年授权后的第一次年度会议，会议主题是"促进包容和可持续增长"，重点讨论如何利用互联网更好地促进包容和可持续发展、实现 2030 年可持续发展议程的设想。

通过对互联网治理论坛的发展历程进行全面梳理，胡献红认为，在过去十年中，互联网治理论坛声誉日隆，论坛议题领域涉及互联网的开放性、网络安全、互联网的多样性、互联网接入、关键互联网资源五大领域，成为全球互联网治理的最有代表性的权威论坛。特别值得一提的是，全部十届论坛的大会议程和会议纪要、逐场文字实录，都可以在互联网治理论坛网站上查询，由联合国经社部互联网治理论坛秘书处进行维护，为世界范围的政策制定者和研究者提供参考。此外，每年世界上还举办超过 70 个地区性和国家范围的互联网治理论坛，而且还开创了诸如"动态联盟""最佳实践分享论坛"，为政策制定者提供相关领域的参考文件和资源，包括如何规范和消除不良通信，如何建立计算机安全事件反应团队，如何建立多方利益相关者参与的机制，如何应对网络欺凌和针对女性的网络暴力等。根据胡献红的研究，2011 年创建的"多方利益相关者咨询组"是互联网治理论坛的制度性创新，这是一个由联合国秘书长直接任命的专家组，为

① 方兴东，陈帅，徐济涵.全球网络治理热点、重点和趋势概览与总结——2016 年全球网络治理三大会议综述［J］.网络空间研究，2016（8）.

② 胡献红.世界信息社会峰会和全球互联网治理论坛十年回顾与未来展望［J］.汕头大学学报：人文社会科学版，2016（6）.

秘书长就互联网治理论坛的组织和日程给予建议，由 55 位来自政府、私营企业、公民团体、学术和技术团体的专家组成，中国互联网协会于 2013 年首次成功推荐了来自中国的互联网专家进入专家组。MAG 专家组不仅讨论确定每年互联网治理论坛的主题，而且直接评估并批准每年 200 多个工作坊提议，因此对整个互联网治理论坛的成功举办起到了决定性的作用，而他们代表多方利益和观点的兼容并包性则从制度上保证了互联网治理论坛的代表性。①

（三）世界互联网大会（WIC）

2014年11月，近 100 个国家和地区的 1 000 多名网络精英齐聚乌镇，参加由中国国家互联网信息办公室和浙江省人民政府联合主办的首届世界互联网大会。"世界互联网大会既是为中国与世界互联互通搭建的国际平台，也是为国际互联网共建共享搭建的中国平台。"②不仅能让世界更好了解中国互联网的发展情况，全景展示中国互联网发展理念和成果，而且也向全世界表明，"中国愿意同世界各国携手努力，本着相互尊重、相互信任的原则，深化国际合作，尊重网络主权，维护网络安全，共同构建和平、安全、开放、合作的网络空间，建立多边、民主、透明的国际互联网治理体系。"③

首届世界互联网大会受到党中央、国务院的高度重视，习近平总书记专门发来贺词，强调互联网真正让世界变成了地球村，让国际社会越来越成为你中有我、我中有你的命运共同体。同时，互联网发展对国家主权、安全、发展利益提出了新的挑战，迫切需要国际社会认真应对、谋求共治、实现共赢。本届世界互联网大会以"互联互通 共享共治"为主题，回应了国际社会对网络空间面临重大问题的共同关注。④李克强总理会见了出席首届世界互联网大会的中外代表并同他们座谈，指出互联网是人类最伟大的发明之一，是大众创业、万众创新的新工具，是政府施政的新平台；中国将不断加强网络基础设施建设，提高网络普及率。中国将继续着眼于互联网的外部环境和自身成长，

① 胡献红.世界信息社会峰会和全球互联网治理论坛十年回顾与未来展望［J］.汕头大学学报：人文社会科学版，2016（6）.

② 毛莉，牛冬杰，张帆.尊重网络主权实现共享共治为全球网络治理贡献中国方案［N］.中国社会科学报，2015－12－08（1）.

③④ 习近平致首届世界互联网大会贺词全文［N/OL］.新华网，2014－11－19［2017－04－30］. http://news.xinhuanet.com/live/2014–11/19/c_127228771.htm.

支持网络技术、服务持续创新，政策更加丰富。①

2015年12月，第二届世界互联网大会的主题是"互联互通·共享共治——构建网络空间命运共同体"，来自全球120多个国家和地区的2 000多名嘉宾参加了大会。习近平总书记出席大会开幕式并发表主旨演讲，提出了推进全球互联网治理体系变革的四大原则，并围绕如何构建网络空间命运共同体提出了五点主张。强调互联网是人类的共同家园，各国应该共同构建网络空间命运共同体，推动网络空间互联互通、共享共治，为开创人类发展更加美好的未来助力。②

2016年11月，习近平总书记在第三届世界互联网大会上发表了视频讲话，强调"互联网是我们这个时代最具发展活力的领域。互联网快速发展，给人类生产生活带来深刻变化，也给人类社会带来一系列新机遇新挑战。互联网发展是无国界、无边界的，利用好、发展好、治理好互联网必须深化网络空间国际合作，携手构建网络空间命运共同体。"③中共中央政治局常委刘云山强调本届大会以"创新驱动　造福人类——携手共建网络空间命运共同体"为主题，就是希望我们更好地把握信息时代发展趋势，共同应对各类风险挑战，推动实现网络空间互联互通、共享共治。刘云山说："携手构建网络空间命运共同体，应在完善治理规则方面深化合作，尊重网络主权，维护各国在网络空间平等的发展权、参与权、治理权，推动建立多边民主透明的全球互联网治理体系。"④

第三届世界互联网大会发布了大会成果《2016年世界互联网发展乌镇报告》，这是第三届大会的新变化。方兴东梳理了这些变化：如用咨询委员会发布报告代替了以往的会议声明；形成报告的过程是一种"参与式过程模式"，草案提前进行了传阅，大部分意见被接受；报告在语言上的妥协，取代有争议的语言，新的语言更清楚地表达了国家应该行使责任使网络空间更加安全的观点，同时消除了任何国家应该在全球网络空间寻求霸权的印象。方兴东认为，多元参与词汇的使用，暗示中国接受这样一个现实：建立一个安全、开放和高效的互联网需要许多利益主体的参与，而不仅仅是

---

① 杨光.李克强：加强网络基础设施建设　提高网络普及率［J］.计算机与网络，2014（22）.

② 徐隽.习近平出席第二届世界互联网大会开幕式并发表主旨演讲［N］.人民日报，2015-12-17（1）.

③ 习近平：在第三届世界互联网大会开幕式上的视频讲话［N/OL］.新华网，2016-11-16［2017-05-26］.http://news.xinhuanet.com/politics/2016-11/16/c_1119925133.htm.

④ 张璁.集思广益增进共识加强合作让互联网更好造福人类［N］.人民日报，2016-11-17（1）.

国家的参与。像这样的转变虽小但非常重要，表现了世界互联网大会的多方利益主义转向。方兴东认为，一方面，乌镇峰会从一开始就有强大的多利益相关方的参与，第三次峰会更致力于建立共识，这已经接近 ICANN 的共识驱动和"同一个世界，同一个互联网"的价值观；另一方面，第三次峰会上作出了一些建设性的语言妥协，使用"Multi-players，Multi-parties，Multi-actors"等词来表明对多利益相关方模式的支持。①

2017年12月，第四届世界互联网大会的主题是：发展数字经济促进开放共享——携手共建网络空间命运共同体。第四届世界互联网大会的主要成果包括：一是设立了 20 场分论坛，这些论坛"主题鲜明、各具特色，成为与会嘉宾分享思考、贡献创见的高端平台。"二是首次发布了《中国互联网发展报告 2017》和《世界互联网发展报告 2017》两本蓝皮书，总结历史成就，分析现状特点，展望趋势远景，为各国更好推动互联网发展提供了有益借鉴。三是发布了本届世界互联网大会的年度成果文件《乌镇展望》，标志着关于全球互联网发展治理的共识又向前迈出了坚实一步。四是集中展示了创新成就。本次"互联网之光博览会"汇集了 400 余家全球知名互联网企业和创新型企业的最新科技成果和应用，展现了世界互联网最新的发展动态。五是积极搭建合作平台，密切了协同联动、促进了共治共享。本届大会邀请联合国经济和社会事务部、国际电信联盟、世界知识产权组织等国际组织作为协办单位，深化了合作机制和伙伴关系。如在"双创热土"项目对接活动中，对接的互联网项目数达 1 200 个，超过 130 亿元人民币的项目现场签约。世界互联网大会的实效性和吸引力更加凸显。②

第三节　我国网络安全治理的历程

一、党的十八大以前的网络安全治理

我国的网络安全治理是伴随着互联网的逐步发展而渐次推进的。1993年，在全国

---

① 方兴东，陈帅，徐济涵.全球网络治理热点、重点和趋势概览与总结——2016 年全球网络治理三大会议综述〔J〕.网络空间研究，2016（8）.

② 倪弋.第四届世界互联网大会闭幕——超 130 亿元项目现场签约〔N〕.人民日报,2017–12–06(2).

信息化工作会议之后，"金桥工程"全面启动，这是我国现代化建设的一项重大决策，标志着我国信息基础设施建设的大幕正式拉开。①1994年，第一条64K的国际专线将中国连入国际互联网，同一年，国务院发布了《中华人民共和国计算机信息系统安全保护条例》，第一条就明确法规的制定目的是"保护计算机信息系统的安全，促进计算机的应用和发展，保障社会主义现代化建设的顺利进行。"该条例在2011年1月根据《国务院关于废止和修改部分行政法规的决定》修订。1996年国务院发布了《中华人民共和国计算机信息网络国际联网管理暂行规定》，用以加强对计算机信息网络国际联网的管理，保障国际计算机信息交流的健康发展。1997年12月，公安部发布《计算机信息网络国际联网安全防护管理办法》。进入21世纪后，相关部门发布了多个网络安全方面的法律、法规及规章，初步形成了我国网络安全治理的基本框架。

链接：什么是金桥工程

金桥工程是国民经济的基础设施，在"三金"工程中占非常重要的地位，后者是规模宏大的系统工程，其他"金字头"工程都要进入到"金桥"中去。金桥网是公用网、基干网，是天地统一的传输网。金关工程、金卡工程、金税工程以及各部委、各地方、各大中型企业、各科研教育单位都要充分利用金桥网。1993年9月，国家经济信息化联席会议召开，同时举行24省市启动建设金桥工程签字仪式。国务院副总理邹家华提出了"三金"工程建设方针："统筹规划，联合建设，统一标准，专通结合"。

第一，探索构建国家信息化发展的顶层设计。2006年，中共中央办公厅和国务院办公厅（以下简称中办和国办）联合印发了《2006—2020年国家信息化发展战略》，战略分析了我国信息化发展的基本形势，提出了我国信息化发展的指导思想和战略目标，明确了我国信息化发展的战略行动和信息化发展的保障措施。当时提出的信息化发展的战略目标是：到2020年，我国综合信息基础设施基本普及，信息技术自主创新能力显著增强，信息产业结构全面优化，国家信息安全保障水平大幅提高，国民经济和社会信息化取得明显成效，新型工业化发展模式初步确立，国家信息化发展的制度环境和政策体

①② 吕健.24省市"金桥"工程启动 邹家华副总理提出"三金"工程建设方针［J］.计算机与通信，1994（1）.

系基本完善，国民信息技术应用能力显著提高，为迈向信息社会奠定坚实基础。^①该战略的积极作用毋庸置疑，但是由于各种原因，战略的"执行落实打了很多折扣。尤其是国家层面没有一个与五年经济发展计划相配套的信息化发展规划，留下很多遗憾。"^②因此，党的十八大后，中办和国办根据新形势对《2006—2020年国家信息化发展战略》进行了调整和发展，在2016年7月发布了《国家信息化发展战略纲要》。

第二，明确提出依法保护网络安全的原则。2000年12月，全国人大常委会第十九次会议通过了《全国人民代表大会常务委员会关于维护互联网安全的决定》，要求"各级人民政府及有关部门要采取积极措施，在促进互联网的应用和网络技术的普及过程中，重视和支持对网络安全技术的研究和开发，增强网络的安全防护能力。有关主管部门要加强对互联网的运行安全和信息安全的宣传教育，依法实施有效的监督管理，防范和制止利用互联网进行的各种违法活动，为互联网的健康发展创造良好的社会环境。"2004年8月，全国人大常委会通过《中华人民共和国电子签名法》，其中第十四条规定："可靠的电子签名与手写签名或者盖章具有同等的法律效力。"

第三，初步明确网络安全治理的主体，形成多元化管理模式。一是确立国内信息安全保护的管理主体。根据《中华人民共和国计算机信息系统安全保护条例》第六条规定，由公安部负责全国计算机信息系统安全保护工作，国家安全部、国家保密局和国务院其他有关部门，在国务院规定的职责范围内做好计算机信息系统安全保护的有关工作。二是确定国际互联网的管理主体。根据《中华人民共和国计算机信息网络国际联网管理暂行规定》第五条规定，国务院信息化工作领导小组负责协调、解决有关国际联网工作中的重大问题。领导小组办公室按照本规定制定具体管理办法，明确国际出入口信道提供单位、互联单位、接入单位和用户的权利、义务和责任，并负责对国际联网工作的检查监督。三是确立国际互联网的安全保护主体。根据公安部的《计算机信息网络国际联网安全防护管理办法》第三条规定，由公安部计算机管理监察机构负责计算机信息网络国际联网的安全保护管理工作。具体职责是：公安机关计算机管理监察机构应当保护计算机信息网络国际联网的公共安全，维护从事国际联网业务的单位和个人的合法权

① 2006—2020年国家信息化发展战略［N/OL］.2006-05-08［2017-12-29］.http://www.chinanews.com/news/2006/2006-05-08/8/726880.shtml.

② 黄相怀.互联网治理的中国经验——如何提高中共网络执政能力［M］.北京：中国人民大学出版社，2017：113-114.

益和公众利益。四是确定上网服务营业场所的管理主体。根据2002年9月国务院公布的《互联网上网服务营业场所管理条例》第四条规定，县级以上人民政府文化行政部门负责互联网上网服务营业场所经营单位的设立审批，并负责对依法设立的互联网上网服务营业场所经营单位经营活动实施监督管理。公安机关、工商行政管理部门、电信管理等其他有关部门在各自职责范围内，分别实施有关监督管理。

第四，初步建立网络安全管理的基本制度。一是确立等级保护制度。根据《中华人民共和国计算机信息系统安全保护条例》第九条规定，计算机信息系统实行安全等级保护。安全等级的划分标准和安全等级保护的具体办法，由公安部会同有关部门制定。二是确立许可和备案制度。如《互联网上网服务营业场所管理条例》第七条规定，国家对互联网上网服务营业场所经营单位的经营活动实行许可制度。未经许可，任何组织和个人不得设立互联网上网服务营业场所，不得从事互联网上网服务经营活动。2000年9月，国务院发布的《中华人民共和国电信条例》也在第七条规定，国家对电信业务经营按照业务分类，实行许可制度。三是在微观层面就具体管理过程制定管理办法。如，2000年9月，国务院公布了《互联网信息服务管理办法》；2000年4月，公安部发布了《计算机病毒防治管理办法》，对计算机病毒的定义、防治管理主体、具体管理制度、惩罚等均作出了详细规定。四是确立罚则。《全国人民代表大会常务委员会关于维护互联网安全的决定》用五条规定明确了违反法律法规、构成犯罪的，应依法追究的刑事责任。并在第五条中，对利用互联网实施违法行为，违反社会治安管理，尚不构成犯罪的，明确了应该给予的相应处罚或处分。

二、党的十八大之后五年来的网络安全治理

党的十八大以来，以习近平同志为核心的党中央高度重视网络安全治理问题，把网络安全和信息化上升到重大战略问题的高度，制定了《国家网络空间战略》，并通过发布中央决定、国家规划、推进立法等方式，加大了网络安全治理的力度，进一步理顺了网络安全管理体制，具体包括以下几个方面。

（一）把网络安全上升到国家重大战略问题的高度

2014年2月，中央网络安全和信息化领导小组成立并召开第一次会议，习近平总书记发表重要讲话。他强调，网络安全和信息化是事关国家安全和国家发展、事关广大人

民群众工作生活的重大战略问题，要从国际国内大势出发，总体布局，统筹各方，创新发展，努力把我国建设成为网络强国。此后，网络安全治理的顶层设计相继发布：2016年7月，中办和国办印发了《国家信息化发展战略纲要》；同年12月，国家互联网信息办公室发布了《国家网络空间安全战略》；同日，国务院印发了《"十三五"国家信息化规划》；2017年3月，外交部和国家互联网信息办公室共同发布了《网络空间国际合作战略》。

上述战略、规划是我国网络安全治理的顶层设计，为我国网络安全治理指明了方向。首先，《国家网络安全战略》突出强调了确保网络空间安全的重大意义，指出"网络安全事关人类共同利益，事关世界和平与发展，事关各国国家安全。维护我国网络安全是协调推进全面建成小康社会、全面深化改革、全面依法治国、全面从严治党战略布局的重要举措，是实现'两个一百年'奋斗目标、实现中华民族伟大复兴中国梦的重要保障。"该战略阐明了中国关于网络空间发展和安全的重大立场和主张，明确了战略方针和主要任务，切实维护国家在网络空间的主权、安全、发展利益，是贯彻落实习近平总书记网络强国战略思想，指导国家网络安全工作的纲领性文件。其次，《"十三五"国家信息化规划》是指导"十三五"期间各地区、各部门信息化工作的行动指南，是"十三五"国家规划体系的重要组成部分。再次，《网络空间国际合作战略》是指导中国参与网络空间国际交流与合作的战略性文件。该战略以"和平发展、合作共赢"为主题，以"构建网络空间命运共同体"为目标，为解决全球网络空间治理难题提出中国方案。最后，《国家信息化发展战略纲要》是规范和指导未来10年国家信息化发展的纲领性文件，是根据新形势对《2006—2020年国家信息化发展战略》的调整和发展，是国家战略体系的重要组成部分，是信息化领域规划、政策制定的重要依据。纲要明确提出"以信息化驱动现代化，建设网络强国，是落实'四个全面'战略布局的重要举措，是实现'两个一百年'奋斗目标和中华民族伟大复兴中国梦的必然选择。"[①]

（二）提出总体国家安全观，设立国家安全委员会

党的十八大以来，党中央高度重视国家安全工作，成立中央国家安全委员会，提出总体国家安全观，明确国家安全战略方针和总体部署，推动国家安全工作取得显著成

---

① 新华社.中共中央办公厅国务院办公厅印发《国家信息化发展战略纲要》［N/OL］.2016-07-27［2017-12-03］.http://www.gov.cn/zhengce/2016-07/27/content_5095336.htm.

效。2013年11月，第十八届中央委员会第三次全体会议通过了《中共中央关于全面深化改革若干重大问题的决定》。党的十八届三中全会决定成立国家安全委员会，完善国家安全体制和国家安全战略，确保国家安全。成立国家安全委员会"是推进国家治理体系和治理能力现代化、实现国家长治久安的迫切要求，是全面建成小康社会、实现中华民族伟大复兴中国梦的重要保障，目的就是更好适应我国国家安全面临的新形势新任务，建立集中统一、高效权威的国家安全体制，加强对国家安全工作的领导。"①

2014年4月，中央国家安全委员会正式成立并召开第一次会议，国家安全委员会主席习近平主持会议并发表重要讲话。他强调，要准确把握国家安全形势变化新特点新趋势，坚持总体国家安全观，走出一条中国特色国家安全道路。2017年2月，习近平总书记主持召开国家安全工作座谈会，强调要准确把握国家安全形势，牢固树立和认真贯彻总体国家安全观，以人民安全为宗旨，走中国特色国家安全道路，努力开创国家安全工作新局面，为中华民族伟大复兴中国梦提供坚实的安全保障。

总体国家安全观的具体内容包括以下几方面。

第一，厘清国家安全的内涵和外延。在中央国家安全委员会第一次会议的讲话中，国家安全委员会主席习近平指出，当前我国国家安全内涵和外延比历史上任何时候都要丰富，时空领域比历史上任何时候都要宽广，内外因素比历史上任何时候都要复杂，必须坚持总体国家安全观，以人民安全为宗旨，以政治安全为根本，以经济安全为基础，以军事、文化、社会安全为保障，以促进国际安全为依托，走出一条中国特色国家安全道路。

第二，提出当前和今后一个时期国家安全工作的明确要求。在国家安全工作座谈会上，习近平总书记强调，要突出抓好政治安全、经济安全、国土安全、社会安全、网络安全等各方面安全工作。要完善立体化社会治安防控体系，提高社会治理整体水平，注意从源头上排查化解矛盾纠纷。要加强交通运输、消防、危险化学品等重点领域安全生产治理，遏制重特大事故的发生。要筑牢网络安全防线，提高网络安全保障水平，强化关键信息基础设施防护，加大核心技术研发力度和市场化引导，加强网络安全预警监测，确保大数据安全，实现全天候全方位感知和有效防护。要积极塑造外部安全环境，加强安全领域合作，引导国际社会共同维护国际安全。要加大对维护国家安全所需的

---

① 习近平.坚持总体国家安全观 走中国特色国家安全道路［N］.人民日报,2014-04-16（1）.

物质、技术、装备、人才、法律、机制等保障方面的能力建设，更好适应国家安全工作需要。

第三，确定落实总体国家安全观的原则。在国家安全工作座谈会上，习近平总书记强调，坚持党对国家安全工作的领导，是做好国家安全工作的根本原则。各地区要建立健全党委统一领导的国家安全工作责任制，强化维护国家安全责任，守土有责、守土尽责。要关心和爱护国家安全干部队伍，为他们提供便利条件和政策保障。在中央国家安全委员会第一次会议的讲话中，习近平总书记指出，中央国家安全委员会要遵循集中统一、科学谋划、统分结合、协调行动、精干高效的原则，聚焦重点，抓纲带目，紧紧围绕国家安全工作的统一部署狠抓落实。

第四，完善安全工作的体制机制。在《关于〈中共中央关于全面深化改革若干重大问题的决定〉的说明》中，习近平总书记指出，当前，我国面临对外维护国家主权、安全、发展利益，对内维护政治安全和社会稳定的双重压力，各种可以预见和难以预见的风险因素明显增多。而我们的安全工作体制机制还不能适应维护国家安全的需要，需要搭建一个强有力的平台统筹国家安全工作。设立国家安全委员会，加强对国家安全工作的集中统一领导，已是当务之急。国家安全委员会主要职责是制定和实施国家安全战略，推进国家安全法治建设，制定国家安全工作方针政策，研究解决国家安全工作中的重大问题。①

第五，明确贯彻总体国家安全观的基本思路。在中央国家安全委员会第一次会议的讲话中，国家安全委员会主席习近平指出，贯彻落实总体国家安全观，必须既重视外部安全，又重视内部安全，对内求发展、求变革、求稳定、建设平安中国，对外求和平、求合作、求共赢、建设和谐世界；既重视国土安全，又重视国民安全，坚持以民为本、以人为本，坚持国家安全一切为了人民、一切依靠人民，真正夯实国家安全的群众基础；既重视传统安全，又重视非传统安全，构建集政治安全、国土安全、军事安全、经济安全、文化安全、社会安全、科技安全、信息安全、生态安全、资源安全、核安全等于一体的国家安全体系；既重视发展问题，又重视安全问题，发展是安全的基础，安全是发展的条件，富国才能强兵，强兵才能卫国；既重视自身安全，又重视共同安全，打

---

① 习近平.关于《中共中央关于全面深化改革若干重大问题的决定》的说明［N］.人民日报，2013-11-16（1）.

造命运共同体，推动各方朝着互利互惠、共同安全的目标相向而行。

（三）明确网络安全治理方针、完善网络安全管理体制

网络和信息安全牵涉到国家安全和社会稳定，是新时代面临的新的综合性挑战。在《关于〈中共中央关于全面深化改革若干重大问题的决定〉的说明》中，习近平总书记指出，从实践看，面对互联网技术和应用飞速发展，现行管理体制存在明显弊端，主要是多头管理、职能交叉、权责不一、效率不高。同时，随着互联网媒体属性越来越强，网上媒体管理和产业管理远远跟不上形势发展变化。特别是面对传播快、影响大、覆盖广、社会动员能力强的微客、微信等社交网络和即时通信工具用户的快速增长，如何加强网络法制建设和舆论引导，确保网络信息传播秩序和国家安全、社会稳定，已经成为摆在我们面前的现实突出问题。党的十八届三中全会决定提出坚持积极利用、科学发展、依法管理、确保安全的方针，加大依法管理网络力度，完善互联网管理领导体制，目的是整合相关机构职能，形成从技术到内容、从日常安全到打击犯罪的互联网管理合力，确保网络正确运用和安全。

2014年8月，《国务院关于授权国家互联网信息办公室负责互联网信息内容管理工作的通知》发布，国务院授权重新组建的国家互联网信息办公室负责全国互联网信息内容管理工作，并负责监督管理执法。至此，中国特色的网络安全管理体制正式确立。

（四）强化网络安全保障，严厉打击网络犯罪

党的十八届三中全会明确提出，要健全基础管理、内容管理、行业管理以及网络违法犯罪防范和打击等工作联动机制。党的十八届四中全会则进一步明确，要加强互联网领域立法，完善网络信息服务、网络安全保护、网络社会管理等方面的法律法规，依法规范网络行为。深入推进社会治安综合治理，健全落实领导责任制。依法强化危害食品药品安全、影响安全生产、损害生态环境、破坏网络安全等重点问题治理。"十三五"规划设立专章"强化信息安全保障"，明确提出统筹网络安全和信息化发展，完善国家网络安全保障体系，强化重要信息系统和数据资源保护，提高网络治理能力，保障国家信息安全。《"十三五"国家信息化规划》提出，坚持依法治网、依法办网、依法上网，加强网络违法犯罪监控和查处能力建设。依法严格惩治网络违法犯罪行为，建设健康、绿色、安全、文明的网络空间。要顺应广大人民群众呼声，重点加大对网络电信诈骗等

违法行为打击力度，开展打击网络谣言、网络敲诈、网络诈骗、网络色情等专项行动。加强网络空间精细化管理，清理违法和不良信息，防范并严厉打击利用网络空间进行恐怖、淫秽、贩毒、洗钱、诈骗、赌博等违法犯罪活动，依法惩治网络违法犯罪行为，让人民群众安全放心使用网络。《国家信息化发展战略纲要》提出，坚决防范和打击通过网络分裂国家、煽动叛乱、颠覆政权、破坏统一、窃密泄密等行为，维护网络主权和国家安全。在《2017年国务院政府工作报告》中，李克强总理也特别强调："完善国家网络安全保障体系。创新社会治安综合治理机制，以信息化为支撑推进社会治安防控体系建设，依法惩治违法犯罪行为，严厉打击暴力恐怖活动，增强人民群众的安全感。"①

党的十八大以来，为了打击网络犯罪，公安机关成立了专项行动领导小组，多次开展集中整治行动，取得了显著成绩。如在2013年6月，全国公安机关就开展了为期半年的集中打击整治网络违法犯罪专项行动，通过循线追查犯罪源头，集中打掉一批为网络违法犯罪活动"输血供电"的网络服务商、代理商、销售商、广告商、黑客程序制作者、维护者以及提供"洗钱"服务的利益链条；同时依法查处违法犯罪活动突出的网络服务平台，整治安全管理责任不落实、屡出问题的接入服务商、信息服务商。②2015年7月，公安部再次组织全国公安机关开展了为期半年的打击整治网络违法犯罪"净网行动"。此次行动"以严厉打击网络攻击破坏、入侵控制网站、网银木马盗窃、网络诈骗等违法犯罪为重点，坚决打击危害网络安全的黑客攻击破坏活动，坚决打击侵害人民群众利益的网络盗窃诈骗违法犯罪活动，有效整治和规范了互联网络秩序。"③2016年，全国公安机关针对网络诈骗、黑客攻击和侵害公民个人信息等高发频发犯罪活动，共侦破黑客攻击案件828起，抓获犯罪嫌疑人1 288人；侦破侵害公民个人信息案件1 886起，抓获犯罪嫌疑人4 261人，查获各类公民个人信息307亿余条，抓获银行、教育、工商、电信、快递、证券、电商网站等行业"内鬼"391人、黑客98人。针对网上"治安乱点"，各地网警部门共整治重点网站38家，查处问题网站6 760家，打掉网络诈骗、网络盗窃等涉网违法犯罪团伙744个，抓获犯罪嫌疑人6 755人，清理涉枪涉爆等各类违

① 两会授权发布：李克强说，切实保障改善民生，加强社会建设［N/OL］.新华网，2016-03-05［2017-07-30］.http://news.xinhuanet.com/politics/2016-03/05/c_1118242076.htm.

② 公安部：集中打击网络犯罪为期半年切断利益链［N］.人民日报，2013-06-19（6）.

③ 公安部集中开展"净网行动"重拳打击整治网络违法犯罪［N/OL］.央广网，2015-08-19［2017-07-10］.http://china.cnr.cn/ygxw/20150819/t20150819_519578600.shtml.

法信息4 000多万条。①

特别值得一提的是，在侦破网络犯罪过程中，社会力量正发挥着越来越重要的作用，既包括企业的协作，也包括热心网友的帮助。例如，2017年7月，北京海淀警方侦破一起跨境"黑客"破坏计算机系统案，北京一家科技公司开发出一款恶意软件，捆绑正常软件传染境外互联网，一年内感染全球超2.5亿台电脑，并利用植入广告，牟利近8 000万元人民币，9人因涉嫌破坏计算机系统罪被批捕。此案得以成功侦破缘于一名热心"海淀网友"的举报：该网友浏览网页时，发现国外某知名安全实验室报道了一起代号为"FIREBALL（火球）"的病毒，认为"中国一家网络公司在国外推广的免费软件中，镶嵌了恶意代码，用来劫持用户流量，并以此达到流量变现的目的。"结合自己的专业知识，该网友对"火球"病毒传播途径进行了分析，同时协助民警，对该网络公司推广的免费软件进行样本固定和功能性分析，确定在这些推广的免费软件内，存在相同的恶意代码，最后警方模拟中毒过程锁定证据。②

三、党的十九大之后的网络安全治理思路与前景

习近平总书记在党的十九大报告中提出总体国家安全观，为我国今后网络安全治理指明了方向。2018年4月，全国网络安全和信息化工作会议在北京召开，习近平总书记出席会议并发表重要讲话，强调要"敏锐抓住信息化发展历史机遇，自主创新推进网络强国建设。"放眼未来，党的十九大以后，我国将继续坚持总体国家安全观，走中国特色的国家安全道路；以网络强国战略思想为引导，坚持走中国特色治网之道；加快实施国家大数据战略；坚持网络空间治理的十六字方针；携手共建网络空间命运共同体。

（一）坚持总体国家安全观，走中国特色的国家安全道路

党的十九大报告提出坚持总体国家安全观。"统筹发展和安全，增强忧患意识，做到居安思危，是我们党治国理政的一个重大原则。必须坚持国家利益至上，以人民安全为宗旨，以政治安全为根本，统筹外部安全和内部安全、国土安全和国民安全、传统安全和非传统安全、自身安全和共同安全，完善国家安全制度体系，加强国家安全能力建

---

① 刘奕湛.构建安全清朗的网络环境——我国网络社会治理能力持续提升［EB/OL］.新华网，（2017-02-13）［2017-12-11］.http://news.xinhuanet.com/legal/2017/02/13/c_1120459898.htm.

② 何欣.海淀网友协助民警追踪跨境黑客［N］.北京晨报，2017-07-25（A11）.

设，坚决维护国家主权、安全、发展利益。"坚持总体国家安全观包含以下三层含义。

第一，统筹发展和安全，增强忧患意识，做到居安思危，这是中国共产党治国理政的一个重大原则。党的十八大以来，以习近平同志为核心的党中央多次强调这个重大原则。2014年，中央国家安全委员会第一次会议强调，要准确把握国家安全形势变化新特点新趋势，坚持总体国家安全观，走出一条中国特色国家安全道路。增强忧患意识，做到居安思危，是我们治党治国必须始终坚持的一个重大原则。我们党要巩固执政地位，要团结带领人民坚持和发展中国特色社会主义，保证国家安全是头等大事。在2017年国家安全工作座谈会的讲话中，习近平总书记再次指出："国家安全涵盖领域十分广泛，在党和国家工作全局中的重要性日益凸显。我们正在推进具有许多新的历史特点的伟大斗争、党的建设新的伟大工程、中国特色社会主义伟大事业，时刻面对各种风险考验和重大挑战。这既对国家安全工作提出了新课题，也为做好国家安全工作提供了新机遇。"

第二，坚持国家利益至上，促进各方面安全协调发展。党的十九大报告提出"以人民安全为宗旨，以政治安全为根本，统筹外部安全和内部安全、国土安全和国民安全、传统安全和非传统安全、自身安全和共同安全"，这是党的十八大以来中国特色国家安全道路的承继。在2017年国家安全工作座谈会的讲话中，习近平总书记指出："国家安全工作归根结底是保障人民利益，要坚持国家安全一切为了人民、一切依靠人民，为群众安居乐业提供坚强保障。"习近平总书记还对当前和今后一个时期国家安全工作提出明确要求，强调"要突出抓好政治安全、经济安全、国土安全、社会安全、网络安全等各方面安全工作。……要筑牢网络安全防线，提高网络安全保障水平，强化关键信息基础设施防护，加大核心技术研发力度和市场化引导，加强网络安全预警监测，确保大数据安全，实现全天候全方位感知和有效防护。"

第三，坚持党对国家安全工作的领导，是做好国家安全工作的根本原则。党的十九大报告提出要"完善国家安全制度体系，加强国家安全能力建设，坚决维护国家主权、安全、发展利益。"党的十八大以来，以习近平同志为核心的党中央推动国家安全体制改革，取得了显著成绩。党的十八届三中全会决定成立国家安全委员会，是推进国家治理体系和治理能力现代化、实现国家长治久安的迫切要求，是全面建成小康社会、实现中华民族伟大复兴中国梦的重要保障，目的就是更好适应我国国家安全面临的新形势新任务，建立集中统一、高效权威的国家安全体制，加强对国家安全工作的领导。在2016年国家安全工作座谈会上，习近平总书记指出，不论国际形势如何变幻，我们要保持战略定力、战略自信、战略耐心，坚持以全球思维谋篇布局，坚持统筹发展和安全，坚持底线思维，坚持原则性和策略性相统一，把维护国家安全的战略主动权牢牢掌握在自己手中。习近平总书记还要求"各地区要建立健全党委统一领导的国家安全工作责任制，强化维护国家安全责任，守土有责、守土尽责。要关心和爱护国家安全干部队伍，为他们提供便利条件和政策保障。"2018年3月，中共中央印发《深化党和国家机构改革方案》，将中央网络安全和信息化领导小组改为中央网络安全和信息化委员会，改革的目的是"为加强党中央对涉及党和国家事业全局的重大工作的集中统一领导，强化决策和统筹协调职责"。委员会的主要职责是"负责相关领域重大工作的顶层设计、总体布局、统筹协调、整体推进、督促落实。"委员会的办事机构是中央网络安全和信息化委员会办公室。①

（二）坚持网络强国战略思想，走中国特色治网之道

网络强国战略思想，是习近平新时代中国特色社会主义思想的重要组成部分，是做好网信工作的根本遵循。在全国网络安全和信息化工作会议上，习近平总书记用"五个明确"高度概括了网络强国战略思想：明确网信工作在党和国家事业全局中的重要地位，明确网络强国建设的战略目标，明确网络强国建设的原则要求，明确互联网发展治理的国际主张，明确做好网信工作的基本方法。②

第一，明确网信工作在党和国家事业全局中的重要地位。习近平总书记在讲话中强调，我们必须敏锐抓住信息化发展的历史机遇，加强网上正面宣传，维护网络安全，推动信息领域核心技术突破，发挥信息化对经济社会发展的引领作用，加强网信领域军民融合，主动参与网络空间国际治理进程，自主创新推进网络强国建设，为决胜全面建成小康社会、夺取新时代中国特色社会主义伟大胜利、实现中华民族伟大复兴的中国梦作出新的贡献。

第二，明确网络强国建设的战略目标。习近平总书记在讲话中强调，网信事业代表着新的生产力和新的发展方向，应该在践行新发展理念上先行一步，围绕建设现代化经济体系、实现高质量发展，加快信息化发展，整体带动和提升新型工业化、城镇化、农业现代化发展。要发展数字经济，加快推动数字产业化，依靠信息技术创新驱动，不断

---

① 中共中央印发《深化党和国家机构改革方案》[N].人民日报，2018-03-22（1）.
② 本报评论员.坚持网络强国战略思想[N].人民日报，2018-04-22（1）.

催生新产业新业态新模式，用新动能推动新发展。要推动产业数字化，利用互联网新技术新应用对传统产业进行全方位、全角度、全链条的改造，提高全要素生产率，释放数字对经济发展的放大、叠加、倍增作用。要推动互联网、大数据、人工智能和实体经济深度融合，加快制造业、农业、服务业数字化、网络化、智能化。要坚定不移支持网信企业做大做强，加强规范引导，促进其健康有序发展。企业发展要坚持经济效益和社会效益相统一，更好承担起社会责任和道德责任。要运用信息化手段推进政务公开、党务公开，加快推进电子政务，构建全流程一体化在线服务平台，更好解决企业和群众反映强烈的办事难、办事慢、办事繁的问题。网信事业发展必须贯彻以人民为中心的发展思想，把增进人民福祉作为信息化发展的出发点和落脚点，让人民群众在信息化发展中有更多获得感、幸福感、安全感。

第三，明确网络强国建设的原则要求。习近平总书记在讲话中指出，要加强党中央对网信工作的集中统一领导，确保网信事业始终沿着正确方向前进。各地区各部门要高度重视网信工作，将其纳入重点工作计划和重要议事日程，及时解决新情况新问题。要充分发挥工青妇等群团组织优势，发挥好企业、科研院校、智库等作用，汇聚全社会力量齐心协力推动网信工作。各级领导干部特别是高级干部要主动适应信息化要求、强化互联网思维，不断提高对互联网规律的把握能力、对网络舆论的引导能力、对信息化发展的驾驭能力、对网络安全的保障能力。各级党政机关和领导干部要提高通过互联网组织群众、宣传群众、引导群众、服务群众的本领。要推动依法管网、依法办网、依法上网，确保互联网在法治轨道上健康运行。要研究制定网信领域人才发展整体规划，推动人才发展体制机制改革，让人才的创造活力竞相迸发、聪明才智充分涌流。要不断增强"四个意识"，坚持把党的政治建设摆在首位，加大力度建好队伍、全面从严管好队伍，选好配好各级网信领导干部，为网信事业发展提供坚强的组织和队伍保障。

第四，明确互联网发展治理的国际主张。习近平总书记在讲话中强调，推进全球互联网治理体系变革是大势所趋、人心所向。国际网络空间治理应该坚持多边参与、多方参与，发挥政府、国际组织、互联网企业、技术社群、民间机构、公民个人等各种主体作用。既要推动联合国框架内的网络治理，也要更好发挥各类非国家行为体的积极作用。要以"一带一路"建设等为契机，加强同沿线国家特别是发展中国家在网络基础设施建设、数字经济、网络安全等方面的合作，建设21世纪数字丝绸之路。

第五，明确做好网信工作的基本方法。习近平总书记在讲话中指出，要提高网络综合治理能力，形成党委领导、政府管理、企业履责、社会监督、网民自律等多主体参与，经济、法律、技术等多种手段相结合的综合治网格局。要加强网上正面宣传，旗帜鲜明坚持正确政治方向、舆论导向、价值取向，用新时代中国特色社会主义思想和党的十九大精神团结、凝聚亿万网民，深入开展理想信念教育，深化新时代中国特色社会主义和中国梦宣传教育，积极培育和践行社会主义核心价值观，推进网上宣传理念、内容、形式、方法、手段等创新，把握好时、度、效，构建网上网下同心圆，更好凝聚社会共识，巩固全党全国人民团结奋斗的共同思想基础。要压实互联网企业的主体责任，决不能让互联网成为传播有害信息、造谣生事的平台。要加强互联网行业自律，调动网民积极性，动员各方面力量参与治理。

（三）加快实施国家大数据战略，努力建设网络强国

建设网络强国是中国未来五年的重要任务，而实施大数据战略就是其中最重要的内容。2017年12月，中央政治局就"实施国家大数据战略"进行第二次集体学习，习近平总书记在主持学习时强调："大数据发展日新月异，我们应该审时度势、精心谋划、超前布局、力争主动，深入了解大数据发展现状和趋势及其对经济社会发展的影响，分析我国大数据发展取得的成绩和存在的问题，推动实施国家大数据战略，加快完善数字基础设施，推进数据资源整合和开放共享，保障数据安全，加快建设数字中国，更好服务我国经济社会发展和人民生活改善。"①具体要求如下。

第一，领导干部要善于获取数据、分析数据、运用数据，这是领导干部做好工作的基本功。习近平总书记指出，各级领导干部要加强学习，懂得大数据，用好大数据，增强利用数据推进各项工作的本领，不断提高对大数据发展规律的把握能力，使大数据在各项工作中发挥更大作用。例如，要运用大数据促进保障和改善民生。大数据在保障和改善民生方面大有作为。要坚持以人民为中心的发展思想，推进"互联网＋教育""互联网＋医疗""互联网＋文化"等，让百姓少跑腿、数据多跑路，不断提升公共服务均等化、普惠化、便捷化水平。要坚持问题导向，抓住民生领域的突出矛盾和问题，强化民生服务，弥补民生短板，推进教育、就业、社保、医药卫生、住房、交通等领域大数据普及应用，深度开发各类便民应用。要加强精准扶贫、生态环境领域的大数据运用，

---

① 审时度势　精心谋划　超前布局　力争主动　实施国家大数据战略　加快建设数字中国[N].人民日报，2017-12-10（1）.

为打赢脱贫攻坚战助力，为加快改善生态环境助力。

第二，要推动大数据技术产业创新发展，要构建以数据为关键要素的数字经济。习近平总书记强调，要瞄准世界科技前沿，集中优势资源突破大数据核心技术，加快构建自主可控的大数据产业链、价值链和生态系统。要加快构建高速、移动、安全、泛在的新一代信息基础设施，统筹规划政务数据资源和社会数据资源，完善基础信息资源和重要领域信息资源建设，形成万物互联、人机交互、天地一体的网络空间。习近平总书记指出，建设现代化经济体系离不开大数据的发展和应用。我们要坚持以供给侧结构性改革为主线，加快发展数字经济，推动实体经济和数字经济融合发展，推动互联网、大数据、人工智能同实体经济深度融合，继续做好信息化和工业化深度融合这篇大文章，推动制造业加速向数字化、网络化、智能化发展。要深入实施工业互联网创新发展战略，系统推进工业互联网基础设施和数据资源管理体系建设，发挥数据的基础资源作用和创新引擎作用，加快形成以创新为主要引领和支撑的数字经济。

第三，运用大数据提升国家治理现代化水平。习近平总书记强调，要建立健全大数据辅助科学决策和社会治理的机制，推进政府管理和社会治理模式创新，实现政府决策科学化、社会治理精准化、公共服务高效化。要以推行电子政务、建设智慧城市等为抓手，以数据集中和共享为途径，推动技术融合、业务融合、数据融合，打通信息壁垒，形成覆盖全国、统筹利用、统一接入的数据共享大平台，构建全国信息资源共享体系，实现跨层级、跨地域、跨系统、跨部门、跨业务的协同管理和服务。要充分利用大数据平台，综合分析风险因素，提高对风险因素的感知、预测、防范能力。要加强政企合作、多方参与，加快公共服务领域数据集中和共享，推进同企业积累的社会数据进行平台对接，形成社会治理强大合力。要加强互联网内容建设，建立网络综合治理体系，营造清朗的网络空间。

第四，要切实保障国家数据安全。习近平总书记强调，要加强关键信息基础设施安全保护，强化国家关键数据资源保护能力，增强数据安全预警和溯源能力。要加强政策、监管、法律的统筹协调，加快法规制度建设。要制定数据资源确权、开放、流通、交易相关制度，完善数据产权保护制度。要加大对技术专利、数字版权、数字内容产品及个人隐私等的保护力度，维护广大人民群众利益、社会稳定、国家安全。要加强国际数据治理政策储备和治理规则研究，提出中国方案。"十三五"规划也明确提出建立大数据安全管理制度，实行数据资源分类分级管理，保障安全高效可信应用。实施大数据安全保障工程，加强数据资源在采集、存储、应用和开放等环节的安全保护，加强各类公共数据资源在公开共享等环节的安全评估与保护，建立互联网企业数据资源资产化和利用授信机制。加强个人数据保护，严厉打击非法泄露和出卖个人数据行为。国务院印发的《促进大数据发展行动纲要》，也把"强化安全保障，提高管理水平，促进健康发展"作为主要任务之一，提出健全大数据安全保障体系。加强大数据环境下的网络安全问题研究和基于大数据的网络安全技术研究，落实信息安全等级保护、风险评估等网络安全制度，建立健全大数据安全保障体系。建立大数据安全评估体系。切实加强关键信息基础设施安全防护，做好大数据平台及服务商的可靠性及安全性评测、应用安全评测、监测预警和风险评估。明确数据采集、传输、存储、使用、开放等各环节保障网络安全的范围边界、责任主体和具体要求，切实加强对涉及国家利益、公共安全、商业秘密、个人隐私、军工科研生产等信息的保护。妥善处理发展创新与保障安全的关系，审慎监管，保护创新，探索完善安全保密管理规范措施，切实保障数据安全。

（四）坚持十六字方针，科学实施网络空间治理

党的十八届三中全会提出"积极利用、科学发展、依法管理、确保安全"的方针，这将是今后我国网络空间安全治理的指南。

第一，积极利用是指积极拥抱互联网，利用"互联网+"的优势实现弯道超车。在网络安全与信息化工作座谈会上，习近平总书记指出："对互联网来说，我国虽然是后来者，接入国际互联网只有20多年，但我们正确处理安全和发展、开放和自主、管理和服务的关系，推动互联网发展取得令人瞩目的成就。现在，互联网越来越成为人们学习、工作、生活的新空间，越来越成为获取公共服务的新平台。"习近平总书记强调："网信事业代表着新的生产力、新的发展方向，应该也能够在践行新发展理念上先行一步。我国经济发展进入新常态，新常态要有新动力，互联网在这方面可以大有作为。"

第二，科学发展是指统筹规划，促进信息经济发展。目前，我国已基本明确网络安全治理的新理念，为构建中国特色网络安全治理新格局奠定了坚实基础。《国家信息化发展战略纲要》指出，"从国内环境看，我国已经进入新型工业化、信息化、城镇化、农业现代化同步发展的关键时期，信息革命为我国加速完成工业化任务、跨越'中等收入陷阱'、构筑国际竞争新优势提供了历史性机遇，也警示我们面临不进则退、慢进亦退、错失良机的巨大风险。"在2016年网络安全与信息化工作座谈会上，习近平总书记

指出：我们实施"互联网+"行动计划，带动全社会兴起了创新创业热潮，信息经济在我国国内生产总值中的占比不断攀升。当今世界，信息化发展很快，不进则退，慢进亦退。我们要加强信息基础设施建设，强化信息资源深度整合，打通经济社会发展的信息"大动脉"。党的十八届五中全会、"十三五"规划都对实施网络强国战略、"互联网+"行动计划、大数据战略等作出部署，要切实贯彻落实好，着力推动互联网和实体经济深度融合发展，以信息流带动技术流、资金流、人才流、物资流，促进资源配置优化，促进全要素生产率提升，为推动创新发展、转变经济发展方式、调整经济结构发挥积极作用。

第三，依法管理是指完善网络安全立法，构建积极健康的网络舆论氛围。党的十八大以来，我国的网络安全立法取得了巨大成就，《网络安全法》《中华人民共和国国家安全法》《中华人民共和国反恐怖主义法》等一批法律颁布实施，很多战略规划中也明确提出要求。如"十三五"规划提出，构建网络空间良好氛围。牢牢把握正确导向，创新舆论引导新格局，完善网络生态综合治理机制，加强网络内容建设，增强网络文化产品和服务供给能力，构建向上向善的网上舆论生态。《"十三五"国家信息化规划》强调，加强网上正面宣传，用社会主义核心价值观、中华优秀传统文化和人类优秀文明成果滋养人心、滋养社会，做到正能量充沛、主旋律高昂，为广大网民特别是青少年营造一个风清气正的网络空间。推进依法办网，加强对所有从事新闻信息服务、具有媒体属性和舆论动员功能的网络传播平台的管理。

第四，确保安全是指加大网络犯罪的打击力度，强化安全保障。《"十三五"国家信息化规划》提出，坚持依法治网、依法办网、依法上网，加强网络违法犯罪监控和查处能力建设。依法严格惩治网络违法犯罪行为，建设健康、绿色、安全、文明的网络空间。党的十八大以来，公安机关保持对黑客攻击破坏和网络侵犯公民个人信息犯罪严打高压态势，取得了显著成效。"但同时也必须清醒地看到，受各方面因素影响，当前黑客攻击破坏和网络侵犯公民个人信息犯罪仍然突出，一些打击整治工作面临的难题亟待解决。"[①]因此，党的十九大要求全面落实"十三五"规划中的"强化信息安全保障"，统筹网络安全和信息化发展，完善国家网络安全保障体系，强化重要信息系统和数据资源保护，提高网络治理能力，保障国家信息安全。在《2017年国务院政府工作报告》

---

① 公安部召开打击整治黑客攻击破坏和网络侵犯公民个人信息犯罪专项行动部署会［N/OL］. 公安部网站，2017–03–10［2017–07–10］. http://www.mps.gov.cn/n2253534/n2253535/n2253536/c5657414/ content.html.

中，李克强总理也特别强调："完善国家网络安全保障体系。创新社会治安综合治理机制，以信息化为支撑推进社会治安防控体系建设，依法惩治违法犯罪行为，严厉打击暴力恐怖活动，增强人民群众的安全感。"①2017年3月，公安部召开电视电话会议，就进一步推进打击整治黑客攻击破坏和网络侵犯公民个人信息犯罪专项行动进行了部署。②未来，打击网络犯罪将成为公安部门的常态化任务。

（五）携手共建网络空间命运共同体

2017年12月，第四届世界互联网大会在乌镇开幕，习近平总书记在贺信中指出："全球互联网治理体系变革进入关键时期，构建网络空间命运共同体日益成为国际社会的广泛共识。我们倡导'四项原则''五点主张'，就是希望与国际社会一道，尊重网络主权，发扬伙伴精神，大家的事由大家商量着办，做到发展共同推进、安全共同维护、治理共同参与、成果共同分享。"③

未来，我国将继续倡导推进全球互联网治理体系变革的四项原则，包括尊重网络主权、维护和平安全、促进开放合作、构建良好秩序。我国将继续落实推进全球互联网治理体系变革的五点主张：一是加快全球网络基础设施建设，促进互联互通；二是打造网上文化交流共享平台，促进交流互鉴；三是推动网络经济创新发展，促进共同繁荣；四是保障网络安全，促进有序发展；五是构建互联网治理体系，促进公平正义。同时，继续落实《网络空间国际合作战略》，该战略首次向全世界系统、明确地宣示和阐述了对于网络空间发展和安全的立场和主张，④旨在指导中国今后一个时期参与网络空间国际交流与合作，推动国际社会携手努力，加强对话合作，共同构建和平、安全、开放、合作、有序的网络空间，建立多边、民主、透明的全球互联网治理体系。在新的历史起点上，发布《网络空间国际合作战略》，意义十分重大，"战略以和平发展、合作共赢为主题，以构建网络空间命运共同体为目标，就推动网络空间国际交流合作首次全面系统提

---

① 两会授权发布：李克强说，切实保障改善民生，加强社会建设［N/OL］.新华网，2016-03-05［2017-07-30］. http://news.xinhuanet.com/politics/2016-03/05/c_1118242076.htm.

② 公安部召开打击整治黑客攻击破坏和网络侵犯公民个人信息犯罪专项行动部署会［N/OL］.公安部网站，2017-03-10［2017-07-10］. http://www.mps.gov.cn/n2253534/n2253535/n2253536/c5657414/content.html.

③ 习近平致第四届世界互联网大会的贺信［N］.人民日报，2017-12-4（1）.

④ 王军.《国家网络空间安全战略》的中国特色［J］.中国信息安全，2017（1）.

出中国主张，为破解全球网络空间治理难题贡献中国方案，是指导中国参与网络空间国际交流与合作的战略性文件。"[1] "中国始终是网络空间的建设者、维护者和贡献者。中国网信事业的发展不仅将造福中国人民，也将是对全球互联网安全和发展的贡献。"[2]

————————

　① 　中国发布《网络空间国际合作战略》［N］.人民日报，2017–03–02（3）.

　② 　网络空间国际合作战略［EB/OL］.新华网，2017–03–01［2017–07–09］.http://news.xinhuanet.com/2017–03/01/c_1120552767.htm.

| 第一章　网络安全治理顶层设计 |

第一节　习近平网络安全观

习近平网络安全观是习近平网络强国战略思想的重要组成部分。党的十八大以来，以习近平同志为核心的党中央坚持从发展中国特色社会主义、实现中华民族伟大复兴中国梦的战略高度，系统部署和全面推进网络安全和信息化工作。从2014年网络安全和信息化领导小组第一次会议到2018年4月，习近平总书记在各种会议、座谈会、大会上发表相关讲话13次（见附录1），"习近平总书记一系列深刻精辟的论断，一整套着眼长远的布局，为网信事业发展提供了根本遵循，为网络强国建设指明了前进方向。"①

2014年2月，在网络安全和信息化领导小组第一次会议的讲话中，习近平总书记指出："网络安全和信息化是一体之两翼、驱动之双轮，必须统一谋划、统一部署、统一推进、统一实施。"这是习近平总书记网络安全思想的形成基础。

2015年12月，在第二届世界互联网大会开幕式上，习近平总书记提出了全球互联网发展治理的"四项原则"和"五点主张"，这是习近平网络安全观的国际视野。在讲话中，习近平总书记特别强调："互联网是人类的共同家园。让这个家园更美丽、更干净、更安全，是国际社会的共同责任。让我们携起手来，共同推动网络空间互联互通、共享共治，为开创人类发展更加美好的未来助力！"②

2016年2月，习近平总书记在党的新闻舆论工作座谈会上强调，坚持正确方向，创

---

① 张洋.向着网络强国扬帆远航——推进网络安全和信息化工作综述［N］.人民日报，2017-11-27（1）.

② 习近平.在第二届世界互联网大会开幕式上的讲话［N］.人民日报，2015-12-17（2）.

新方法手段，提高新闻舆论传播力引导力，这是习近平网络安全观的重要组成部分。①

"习近平同志一再强调要把网上舆论工作作为宣传思想工作的重中之重来抓，一再要求新闻舆论工作者真正成为运用现代传媒新手段新方法的行家里手。坚持政治家办报，就要管好用好互联网，这是新形势下巩固新闻舆论阵地的关键。"②

2016年4月，习近平总书记主持网络安全和信息化工作座谈会并发表重要讲话，围绕网络安全和信息化谈了六个方面的问题，这是习近平网络安全观的核心内容。习近平总书记"希望同志们积极投身网络强国建设，更好发挥网信领域企业家、专家学者、技术人员作用，支持他们为实现全面建成小康社会、实现中华民族伟大复兴的中国梦作出更大的贡献！"③

2016年11月，中共中央政治局就网络强国战略进行第三十六次集体学习，习近平总书记发表重要讲话，指出"我们要深刻认识互联网在国家管理和社会治理中的作用，强化互联网思维，利用互联网扁平化、交互式、快捷性优势，推进政府决策科学化、社会治理精准化、公共服务高效化"，这是习近平网络安全观的重要内容。

2017年2月，习近平总书记主持召开国家安全工作座谈会并发表重要讲话，强调"要筑牢网络安全防线，提高网络安全保障水平，强化关键信息基础设施防护，加大核心技术研发力度和市场化引导，加强网络安全预警监测，确保大数据安全，实现全天候全方位感知和有效防护。要积极塑造外部安全环境，加强安全领域合作，引导国际社会共同维护国际安全。要加大对维护国家安全所需的物质、技术、装备、人才、法律、机制等保障方面的能力建设，更好适应国家安全工作需要。"这是习近平网络安全观的进一步明确。

2018年4月，全国网络安全和信息化工作会议在北京召开，习近平总书记出席会议并发表重要讲话。习近平总书记在讲话中强调，党的十八大以来，党中央重视互联网、发展互联网、治理互联网，统筹协调涉及政治、经济、文化、社会、军事等领域信息化和网络安全重大问题，作出一系列重大决策、提出一系列重大举措，推动网信事业取

---

① 杜尚泽.习近平在党的新闻舆论工作座谈会上强调 坚持正确方向 创新方法手段 提高新闻舆论传播力引导力［N］.人民日报，2016-02-20（1）.

② 杨振武.把握好政治家办报的时代要求——深入学习贯彻习近平同志在党的新闻舆论工作座谈会上的重要讲话精神［N］.人民日报，2016-03-21（7）.

③ 习近平.在网络安全和信息化工作座谈会上的讲话［N］.人民日报，2016-04-26（2）.

得历史性成就。这些成就充分说明，党的十八大以来党中央关于加强党对网信工作集中统一领导的决策和对网信工作作出的一系列战略部署是完全正确的。我们不断推进理论创新和实践创新，不仅走出了一条中国特色治网之道，而且提出了一系列新思想新观点新论断，形成了网络强国战略思想。至此，习近平网络安全观全面确立，主要包括以下六个方面。

一、没有网络安全就没有国家安全

2014年2月，在中央网络安全和信息化领导小组第一次会议上，习近平总书记指出，没有网络安全就没有国家安全，没有信息化就没有现代化。网络安全和信息化对一个国家很多领域都是牵一发而动全身的，要认清我们面临的形势和任务，充分认识做好工作的重要性和紧迫性，因势而谋，应势而动，顺势而为。2016年4月，在网络安全和信息化工作座谈会上，习近平总书记指出，网络安全和信息化是相辅相成的。安全是发展的前提，发展是安全的保障，安全和发展要同步推进。面对复杂严峻的网络安全形势，我们要保持清醒的头脑，各方面齐抓共管，切实维护网络安全。

第一，树立正确的网络安全观。理念决定行动。当今的网络安全，有几个主要特点：一是网络安全是整体的而不是割裂的。在信息时代，网络安全对国家安全牵一发而动全身，同许多其他方面的安全都有着密切关系。二是网络安全是动态的而不是静态的。信息技术变化越来越快，过去分散独立的网络变得高度关联、相互依赖，网络安全的威胁来源和攻击手段不断变化，那种依靠装几个安全设备和安全软件就想永保安全的想法已不合时宜，需要树立动态、综合的防护理念。三是网络安全是开放的而不是封闭的。只有立足开放环境，加强对外交流、合作、互动、博弈，吸收先进技术，网络安全水平才会不断提高。四是网络安全是相对的而不是绝对的。没有绝对安全，要立足基本国情保安全，避免不计成本追求绝对安全，那样不仅会背上沉重负担，甚至可能会顾此失彼。五是网络安全是共同的而不是孤立的。网络安全为人民，网络安全靠人民，维护网络安全是全社会的共同责任，需要政府、企业、社会组织、广大网民共同参与，共筑网络安全防线。

第二，加快构建关键信息基础设施安全保障体系。金融、能源、电力、通信、交通等领域的关键信息基础设施是经济社会运行的神经中枢，是网络安全的重中之重，也是可能遭到重点攻击的目标。"物理隔离"防线可被跨网入侵，电力调配指令可被恶意篡改，金融交易信息可被窃取，这些都是重大风险隐患。不出问题则已，一出问题就可能导致交通中断、金融紊乱、电力瘫痪等，具有很大的破坏性和杀伤力。我们必须深入研究，采取有效措施，切实做好国家关键信息基础设施安全防护。

第三，全天候全方位感知网络安全态势。没有意识到风险是最大的风险。网络安全具有很强的隐蔽性，一个技术漏洞、安全风险可能隐藏几年都发现不了，结果是"谁进来了不知道、是敌是友不知道、干了什么不知道"，长期"潜伏"在里面，一旦有事就发作了。维护网络安全，要知道风险在哪里，是什么样的风险，什么时候发生风险，正所谓"聪者听于无声，明者见于未形"。感知网络安全态势是最基本最基础的工作。要全面加强网络安全检查，摸清家底，认清风险，找出漏洞，通报结果，督促整改。要建立统一高效的网络安全风险报告机制、情报共享机制、研判处置机制，准确把握网络安全风险发生的规律、动向、趋势。要建立政府和企业网络安全信息共享机制，把企业掌握的大量网络安全信息用起来，龙头企业要带头参加这个机制。要综合运用各方面掌握的数据资源，加强大数据挖掘分析，更好感知网络安全态势，做好风险防范。这项工作做好了，对国家、对社会、对企业、对民众都是有好处的。

第四，增强网络安全防御能力和威慑能力。网络安全的本质在对抗，对抗的本质在攻防两端能力较量。要落实网络安全责任制，制定网络安全标准，明确保护对象、保护层级、保护措施。哪些方面要重兵把守、严防死守，哪些方面由地方政府保障、适度防范，哪些方面由市场力量防护，都要有本清清楚楚的账。人家用的是飞机大炮，我们这里还用大刀长矛，那是不行的，攻防力量要对等。要以技术对技术，以技术管技术，做到魔高一尺、道高一丈。

二、坚持以人民为中心的发展理念

2016年4月，在网络安全和信息化工作座谈会上，习近平总书记指出，党的十八届五中全会、"十三五"规划纲要都对实施网络强国战略、"互联网+"行动计划、大数据战略等作出部署，要切实贯彻落实好，着力推动互联网和实体经济深度融合发展，以信息流带动技术流、资金流、人才流、物资流，促进资源配置优化，促进全要素生产率提升，为推动创新发展、转变经济发展方式、调整经济结构发挥积极作用。

第一，我国经济发展进入新常态，新常态要有新动力，互联网在这方面可以大有作为。2014年2月，在中央网络安全和信息化领导小组第一次会议上，习近平总书记指出，当今世界，信息技术革命日新月异，对国际政治、经济、文化、社会、军事等领域发展产生了深刻影响。信息化和经济全球化相互促进，互联网已经融入社会生活的方方面面，深刻改变了人们的生产和生活方式。我国正处在这个大潮之中，受到的影响越来越深。我国互联网和信息化工作取得了显著发展成就，网络走入千家万户，网民数量世界第一，我国已成为网络大国。同时也要看到，我们在自主创新方面还相对落后，区域和城乡差异比较明显，特别是人均带宽与国际先进水平差距较大，国内互联网发展瓶颈仍然较为突出。2016年4月，在网络安全和信息化工作座谈会上，习近平总书记指出，党的十八届五中全会提出了创新、协调、绿色、开放、共享的新发展理念，这是在深刻总结国内外发展经验教训、深入分析国内外发展大势的基础上提出的，集中反映了我们党对我国经济社会发展规律的新认识。按照新发展理念推动我国经济社会发展，是当前和今后一个时期我国发展的总要求和大趋势。我国网信事业发展要适应这个大趋势。总体上说，网信事业代表着新的生产力、新的发展方向，应该也能够在践行新发展理念上先行一步。

第二，网信事业要发展，必须贯彻以人民为中心的发展思想，这是党的十八届五中全会提出的一个重要观点。要适应人民期待和需求，加快信息化服务普及，降低应用成本，为老百姓提供用得上、用得起、用得好的信息服务，让亿万人民在共享互联网发展成果上有更多获得感。习近平总书记指出，相比城市，农村互联网基础设施建设是我们的短板。要加大投入力度，加快农村互联网建设步伐，扩大光纤网、宽带网在农村的有效覆盖。可以做好信息化和工业化深度融合这篇大文章，发展智能制造，带动更多人创新创业；可以瞄准农业现代化主攻方向，提高农业生产智能化、经营网络化水平，帮助广大农民增加收入；可以发挥互联网优势，实施"互联网＋教育""互联网＋医疗""互联网＋文化"等，促进基本公共服务均等化；可以发挥互联网在助推脱贫攻坚中的作用，推进精准扶贫、精准脱贫，让更多困难群众用上互联网，让农产品通过互联网走出乡村，让山沟里的孩子也能接受优质教育；可以加快推进电子政务，鼓励各级政府部门打破信息壁垒、提升服务效率，让百姓少跑腿、信息多跑路，解决办事难、办事慢、办事繁的问题，等等。这些方面有很多事情可做，一些互联网企业已经做了尝试，取得了较好的经济效益和社会效益。

第三，信息是国家治理的重要依据，要发挥其在这个进程中的重要作用。要以信息化推进国家治理体系和治理能力现代化，统筹发展电子政务，构建一体化在线服务平台，分级分类推进新型智慧城市建设，打破信息壁垒，构建全国信息资源共享体系，更好地用信息化手段感知社会态势、畅通沟通渠道、辅助科学决策。2016年11月，在中共中央政治局就网络强国战略进行第三十六次集体学习时，习近平总书记指出，随着互联网特别是移动互联网发展，社会治理模式正在从单向管理转向双向互动，从线下转向线上线下融合，从单纯的政府监管向更加注重社会协同治理转变。我们要深刻认识互联网在国家管理和社会治理中的作用，强化互联网思维，利用互联网扁平化、交互式、快捷性优势，推进政府决策科学化、社会治理精准化、公共服务高效化。习近平总书记强调，我们要深刻认识互联网在国家管理和社会治理中的作用，以推行电子政务、建设新型智慧城市等为抓手，以数据集中和共享为途径，建设全国一体化的国家大数据中心，推进技术融合、业务融合、数据融合，实现跨层级、跨地域、跨系统、跨部门、跨业务的协同管理和服务。要用信息化手段更好感知社会态势、畅通沟通渠道、辅助决策施政。要不断提高对互联网规律的把握能力、对网络舆论的引导能力、对信息化发展的驾驭能力、对网络安全的保障能力，把网络强国建设不断推向前进。

三、加大依法管理网络力度

（一）推动规范互联网企业发展

2016年4月，在网络安全和信息化工作座谈会上，习近平总书记指出，我国互联网企业由小到大、由弱变强，在稳增长、促就业、惠民生等方面发挥了重要作用。让企业持续健康发展，既是企业家奋斗的目标，也是国家发展的需要。企业命运与国家发展息息相关。脱离了国家支持，脱离了群众支持，脱离了为国家服务、为人民服务，企业难以做强做大。在我国，7亿多人上互联网，肯定需要管理，而且这个管理是很复杂、很繁重的。企业要承担企业的责任，党和政府要承担党和政府的责任，哪一边都不能放弃自己的责任。网上信息管理，网站应负主体责任，政府行政管理部门要加强监管。主管部门、企业要建立密切协作协调的关系，避免过去经常出现的"一放就乱、一管就死"现象，走出一条齐抓共管、良性互动的新路。

第一，坚持鼓励支持和规范发展并行。企业直接面向市场，处在创新第一线，处在掌握民众需要第一线，市场感觉敏锐，创新需求敏感，创新愿望强烈。应该鼓励和支持企业成为研发主体、创新主体、产业主体，鼓励和支持企业布局前沿技术，推动核心技术自主创新，创造和把握更多机会，参与国际竞争，拓展海外发展空间。要规范市场秩序，鼓励进行良性竞争。这既有利于激发企业创新活力、提升竞争能力、扩大市场空间，又有利于平衡各方利益、维护国家利益、更好服务百姓。要加大知识产权保护力度，提高侵权代价和违法成本，震慑违法侵权行为。党的十八届四中全会提出健全以公平为核心原则的产权保护制度，加强对各种所有制经济组织和自然人财产权的保护，清理有违公平的法律法规条款。这些要求要尽快落实到位。

第二，坚持政策引导和依法管理并举。政府要为企业发展营造良好环境，加快推进审批制度、融资制度、专利制度等改革，减少重复检测认证，施行优质优价政府采购制度，减轻企业负担，破除体制机制障碍。党的十八届三中全会以后，党中央成立了全面深化改革领导小组，已经推出的很多改革方案都同这些方面有联系。改革要继续推进，也就是要敢于啃"硬骨头"，敢于涉险滩、闯难关。同时，要加快网络立法进程，完善依法监管措施，化解网络风险。e租宝、中晋系案件，打着"网络金融"旗号非法集资，给有关群众带来严重财产损失，社会影响十分恶劣。现在，网络诈骗案件越来越多，作案手段花样翻新，技术含量越来越高。这也提醒我们，在发展新技术新业务时，必须警惕风险蔓延。要依法加强对大数据的管理。一些涉及国家利益、国家安全的数据，很多掌握在互联网企业手里，企业要保证这些数据的安全，并且要重视这些数据的安全。如果企业在数据保护和安全上出了问题，对自己的信誉也会产生不利影响。

第三，坚持经济效益和社会效益并重。一个企业既有经济责任、法律责任，也有社会责任、道德责任。企业做得越大，社会责任、道德责任就越大，公众对企业这方面的要求也就越高。我国互联网企业在发展过程中，承担了很多社会责任，这一点要给予充分肯定，希望继续发扬光大。只有富有爱心的财富才是真正有意义的财富，只有积极承担社会责任的企业才是最有竞争力和生命力的企业。办网站的不能一味追求点击率，开网店的要防范假冒伪劣，做社交平台的不能成为谣言扩散器，做搜索的不能仅以给钱的多少作为排位的标准。希望广大互联网企业坚持经济效益和社会效益统一，在自身发展的同时，饮水思源，回报社会，造福人民。

（二）建设风清气正的网络空间

第一，网上网下形成同心圆。2014年2月，在中央网络安全和信息化领导小组第一次会议讲话中，习近平总书记指出，做好网上舆论工作是一项长期任务，要创新改进网上宣传，运用网络传播规律，弘扬主旋律，激发正能量，大力培育和践行社会主义核心价值观，把握好网上舆论引导的时、度、效，使网络空间清朗起来。2016年4月，在网络安全和信息化工作座谈会上，习近平总书记强调，实现"两个一百年"奋斗目标，需要全社会方方面面同心干，需要全国各族人民心往一处想、劲往一处使。如果一个社会没有共同理想，没有共同目标，没有共同价值观，整天乱哄哄的，那就什么事也办不成。我国有13亿多人，如果弄成那样一个局面，不仅不符合人民利益，也不符合国家利益。凝聚共识工作不容易做，大家要共同努力。为了实现我们的目标，网上网下要形成同心圆。什么是同心圆？就是在党的领导下，动员全国各族人民，调动各方面积极性，共同为实现中华民族伟大复兴的中国梦而奋斗。

第二，对网民要多一些包容和耐心，让互联网成为与群众交流沟通的新平台。2016年4月，在网络安全和信息化工作座谈会上，习近平总书记强调，形成良好网上舆论氛围，不是说只能有一个声音、一个调子，而是说不能搬弄是非、颠倒黑白、造谣生事、违法犯罪，不能超越了宪法法律界限。他指出，网民大多数是普通群众，来自四面八方，各自经历不同，观点和想法肯定是五花八门的，不能要求他们对所有问题都看得那么准、说得那么对。要多一些包容和耐心，对建设性意见要及时吸纳，对困难要及时帮助，对不了解情况的要及时宣介，对模糊认识要及时廓清，对怨气怨言要及时化解，对错误看法要及时引导和纠正，让互联网成为我们同群众交流沟通的新平台，成为了解群众、贴近群众、为群众排忧解难的新途径，成为发扬人民民主、接受人民监督的新渠道。他特别强调，要把权力关进制度的笼子里，一个重要手段就是发挥舆论监督包括互联网监督作用。这一条，各级党政机关和领导干部特别要注意，首先要做好。对网上那些出于善意的批评，对互联网监督，不论是对党和政府工作提的还是对领导干部个人提的，不论是和风细雨的还是忠言逆耳的，我们不仅要欢迎，而且要认真研究和吸取。

第三，依法加强网络空间治理，使网络空间清朗起来。2016年4月，在网络安全和信息化工作座谈会上，习近平总书记指出，网络空间是亿万民众共同的精神家园。网络空间天朗气清、生态良好，符合人民利益。网络空间乌烟瘴气、生态恶化，不符合人民利益。谁都不愿生活在一个充斥着虚假、诈骗、攻击、谩骂、恐怖、色情、暴力的空间。互联网不是法外之地。利用网络鼓吹推翻国家政权，煽动宗教极端主义，宣扬民族分裂思想，教唆暴力恐怖活动，等等，这样的行为要坚决制止和打击，决不能任其大行其道。利用网络进行欺诈活动，散布色情材料，进行人身攻击，兜售非法物品，等等，这样的言行也要坚决管控，决不能任其大行其道。没有哪个国家会允许这样的行为泛滥开来。我们要本着对社会负责、对人民负责的态度，依法加强网络空间治理，加强网络内容建设，做强网上正面宣传，培育积极健康、向上向善的网络文化，用社会主义核心价值观和人类优秀文明成果滋养人心、滋养社会，做到正能量充沛、主旋律高昂，为广大网民特别是青少年营造一个风清气正的网络空间。

四、加快推进网络信息技术自主创新

2016年4月，在网络安全和信息化工作座谈会上，习近平总书记指出，互联网核心技术是我们最大的"命门"，核心技术受制于人是我们最大的隐患。一个互联网企业即便规模再大、市值再高，如果核心元器件严重依赖外国，供应链的"命门"掌握在别人手里，那就好比在别人的墙基上砌房子，再大再漂亮也可能经不起风雨，甚至会不堪一击。我们要掌握我国互联网发展主动权，保障互联网安全、国家安全，就必须突破核心技术这个难题，争取在某些领域、某些方面实现"弯道超车"。在座谈会上，习近平总书记还特别讲到可以从三个方面把握核心技术：一是基础技术、通用技术；二是非对称技术、"杀手锏"技术；三是前沿技术、颠覆性技术。在这些领域，我们同国外处在同一条起跑线上，如果能够超前部署、集中攻关，很有可能实现从跟跑并跑到并跑领跑的转变。2016年11月，在中共中央政治局第三十六次集体学习时，习近平总书记再次强调，网络信息技术是全球研发投入最集中、创新最活跃、应用最广泛、辐射带动作用最大的技术创新领域，是全球技术创新的竞争高地。我们要顺应这一趋势，大力发展核心技术，加强关键信息基础设施安全保障，完善网络治理体系。要紧紧牵住核心技术自主创新这个"牛鼻子"，抓紧突破网络发展的前沿技术和具有国际竞争力的关键核心技术，加快推进国产自主可控替代计划，构建安全可控的信息技术体系。

第一，树立这个雄心壮志，努力尽快在核心技术上取得新的重大突破。习近平总书记指出，我国信息技术产业体系相对完善、基础较好，在一些领域已经接近或达到世界先进水平，市场空间很大，有条件有能力在核心技术上取得更大进步，关键是要理清思路、脚踏实地去干。他强调，我国网信领域广大企业家、专家学者、科技人员要树立这个雄心壮志，要争这口气，努力尽快在核心技术上取得新的重大突破。核心技术要取得突破，就要有决心、恒心、重心。有决心，就是要树立顽强拼搏、刻苦攻关的志气，坚定不移实施创新驱动发展战略，把更多人力物力财力投向核心技术研发，集合精锐力量，作出战略性安排。有恒心，就是要制定信息领域核心技术设备发展战略纲要，制定路线图、时间表、任务书，明确近期、中期、远期目标，遵循技术规律，分梯次、分门类、分阶段推进，咬定青山不放松。有重心，就是要立足我国国情，面向世界科技前沿，面向国家重大需求，面向国民经济主战场，紧紧围绕攀登战略制高点，强化重要领域和关键环节任务部署，把方向搞清楚，把重点搞清楚。否则，花了很多钱、投入了很多资源，最后南辕北辙，是难以取得成效的。

第二，正确处理开放和自主的关系。习近平总书记指出，现在，在技术发展上有两种观点值得注意：一种观点认为，要关起门来，另起炉灶，彻底摆脱对外国技术的依赖，靠自主创新谋发展，否则总跟在别人后面跑，永远追不上；另一种观点认为，要开放创新，站在巨人肩膀上发展自己的技术，不然也追不上。这两种观点都有一定道理，但也都绝对了一些，没有辩证看待问题。一方面，核心技术是国之重器，最关键最核心的技术要立足自主创新、自立自强。市场换不来核心技术，有钱也买不来核心技术，必须靠自己研发、自己发展。另一方面，我们强调自主创新，不是关起门来搞研发，一定要坚持开放创新，只有跟高手过招才知道差距，不能夜郎自大。他强调，我们不拒绝任何新技术，新技术是人类文明发展的成果，只要有利于提高我国社会生产力水平、有利于改善人民生活，我们都不拒绝。问题是要搞清楚哪些是可以引进但必须安全可控的，哪些是可以引进消化吸收再创新的，哪些是可以同别人合作开发的，哪些是必须依靠自己的力量自主创新的。核心技术的根源问题是基础研究问题，基础研究搞不好，应用技术就会成为无源之水、无本之木。

第三，在科研投入上集中力量办大事，积极推动核心技术成果转化。习近平总书记指出，近年来，我们在核心技术研发上投的钱不少，但效果还不是很明显，主要问题是好钢没有用在刀刃上。要围绕国家亟须突破的核心技术，把拳头攥紧，坚持不懈做下去。在全球信息领域，创新链、产业链、价值链整合能力越来越成为决定成败的关键。核心技术研发的最终结果，不应只是技术报告、科研论文、实验室样品，而应是市场产品、技术实力、产业实力。核心技术脱离了它的产业链、价值链、生态系统，上下游不衔接，就可能白忙活一场。科研和经济不能搞成"两张皮"，要着力推进核心技术成果转化和产业化。经过一定范围论证，该用的就要用。我们自己推出的新技术新产品，在应用中出现一些问题是自然的。可以在用的过程中继续改进，不断提高质量。如果大家都不用，就是报一个课题完成报告，然后束之高阁，那永远发展不起来。

第四，推动强强联合、协同攻关。要打好核心技术研发攻坚战，不仅要把冲锋号吹起来，而且要把集合号吹起来，也就是要把最强的力量积聚起来共同干，组成攻关的突击队、特种兵。我们同国际先进水平在核心技术上差距悬殊，一个很突出的原因，是我们的骨干企业没有像微软、英特尔、谷歌、苹果那样形成协同效应。美国有个所谓的"文泰来"联盟，微软的视窗操作系统只配对英特尔的芯片。在核心技术研发上，强强联合比单打独斗效果要好，要在这方面拿出些办法来，彻底摆脱部门利益和门户之见的束缚。抱着宁为鸡头、不为凤尾的想法，抱着自己拥有一亩三分地的想法，形不成合力，是难以成事的。一些同志关于组建产学研用联盟的建议很好。比如，可以组建"互联网＋"联盟、高端芯片联盟等，加强战略、技术、标准、市场等沟通协作，协同创新攻关。可以探索搞揭榜挂帅，把需要的关键核心技术项目张出榜来，英雄不论出处，谁有本事谁就揭榜。在这方面，既要发挥国有企业作用，也要发挥民营企业作用，也可以两方面联手来干。还可以探索更加紧密的资本型协作机制，成立核心技术研发投资公司，发挥龙头企业优势，带动中小企业发展，既解决上游企业技术推广应用问题，也解决下游企业"缺芯少魂"问题。

五、建设一流网络安全人才队伍

2016年4月，在网络安全和信息化工作座谈会上，习近平总书记指出，建设网络强国，要把人才资源汇聚起来，建设一支政治强、业务精、作风好的强大队伍。网络空间的竞争，归根结底是人才竞争。建设网络强国，没有一支优秀的人才队伍，没有人才创造力迸发、活力涌流，是难以成功的。"千军易得，一将难求"，要培养造就世界水平的科学家、网络科技领军人才、卓越工程师、高水平创新团队。要重视人才，引进人才力度要进一步加大，人才体制机制改革步子要进一步迈开。网信领域可以先行先试，抓紧调研，制定吸引人才、培养人才、留住人才的办法。习近平总书记强调，人才是第一资源。古往今来，人才都是富国之本、兴邦大计。要把我们的事业发展好，就要聚天下英才而用之。要干一番大事业，就要有这种眼界、这种魄力、这种气度。

第一，网络空间的竞争，归根结底是人才竞争。"得人者兴，失人者崩。"建设网络强国，没有一支优秀的人才队伍，没有人才创造力迸发、活力涌流，是难以成功的。念好了人才经，才能事半功倍。现在，人才特别是高端人才依然稀缺。我们的脑子要转过弯来，既要重视资本，更要重视人才，引进人才力度要进一步加大，人才体制机制改革步子要进一步迈开。网信领域可以先行先试，抓紧调研，制定吸引人才、培养人才、留住人才的办法。

第二，互联网主要是年轻人的事业，要不拘一格降人才。要解放思想，慧眼识才，爱才惜才。培养网信人才，要下大功夫、下大本钱，请优秀的老师，编优秀的教材，招优秀的学生，建一流的网络空间安全学院。互联网领域的人才，不少是怪才、奇才，他们往往不走一般套路，有很多奇思妙想。对待特殊人才要有特殊政策，不要求全责备，不要论资排辈，不要都用一把尺子衡量。

第三，要采取特殊政策，建立适应网信特点的人事制度、薪酬制度，把优秀人才凝聚到技术部门、研究部门、管理部门中来。要建立适应网信特点的人才评价机制，以实际能力为衡量标准，不唯学历，不唯论文，不唯资历，突出专业性、创新性、实用性。要建立灵活的人才激励机制，让作出贡献的人才有成就感、获得感。要探索网信领域科研成果、知识产权归属、利益分配机制，在人才入股、技术入股以及税收方面制定专门政策。在人才流动上要打破体制界限，让人才能够在政府、企业、智库间实现有序顺畅流动。国外那种"旋转门"制度的优点，我们也可以借鉴。

第四，尊重知识、尊重人才，下大气力引进高端人才。我国是科技人才资源最多的国家之一，但也是人才流失比较严重的国家，其中不乏顶尖人才。在人才选拔上要有全球视野，下大气力引进高端人才。随着我国综合国力不断增强，有很多国家的人才也希望来我国发展。我们要顺势而为，改革人才引进各项配套制度，构建具有全球竞争力的人才制度体系。不管是哪个国家、哪个地区的，只要是优秀人才，都可以为我所用。这方面要加大力度，不断提高我们在全球配置人才资源的能力。互联网是技术密集型产业，也是技术更新最快的领域之一。我国网信事业发展，必须充分调动企业家、专家学者、科技人员的积极性、主动性、创造性。企业家、专家学者、科技人员要有国家担当、社会责任，为促进国家网信事业发展多贡献自己的智慧和力量。各级党委和政府要从心里尊重知识、尊重人才，为人才发挥聪明才智创造良好条件，营造宽松环境，提供广阔平台。

六、共同构建全球网络空间命运共同体

2015年12月，在第二届世界互联网大会开幕式上，习近平总书记指出，随着世界多极化、经济全球化、文化多样化、社会信息化深入发展，互联网对人类文明进步将发

挥更大促进作用。同时，互联网领域发展不平衡、规则不健全、秩序不合理等问题日益凸显。不同国家和地区信息鸿沟不断拉大，现有网络空间治理规则难以反映大多数国家意愿和利益；世界范围内侵害个人隐私、侵犯知识产权、网络犯罪等时有发生，网络监听、网络攻击、网络恐怖主义活动等成为全球公害。面对这些问题和挑战，国际社会应该在相互尊重、相互信任的基础上，加强对话合作，推动互联网全球治理体系变革，共同构建和平、安全、开放、合作的网络空间，建立多边、民主、透明的全球互联网治理体系。习近平总书记强调，网络空间是人类共同的活动空间，网络空间前途命运应由世界各国共同掌握。各国应该加强沟通、扩大共识、深化合作，共同构建网络空间命运共同体。为此，习近平总书记提出推进全球互联网治理体系变革的四项原则和五点主张。

（一）推进全球互联网治理体系变革的四项原则

第一，尊重网络主权。《联合国宪章》确立的主权平等原则是当代国际关系的基本准则，覆盖国与国交往各个领域，其原则和精神也应该适用于网络空间。我们应该尊重各国自主选择网络发展道路、网络管理模式、互联网公共政策和平等参与国际网络空间治理的权利，不搞网络霸权，不干涉他国内政，不从事、纵容或支持危害他国国家安全的网络活动。

第二，维护和平安全。一个安全稳定繁荣的网络空间，对各国乃至世界都具有重大意义。在现实空间，战火硝烟仍未散去，恐怖主义阴霾难除，违法犯罪时有发生。网络空间，不应成为各国角力的战场，更不能成为违法犯罪的温床。各国应该共同努力，防范和反对利用网络空间进行的恐怖、淫秽、贩毒、洗钱、赌博等犯罪活动。不论是商业窃密，还是对政府网络发起黑客攻击，都应该根据相关法律和国际公约予以坚决打击。维护网络安全不应有双重标准，不能一个国家安全而其他国家不安全，一部分国家安全而另一部分国家不安全，更不能以牺牲别国安全谋求自身所谓绝对安全。

第三，促进开放合作。"天下兼相爱则治，交相恶则乱。"完善全球互联网治理体系，维护网络空间秩序，必须坚持同舟共济、互信互利的理念，摒弃零和博弈、赢者通吃的旧观念。各国应该推进互联网领域开放合作，丰富开放内涵，提高开放水平，搭建更多沟通合作平台，创造更多利益契合点、合作增长点、共赢新亮点，推动彼此在网络空间优势互补、共同发展，让更多国家和人民搭乘信息时代的快车、共享互联网发展成果。

第四，构建良好秩序。网络空间同现实社会一样，既要提倡自由，也要保持秩序。

自由是秩序的目的，秩序是自由的保障。我们既要尊重网民交流思想、表达意愿的权利，也要依法构建良好的网络秩序，这有利于保障广大网民合法权益。网络空间不是"法外之地"。网络空间是虚拟的，但运用网络空间的主体是现实的，大家都应该遵守法律，明确各方权利义务。要坚持依法治网、依法办网、依法上网，让互联网在法治轨道上健康运行。同时，要加强网络伦理、网络文明建设，发挥道德教化引导作用，用人类文明优秀成果滋养网络空间、修复网络生态。

（二）推进全球互联网治理体系变革的五点主张

第一，加快全球网络基础设施建设，促进互联互通。网络的本质在于互联，信息的价值在于互通。只有加强信息基础设施建设，铺就信息畅通之路，不断缩小不同国家、地区、人群间的信息鸿沟，才能让信息资源充分涌流。中国正在实施"宽带中国"战略，预计到2020年，中国宽带网络将基本覆盖所有行政村，打通网络基础设施"最后一公里"，让更多人用上互联网。中国愿同各方一道，加大资金投入，加强技术支持，共同推动全球网络基础设施建设，让更多发展中国家和人民共享互联网带来的发展机遇。

第二，打造网上文化交流共享平台，促进交流互鉴。文化因交流而多彩，文明因互鉴而丰富。互联网是传播人类优秀文化、弘扬正能量的重要载体。中国愿通过互联网架设国际交流桥梁，推动世界优秀文化交流互鉴，推动各国人民情感交流、心灵沟通。我们愿同各国一道，发挥互联网传播平台优势，让各国人民了解中华优秀文化，让中国人民了解各国优秀文化，共同推动网络文化繁荣发展，丰富人们的精神世界，促进人类文明进步。

第三，推动网络经济创新发展，促进共同繁荣。当前，世界经济复苏艰难曲折，中国经济也面临着一定下行压力。解决这些问题，关键在于坚持创新驱动发展，开拓发展新境界。中国正在实施"互联网+"行动计划，推进"数字中国"建设，发展分享经济，支持基于互联网的各类创新，提高发展质量和效益。中国互联网蓬勃发展，为各国企业和创业者提供了广阔的市场空间。中国开放的大门永远不会关上，利用外资的政策不会变，对外商投资企业合法权益的保障不会变，为各国企业在华投资兴业提供更好服务的方向不会变。只要遵守中国法律，我们热情欢迎各国企业和创业者在华投资兴业。我们愿意同各国加强合作，通过发展跨境电子商务、建设信息经济示范区等，促进世界范围内投资和贸易发展，推动全球数字经济发展。

第四，保障网络安全，促进有序发展。安全和发展是一体之两翼、驱动之双轮。安全是发展的保障，发展是安全的目的。网络安全是全球性挑战，没有哪个国家能够置身事外、独善其身，维护网络安全是国际社会的共同责任。各国应该携手努力，共同遏制信息技术滥用，反对网络监听和网络攻击，反对网络空间军备竞赛。中国愿同各国一道，加强对话交流，有效管控分歧，推动制定各方普遍接受的网络空间国际规则，制定网络空间国际反恐公约，健全打击网络犯罪司法协助机制，共同维护网络空间和平安全。

第五，构建互联网治理体系，促进公平正义。国际网络空间治理，应该坚持多边参与、多方参与，由大家商量着办，发挥政府、国际组织、互联网企业、技术社群、民间机构、公民个人等各个主体作用，不搞单边主义，不搞一方主导或由几方凑在一起说了算。各国应该加强沟通交流，完善网络空间对话协商机制，研究制定全球互联网治理规则，使全球互联网治理体系更加公正合理，更加平衡地反映大多数国家意愿和利益。举办世界互联网大会，就是希望搭建全球互联网共享共治的一个平台，共同推动互联网健康发展。

第二节 我国网络安全战略与法律法规

一、国家网络安全战略

2016年12月，国家互联网信息办公室发布了《国家网络空间安全战略》（以下简称《战略》）。"《战略》经中央网络安全和信息化领导小组批准，贯彻落实习近平总书记网络强国战略思想，阐明了中国关于网络空间发展和安全的重大立场和主张，明确了战略方针和主要任务，切实维护国家在网络空间的主权、安全、发展利益，是指导国家网络安全工作的纲领性文件。"[①] 该《战略》包括四个部分：机遇和挑战、目标、原则和任务。《战略》对当前网络安全形势总的判断是：网络空间机遇和挑战并存，机遇大于挑战。《战略》认

---

① 网信办《国家网络空间安全战略》发布［J］. 中国信息化，2017（2）.

为，当前网络安全面临的重大机遇包括：信息传播的新渠道；生产生活的新空间；经济发展的新引擎；文化繁荣的新载体；社会治理的新平台；交流合作的新纽带；国家主权的新疆域。《战略》认为，当前网络安全面临的严峻挑战包括：网络渗透危害政治安全；网络攻击威胁经济安全；网络有害信息侵蚀文化安全；网络恐怖和违法犯罪破坏社会安全；网络空间的国际竞争方兴未艾。[①]

《战略》确立了我国网络空间发展的五大战略目标，即和平、安全、开放、合作、有序；明确了网络空间发展的四项战略原则，包括尊重维护网络空间主权、和平利用网络空间、依法治理网络空间、统筹网络安全与发展；提出了我国网络空间发展的九大战略任务：坚定捍卫网络空间主权、坚决维护国家安全、保护关键信息基础设施、加强网络文化建设、打击网络恐怖和违法犯罪、完善网络治理体系、夯实网络安全基础、提升网络空间防护能力、强化网络空间国际合作。

二、网络安全治理法律

网络安全治理的法律法规可以分为宪法、法律及决定、司法解释、法规、规章五个层次。其中《中华人民共和国宪法》第四十条规定，中华人民共和国公民的通信自由和通信秘密受法律的保护。除因国家安全或者追查刑事犯罪的需要，由公安机关或者检察机关依照法律规定的程序对通信进行检查外，任何组织或者个人不得以任何理由侵犯公民的通信自由和通信秘密。除宪法外，网络安全治理涉及的相关法律、法规较多，在《中国互联网法规汇编》一书中，列出了1部法律2个决定、10项法规和28个部门规章及若干其他相关法律。[②] 在《中国网络信息法律汇编》一书中，则分别按照宪法、法律及决定、行政法规及文件、司法解释及文件、部门规章及文件、地方法规规章六个层面，分别列举了宪法、2项全国人大常委会的决定、44部法律、53部行政法规及文件、58个司法解释及文件、107个部门规章及141部地方法规规章。[③] 此外，进入2017年，陆续

---

① 《国家网络空间安全战略》全文［N/OL］.中国网信网，2016-12-27［2017-08-12］.http://www.cac.gov.cn/2016-12/27/c_1120195926.htm.

② 中央网络安全和信息化领导小组办公室，国家互联网信息办公室政策法规局.中国互联网法规汇编［M］.北京：中国法制出版社，2015:1-3.

③ 北京邮电大学互联网治理与法律研究中心.中国网络信息法律汇编［M］.北京：中国法制出版社，2017:1-12.

有新的网络安全治理法律、法规及规章发布。因此，本书将在上述研究基础上，选取最重要的法律、法规、规章进行介绍，并将最新发布的法律法规及规章纳入其中，以反映我国网络安全治理法律法规体系的全貌。

（一）网络安全治理的法律及决定

网络安全治理最重要的法律是《中华人民共和国网络安全法》（以下简称《网络安全法》）、《中华人民共和国电子签名法》（以下简称《电子签名法》）和全国人民代表大会常务委员会的两个决定，分别是《全国人民代表大会常务委员会关于维护互联网安全的决定》《全国人民代表大会常务委员会关于加强网络信息保护的决定》。

1.《网络安全法》

《网络安全法》于2016年11月由第十二届全国人民代表大会常务委员会第二十四次会议通过，自2017年6月起开始实施，是网络安全管理的根本法。共七章，分别是总则、网络安全支持与促进、网络运行安全、网络信息安全、监测预警与应急处置、法律责任、附则。其中总则介绍了立法目的、适用范围、指导方针、任务，明确了管理部门、各方责任及权利、义务等。总则确立了网络安全治理的基本原则：一是网络空间主权原则。《网络安全法》第一条"立法目的"开宗明义，明确规定要维护我国网络空间主权。网络空间主权是一国国家主权在网络空间中的自然延伸和表现。第二条明确规定《网络安全法》适用于我国境内网络以及网络安全的监督管理。这是我国网络空间主权对内最高管辖权的具体体现。二是网络安全与信息化发展并重原则。《网络安全法》第三条明确规定，国家坚持网络安全与信息化并重，遵循积极利用、科学发展、依法管理、确保安全的方针；既要推进网络基础设施建设，鼓励网络技术创新和应用，又要建立健全网络安全保障体系，提高网络安全保护能力，做到"双轮驱动、两翼齐飞"。三是共同治理原则。网络空间安全仅仅依靠政府是无法实现的，需要政府、企业、社会组织、技术社群和公民等网络利益相关者的共同参与。[①]《网络安全法》坚持共同治理原则，要求采取措施鼓励全社会共同参与，政府部门、网络建设者、网络运营者、网络服务提供者、网络行业相关组织、高等院校、职业学校、社会公众等都应根据各自的角色参与网络安全治理工作。

---

① 谢永江.《网络安全法》解读［N/OL］.中国网信网，2016–11–07［2017–08–15］. http://www.cac.gov.cn/2016–11/07/c_1119866583.htm.

2.《电子签名法》

2004年8月，第十届全国人民代表大会常务委员会第十一次会议通过了《电子签名法》，自2005年4月起开始施行，2015年4月修正。《电子签名法》共五章三十六条，其中第一章总则说明了立法目的、规定了电子签名、数据电文的含义、适用范围。第二条规定，该法所称电子签名，是指数据电文中以电子形式所含、所附用于识别签名人身份并表明签名人认可其中内容的数据。该法所称数据电文，是指以电子、光学、磁或者类似手段生成、发送、接收或者储存的信息。第二章是数据电文，明确数据电文可以作为证据使用，规定了数据电文的本质属性、保存要求、辨别其真实性的考量因素，以及数据电文的发送、接收、时间、地点确认等。第三章是电子签名与认证，通过十四条立法规定明确了可靠电子签名的条件、法律效力、保存及第三方认证。其中有八条内容对电子认证服务作出了具体规定，包括应具备的资质、认证许可程序、责任、退出、保管义务、电子签名认证书应当载明的7项内容等。第四章是法律责任，规定了电子签名人的责任、电子认证服务提供者的责任、对未经许可提供电子认证服务的处罚；同时规定，电子认证服务提供者暂停或终止服务需提前60天报告的规定；伪造、冒用、盗用他人的电子签名，构成犯罪的，依法追究刑事责任；给他人造成损失的，依法承担民事责任。此外，还明确了电子认证服务提供者违法行为的处罚规定，并对相应监管部门工作人员作出禁止性规定及责任追究等。第五章附则，明晰了电子签名人、电子签名依赖方、电子签名认证证书、电子签名制作数据、电子签名验证数据的确切含义；规定由国务院或者国务院规定的部门依据该法制定政务活动和其他社会活动中使用电子签名、数据电文的具体办法；最后规定了该法的施行时间。

3.《全国人大常委会关于维护互联网安全的决定》

2000年12月，第九届全国人民代表大会常务委员会第十九次会议通过了《全国人大常委会关于维护互联网安全的决定》，2009年8月修订，将第六条的《治安管理处罚条例》修改为《治安管理处罚法》。

《全国人大常委会关于维护互联网安全的决定》共包括七条内容，其中，第一条至第四条采用列举的方式，对保障互联网的运行安全、维护国家安全和社会稳定、维护社会主义市场经济秩序和社会管理秩序、保护个人、法人和其他组织的人身、财产等合法权利分别作出了立法规定。总计列举了15种禁止性行为，明确有下列行为之一，构成犯罪的，依照刑法有关规定追究刑事责任，具体包括：侵入国家事务、国防建设、尖端科学技术领域的计算机信息系统；故意制作、传播计算机病毒等破坏性程序，攻击计算机系统及通信网络，致使计算机系统及通信网络遭受损害；违反国家规定，擅自中断计算机网络或者通信服务，造成计算机网络或者通信系统不能正常运行；利用互联网造谣、诽谤或者发表、传播其他有害信息，煽动颠覆国家政权、推翻社会主义制度，或者煽动分裂国家、破坏国家统一；通过互联网窃取、泄露国家秘密、情报或者军事秘密；利用互联网煽动民族仇恨、民族歧视，破坏民族团结；利用互联网建立邪教组织、联络邪教组织成员，破坏国家法律、行政法规实施；利用互联网销售伪劣产品或者对商品、服务作虚假宣传；利用互联网损害他人商业信誉和商品声誉；利用互联网侵犯他人知识产权；利用互联网编造并传播影响证券、期货交易或者其他扰乱金融秩序的虚假信息；在互联网上建立淫秽网站、网页，提供淫秽站点链接服务，或者传播淫秽书刊、影片、音像、图片；利用互联网侮辱他人或者捏造事实诽谤他人；非法截获、篡改、删除他人电子邮件或者其他数据资料，侵犯公民通信自由和通信秘密；利用互联网进行盗窃、诈骗、敲诈勒索。

4.《全国人大常委会关于加强网络信息保护的决定》

2012年12月，《全国人大常委会关于加强网络信息保护的决定》颁布，包括十二条内容，主要目的是保护网络信息安全，保障公民、法人和其他组织的合法权益，维护国家安全和社会公共利益。其中第一条规定国家保护能够识别公民个人身份和涉及公民个人隐私的电子信息。第二条是对网络服务提供者和其他企业事业单位在业务活动中收集、使用公民个人电子信息行为的约束性规定。第三条、第四条是对网络服务提供者和其他企业事业单位及其工作人员的规定。第五条、第六条是对网络服务提供者的权利、义务、职责作出的规定。第七至九条是对组织及个人权利的保护规定。第十条规定了有关主管部门的权力、职责，其中包括保密义务，明确规定"国家机关及其工作人员对在履行职责中知悉的公民个人电子信息应当予以保密，不得泄露、篡改、毁损，不得出售或者非法向他人提供。"第十一条是处罚规定，对有违反本决定行为的，依法给予警告、罚款、没收违法所得、吊销许可证或者取消备案、关闭网站、禁止有关责任人员从事网络服务业务等处罚，记入社会信用档案并予以公布；构成违反治安管理行为的，依法给予治安管理处罚；构成犯罪的，依法追究刑事责任；侵害他人民事权益的，依法承担民事责任。

三、网络安全治理法规、解释及规章

（一）网络安全治理法规

相比于网络安全立法，网络安全治理相关法规的数量更多且制定时间通常较早，如1994年2月发布的《中华人民共和国计算机信息系统安全保护条例》、1997年12月发布的《计算机信息网络国际联网安全保护管理办法》、2000年9月公布的《互联网信息服务管理办法》等。上述条例、办法均在2011年1月根据《国务院关于废止和修改部分行政法规的规定》进行过修订，是党的十八大以前网络安全管理的重要指南。以《互联网信息服务管理办法》为例，总计27条内容，确立了互联网信息服务许可制度，明确了从事经营性互联网信息服务应当具备的条件、申请流程、备案要求及职责、义务，详细列举了互联网信息服务提供者不得制作、复制、发布、传播的九条信息及相应责任，规定管理主体是国务院信息产业主管部门和省、自治区、直辖市电信管理机构，可以依法对互联网信息服务实施监督管理；同时明确了违反该办法的处罚规定，并对疏于对互联网信息服务的监督管理、造成严重后果的电信管理机构和其他有关主管部门及其工作人员作出处罚的规定。从前文对《网络安全法》的简介可以看出，《互联网信息服务管理办法》中的部分内容已经被纳入《网络安全法》中。

2007年1月，国务院通过了《中华人民共和国政府信息公开条例》（以下简称《政府信息公开条例》）。《政府信息公开条例》"把公正、公平、便民、及时、准确，不得危害国家安全、公共安全和社会稳定作为政府信息公开的基本原则，确立了一系列政府信息公开制度，从而使我国的政府信息公开工作全面迈入法制化轨道。"[①]党的十八大以来，党中央国务院高度重视网络安全治理工作，制定、修订了一系列重要法规，我国网络安全治理的法规体系得以进一步完善（见附录2）。此外，还有很多其他行业、领域的专门管理条例中也涉及网络安全治理的内容（见附录3）。

（二）网络安全治理的司法解释及规定

近年来，为正确审理信息网络相关案件，最高人民法院和最高人民检察院先后出台

---

① 曹康泰，张穹.中华人民共和国政府信息公开条例读本（修订版）[M].北京：人民出版社，2009:3.

了多个司法解释和规定，其中与网络安全治理高度相关的有8个，最新的是2017年6月开始实施的《最高人民法院、最高人民检察院关于办理侵犯公民个人信息刑事案件适用法律若干问题的解释》，以及2017年7月开始实施的《最高人民法院、最高人民检察院关于办理扰乱无线电通讯管理秩序等刑事案件适用法律若干问题的解释》。在司法解释中，大多包含对特定名词或案件的精确定义，如《最高人民法院关于审理利用信息网络侵害人身权益民事纠纷案件适用法律若干问题的规定》的第一条，就是对"利用信息网络侵害人身权益民事纠纷案件"的界定，"本规定所称的利用信息网络侵害人身权益民事纠纷案件，是指利用信息网络侵害他人姓名权、名称权、名誉权、荣誉权、肖像权、隐私权等人身权益引起的纠纷案件。"此外，作为正确审理相关纠纷案件的指南，司法解释具有较高的针对性和实用性。以《最高人民法院、最高人民检察院关于办理扰乱无线电通讯管理秩序等刑事案件适用法律若干问题的解释》为例，其第一条对刑法第二百八十八条第一款规定的情形进行了精确界定，明确具有下列情形之一的，应当认定为适用该条款，包括"擅自设置、使用无线电台（站），或者擅自使用无线电频率，干扰无线电通信秩序"：未经批准设置无线电广播电台，非法使用广播电视专用频段的频率的；未经批准设置通信基站，强行向不特定用户发送信息，非法使用公众移动通信频率的；未经批准使用卫星无线电频率的；非法设置、使用无线电干扰器的；其他擅自设置、使用无线电台（站），或者擅自使用无线电频率，干扰无线电通信秩序的情形。

（三）部门规章及规范性文件

相比于前面的法律法规，部门规章更多在微观层面作出详细规定，如《互联网新闻信息服务管理规定》的适用范围是：在中华人民共和国境内提供互联网新闻信息服务，新闻信息包括有关政治、经济、军事、外交等社会公共事务的报道、评论，以及有关社会突发事件的报道、评论。该规定确立了互联网新闻信息服务许可制度，包括互联网新闻信息采编发布服务、转载服务、传播平台服务在内，今后"通过互联网站、应用程序、论坛、博客、微博、公众账号、即时通信工具、网络直播等形式向社会公众提供互联网新闻信息服务，应当取得互联网新闻信息服务许可，禁止未经许可或超越许可范围开展互联网新闻信息服务活动。"该规定同时明确，申请互联网新闻信息服务许可，应当具备下列条件：在中华人民共和国境内依法设立的法人；主要负责人、总编辑是中国公民；有与服务相适应的专职新闻编辑人员、内容审核人员和技术保障人员；有健全的互联网新闻信息服务管理制度；有健全的信息安全管理制度和安全可控的技术保障措施；有与服务相适应的场所、设施和资金。《互联网新闻信息服务管理规定》还对运行、监督检查和法律责任作出具体明确的规定，并且为进一步提高互联网新闻信息服务许可管理规范化、科学化水平，促进互联网新闻信息服务健康有序发展，2017年5月发布了《互联网新闻信息服务许可管理实施细则》，与规定同步施行。此外，国家互联网信息办公室在官网发布了多个规章及规范性文件，为网络安全治理提供了具体工作指南（见附录5）。

第三节　我国网络安全治理体制

一、网络安全治理领导机构

中央网络安全和信息化委员会是我国网络安全治理的最高领导机构。其前身是中央网络安全和信息化领导小组，由习近平总书记担任组长，主要职责是发挥集中统一领导作用，统筹协调各个领域的网络安全和信息化重大问题，制定实施国家网络安全和信息化发展战略、宏观规划和重大政策，不断增强安全保障能力。[①]2014年2月，中央网络安全和信息化领导小组召开第一次会议，审议通过了《中央网络安全和信息化领导小组工作规则》《中央网络安全和信息化领导小组办公室工作细则》《中央网络安全和信息化领导小组2014年重点工作》等。"目前，中央、省、市三级网信管理工作体系初步建立，部分省市网信办向区县一级延伸，建立完善重大项目会商、重要事项和重大决策督办等机制。"[②]

完善互联网管理领导体制，一直是党中央高度关心的问题。在《关于〈中共中央关于全面深化改革若干重大问题的决定〉的说明》中，习近平总书记曾就全会决定涉及的几个重大问题和重大举措介绍了中央的考虑，其中第八个问题就是"关于加快完善互联

---

① 总体布局　统筹各方　创新发展　努力把我国建设成为网络强国［N］.人民日报，2014-02-28（1）.

② 张洋.向着网络强国扬帆远航——推进网络安全和信息化工作综述［N］.人民日报，2017-11-27（1）.

网管理领导体制",主要包括四方面的内容:一是强调网络和信息安全牵涉国家安全和社会稳定,是我们面临的新的综合性挑战。二是指出现行管理体制的弊端:"从实践看,面对互联网技术和应用飞速发展,现行管理体制存在明显弊端,主要是多头管理、职能交叉、权责不一、效率不高。"三是说明网络管理的滞后:"随着互联网媒体属性越来越强,网上媒体管理和产业管理远远跟不上形势发展变化,特别是面对传播快、影响大、覆盖广、社会动员能力强的微客、微信等社交网络和即时通信工具用户的快速增长,如何加强网络法制建设和舆论引导,确保网络信息传播秩序和国家安全、社会稳定,已经成为摆在我们面前的现实突出问题。"四是解释全会的决定:"提出坚持积极利用、科学发展、依法管理、确保安全的方针,加大依法管理网络力度,完善互联网管理领导体制。目的是整合相关机构职能,形成从技术到内容、从日常安全到打击犯罪的互联网管理合力,确保网络正确运用和安全。"[①]中央网络安全和信息化领导小组的成立是我国网络安全管理体制的创新,对加强网络安全与信息化管理具有重大意义和深远影响。

第一,在党中央层面设立网络安全和信息化领导小组,把网络安全问题上升到战略问题的高度。2014年2月,在网络安全与信息化领导小组第一次会议上,习近平总书记提出,没有网络安全就没有国家安全。网络安全和信息化对一个国家很多领域都是牵一发而动全身的,是事关国家安全和国家发展、事关广大人民群众工作生活的重大战略问题。

第二,由习近平总书记出任领导小组组长,凸显了网络安全和信息化在国家发展中的重要地位,更有利于网络安全和信息化工作的统筹协调,"有可能从根本上改变以往由国务院总理担任国家信息化领导小组组长难以协调党中央、军委、人大等的一些弊端,大大提高该小组的整体规划能力和高层协调能力。"[②]在小组的第一次会议上,习近平总书记也在讲话中强调,要发挥集中统一领导作用,统筹协调各个领域的网络安全和信息化重大问题,制定实施国家网络安全和信息化发展战略、宏观规划和重大政策,不断增强安全保障能力。

第三,领导小组成立之初就将网络安全与信息化放在并重的位置,正确把握了安全与发展之间的平衡,强调网络安全和信息化是一体之两翼、驱动之双轮,必须统一谋划、统一部署、统一推进、统一实施。明确提出做好网络安全和信息化工作,就要处理

① 习近平.关于《中共中央关于全面深化改革若干重大问题的决定》的说明[N].人民日报,2013-11-16(1).

② 汪玉凯.中央网络安全和信息化领导小组的由来及其影响[J].信息安全与通信保密,2014(3).

好安全和发展的关系，做到协调一致、齐头并进，以安全保发展、以发展促安全，努力建久安之势、成长治之业。

进入新时代，我国网信事业迎来了新的发展机遇，2018年3月，中共中央印发了《深化党和国家机构改革方案》，将中央网络安全和信息化领导小组改为中央网络安全和信息化委员会，由习近平担任主任，李克强、王沪宁担任副主任。委员会的办事机构是中央网络安全和信息化委员会办公室，与中华人民共和国互联网信息办公室是一个机构、两块牌子。这一改变在新时代具有特殊意义。

第一，这是加强党中央对网络安全和信息化工作统一领导的标志。在《关于深化党和国家机构改革决定稿和方案稿的说明》中，习近平总书记指出，党的十八大以来，党中央在全面深化改革、国家安全、网络安全、军民融合发展等涉及党和国家工作全局的重要领域成立决策议事协调机构，对加强党对相关工作的领导和统筹协调，起到至关重要的作用。按主要战线、主要领域适当归并党中央决策议事协调机构，统一各委员会名称，目的就是加强党中央对重大工作的集中统一领导，确保党始终总揽全局、协调各方，确保党的领导更加坚强有力。2018年4月，全国网络安全和信息化工作会议在北京召开。习近平总书记在讲话中强调，党的十八大以来，党中央重视互联网、发展互联网、治理互联网，统筹协调涉及政治、经济、文化、社会、军事等领域信息化和网络安全重大问题，作出一系列重大决策、提出一系列重大举措，推动网信事业取得历史性成就。今后"要加强党中央对网信工作的集中统一领导，确保网信事业始终沿着正确方向前进。"在《深化党和国家机构改革方案》中，明确提出为加强党中央对涉及党和国家事业全局的重大工作的集中统一领导，强化决策和统筹协调职责，将中央网络安全和信息化领导小组改为中央网络安全和信息化委员会。

第二，这是加强和优化党中央决策议事协调机构职能的体现。根据《深化党和国家机构改革方案》，中央网络安全和信息化委员会的主要职责是：负责网络安全和信息化领域重大工作的顶层设计、总体布局、统筹协调、整体推进、督促落实。同时明确委员会的办事机构为中央网络安全和信息化委员会办公室，并优化了办公室的职责，明确"为维护国家网络空间安全和利益，将国家计算机网络与信息安全管理中心由工业和信息化部管理调整为由中央网络安全和信息化委员会办公室管理。"①

---

① 中共中央印发《深化党和国家机构改革方案》[N].人民日报,2018-03-22（1）.

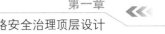
第三，这是进一步推进网络安全和信息化发展的新契机。加强网络空间治理水平和治理能力是推进国家治理体系和治理能力现代化的重要内容。网络空间不同于现实社会，不能把现实社会的治理方式简单嫁接到网络空间。网络空间治理涉及多学科协同、多部门共治、跨地域甚至跨国界合作，需要极高的政治智慧。如何整合优势资源、如何创新治理体制、如何激发人才活力、如何提高安全意识和防护能力、如何有效防止网络犯罪等，都需要委员会进行顶层设计和统筹协调。未来五年，是我国从网络大国迈向网络强国的关键时期，中央网络安全和信息化委员会将肩负这一神圣使命，从国际国内大势出发，总体布局、统筹各方，创新发展，努力把我国建设成为网络强国。

二、网络安全治理的管理机构

根据《网络安全法》第八条的规定，我国网络安全的主管部门是国家网信部门、国务院电信主管部门、公安部门和其他有关机关、县级以上地方人民政府有关部门。

（一）国家网信部门

国家网信部门是指国家互联网信息办公室。2014年8月，国务院向各省、自治区、直辖市人民政府，国务院各部委、各直属机构发出通知，授权国家互联网信息办公室负责互联网信息内容管理工作。通知全文如下：为促进互联网信息服务健康有序发展，保护公民、法人和其他组织的合法权益，维护国家安全和公共利益，授权重新组建的国家互联网信息办公室负责全国互联网信息内容管理工作，并负责监督管理执法。

根据《网络安全法》的规定，国家网信部门负责统筹协调网络安全工作和相关监督管理工作。

第一，发布国家互联网信息办公室令。国家互联网信息办公室可以独立发布，如2017年5月，国家互联网信息办公室签发的第1号和第2号令，分别是《互联网新闻信息服务管理规定》和《互联网信息内容管理行政执法程序规定》；也可以由国家互联网信息办公室与其他部委联合发布，如2016年8月，中国银行业监督管理委员会、中华人民共和国工业和信息化部、中华人民共和国公安部、国家互联网信息办公室共同签发的2016年第1号令《网络借贷信息中介机构业务活动管理暂行办法》，自公布之日起施行。

第二，发布互联网管理规定。如2016年11月，国家互联网信息办公室发布了《互联网直播服务管理规定》；2016年8月，民政部、工业和信息化部、国家新闻出版广电总局、国家互联网信息办公室联合印发了《公开募捐平台服务管理办法》的通知。

第三，依托直属事业单位开展监督管理工作。2017年5月，中国互联网违法和不良信息举报中心开展了第13次网络举报受理检查工作，被检查的网站有37家，针对检查发现的举报电话无人接听、持续占线等问题，天涯社区、观察者网、爱奇艺等11家网站积极自查、严肃整改。[①] 中国互联网违法和不良信息举报中心是中央网络安全和信息化领导小组办公室（国家互联网信息办公室）直属事业单位，主要工作职责是：统筹协调全国互联网违法和不良信息举报工作；监督指导各地各网站规范开展互联网违法和不良信息举报工作；接受、协助处理公众对互联网违法和不良信息的举报；宣传动员广大网民积极参与互联网违法和不良信息举报，推动建立网络空间公众监督治理体系；开展国际交流合作，加强与境外相关机构、互联网企业、网络媒体及网站的联系，协调处理暴力恐怖、儿童色情等有害信息。

（二）国务院电信主管部门、公安部门和其他有关机关

国务院电信主管部门、公安部门和其他有关机关依照有关法律、行政法规的规定，在各自职责范围内负责网络安全保护和监督管理工作。《网络安全法》第十五条规定，国家建立和完善网络安全标准体系。国务院标准化行政主管部门和国务院其他有关部门根据各自的职责，组织制定并适时修订有关网络安全管理，以及网络产品、服务和运行安全的国家标准、行业标准。

（三）县级以上地方人民政府有关部门

按照国家有关规定，县级以上地方人民政府有关部门履行网络安全保护和监督管理职责。《网络安全法》第十六条规定，国务院和省、自治区、直辖市人民政府应当统筹规划，加大投入，扶持重点网络安全技术产业和项目，支持网络安全技术的研究开发和应用，推广安全可信的网络产品和服务，保护网络技术知识产权，支持企业、研究机构和高等学校等参与国家网络安全技术创新项目。《网络安全法》第十九条规定，各级人民政府及其有关部门应当组织开展经常性的网络安全宣传教育，并指导、督促有关单位做好网络安全宣传教育工作。大众传播媒介应当有针对性地面向社会进行网络安全宣传教育。

---

① 第13次网络举报受理检查：天涯社区、观察者网等11家网站严肃整改举报电话无人接听等问题［N/OL］．中国网信网，2017-05-27［2017-06-23］．http://www.cac.gov.cn/2017-05/27/c_1121049210.htm.

三、网络安全治理的具体制度与机制

（一）等级保护及安全审查制度

1.等级保护制度

根据《网络安全法》第二十条的规定，国家实行网络安全等级保护制度。网络运营者应当按照网络安全等级保护制度的要求，履行下列安全保护义务，保障网络免受干扰、破坏或者未经授权的访问，防止网络数据泄露或者被窃取、篡改：制定内部安全管理制度和操作规程，确定网络安全负责人，落实网络安全保护责任；采取防范计算机病毒和网络攻击、网络侵入等危害网络安全行为的技术措施；采取监测、记录网络运行状态、网络安全事件的技术措施，并按照规定留存相关的网络日志不少于六个月；采取数据分类、重要数据备份和加密等措施；法律、行政法规规定的其他义务。

2.安全审查制度

《网络安全法》第三十一条规定，国家对公共通信和信息服务、能源、交通、水利、金融、公共服务、电子政务等重要行业和领域，以及其他一旦遭到破坏、丧失功能或者数据泄露，可能严重危害国家安全、国计民生、公共利益的关键信息基础设施，在网络安全等级保护制度的基础上，实行重点保护。保护措施之一就是实施安全审查制度。《网络安全法》第三十五条规定，关键信息基础设施的运营者采购网络产品和服务，可能影响国家安全的，应当通过国家网信部门会同国务院有关部门组织的国家安全审查。同时，第六十五条规定，关键信息基础设施的运营者违反第三十五条规定，使用未经安全审查或者安全审查未通过的网络产品或者服务的，由有关主管部门责令停止使用，处采购金额一倍以上十倍以下罚款；对直接负责的主管人员和其他直接责任人员处一万元以上十万元以下罚款。

2017年6月，《网络产品和服务安全审查办法（试行）》开始实施，规定"关系国家安全的网络和信息系统采购的重要网络产品和服务，应当经过网络安全审查。"由国家互联网信息办公室会同有关部门成立网络安全审查委员会，负责审议网络安全审查的重要政策，统一组织网络安全审查工作，协调网络安全审查相关重要问题。网络安全审查办公室具体组织实施网络安全审查。网络安全审查重点是审查网络产品和服务的安全性、可控性，主要包括：产品和服务自身的安全风险，以及被非法控制、干扰和中断运行的风险；产品及关键部件生产、测试、交付、技术支持过程中的供应链安全风险；产品和服务提供者利用提供产品和服务的便利条件非法收集、存储、处理、使用用户相关信息的风险；产品和服务提供者利用用户对产品和服务的依赖，损害网络安全和用户利益的风险；其他可能危害国家安全的风险。

（二）网络市场监管部际联席会议制度

为进一步加强网络市场监管，加强部门间协调配合，促进网络市场持续健康发展，2016年12月，国务院同意建立由工商总局牵头的网络市场监管部际联席会议制度。联席会议不刻制印章，不正式行文。联席会议由工商总局、发展改革委、工业和信息化部、公安部、商务部、海关总署、质检总局、食品药品监管总局、网信办、邮政局10个部门组成，工商总局为牵头单位。工商总局主要负责同志担任召集人，各成员单位有关负责同志为联席会议成员。联席会议办公室设在工商总局，承担联席会议日常工作。联席会议设联络员，由各成员单位有关司局负责同志担任。

网络市场监管部际联席会议的主要职能是：在国务院领导下，研究提出网络市场监管工作思路以及促进网络市场健康有序发展的政策建议；加强网络市场监管法治建设；加强对网络市场监管的协同、指导和监督；协调解决网络市场监管中的重大问题；完成国务院交办的其他工作。

根据工作规则，联席会议每年召开一到两次例会，不定期举行联络员会议，全体或者部分成员单位参加。根据工作需要，可邀请其他相关部门和专家参与特定事项的专题研究。

（三）运行管理制度

1.强制性国家标准

《网络安全法》分别在第十条、第二十二条和第二十三条明确了国家标准的强制性要求：一是建设、运营网络或者通过网络提供服务，应当依照法律、行政法的规定和国家标准的强制性要求，采取技术措施和其他必要措施，保障网络安全、稳定运行；二是规定网络产品、服务应当符合相关国家标准的强制性要求；三是规定网络关键设备和网络安全专用产品应当按照相关国家标准的强制性要求，由具备资格的机构安全认证合格或者安全检测符合要求后，方可销售或者提供。同时，在第十五条规定：国家建立和完善网络安全标准体系。国务院标准化行政主管部门和国务院其他有关部门根据各自的职责，组织制定并适时修订有关网络安全管理，以及网络产品、服务和运行安全的国家标准、行业标准。

2016年8月，中央网络安全和信息化领导小组办公室、国家质量监督检验检疫总局、国家标准化管理委员会联合发布《关于加强国家网络安全标准化工作的若干意见》，要求建立统筹协调、分工协作的工作机制，包括建立统一权威的国家标准工作机制、促进行业标准规范有序发展、促进产业应用与标准化的紧密互动和推动军民标准兼容。其中，"建立统一权威的国家标准工作机制"一项明确网络安全标准化工作要坚持统一谋划、统一部署，紧贴实际需求，守住安全底线。全国信息安全标准化技术委员会在国家标准委的领导下，在中央网信办的统筹协调和有关网络安全主管部门的支持下，对网络安全国家标准进行统一技术归口，统一组织申报、送审和报批。该意见提出加强标准体系建设，包括科学构建标准体系、优化完善各级标准、推进急需重点标准制定；要求提升标准质量和基础能力，包括提高标准适用性、提高标准先进性、提高标准制定的规范性和加强标准化基础能力建设；同时提出强化标准宣传实施、加强国际标准化工作、抓好标准化人才队伍建设、做好资金保障。

2.开展专项行动

专项行动通常由一个部门牵头，联合其他部门共同行动，时间一般持续数月。如，2017年5月—11月，由工商总局牵头，发展改革委、工业和信息化部、公安部等10部委共同决定，联合开展2017年网络市场监管专项行动，重点打击侵权假冒、虚假宣传、虚假违法广告、刷单炒信等违法行为，进一步规范网络市场秩序，优化网络消费环境。"此次专项行动还将加强对农村电商、跨境电商、微商以及其他网络市场发展新模式新业态中违法行为的研判和联合查处。同时，加大对跨境电商进出口环节通过虚假交易、支付、物流数据实施逃避海关监管行为的整治力度。"[①]由于针对性强、实施力度大，专项行动的效果十分显著。

以2016年国家网信办牵头开展"清朗"系列专项行动为例，针对广大网民反映强烈、举报集中的重点环节、重点内容，由国家网信办牵头，工信部、公安部、文化部、工商总局、新闻出版广电总局等多部门共同参与，2016年开展了"清朗"系列专项行

---

① 林丽鹏.十部委联合开展2017年网络市场监管专项行动［N/OL］.中央人民政府网，2017–05–26［2017–10–18］.http://www.gov.cn/xinwen/2017–05/26/content_5196930.htm.

动，包括涉及少年儿童类APP集中整治、搜索引擎环节专项整治、网址导航网站专项治理、打击利用云盘传播违法违规信息专项行动、违规微信公众账号专项整治、网上生态类问题专项治理、招聘网站"严重违规失信"专项整治、旅游出行网站专项整治、《互联网用户账号名称管理规定》（"账号十条"）落实情况回头看等。通过全面整治，取得了显著成效：专项行动期间，累计关闭传播淫秽色情、虚假谣言、暴力血腥等违法违规账号104.5万个、空间和群组129万个，约谈账号持有人600余次，约谈网站近500家，关闭违法违规网站2 000余个，查办相关案件7.3万余件，罚没款9 529万元，抓获涉电信网络诈骗、传播"黄赌毒"、散布恶性谣言、侵犯公民个人信息等犯罪嫌疑人1.7万余名，对网络空间各类违法违规行为形成持续有力震慑。[①]

3.约谈制度

约谈是指国家互联网信息办公室、地方互联网信息办公室在互联网新闻信息服务单位发生严重违法违规情形时，约见其相关负责人，进行警示谈话、指出问题、责令整改纠正的行政行为。 根据《互联网新闻信息服务单位约谈工作规定》，国家互联网信息办公室、地方互联网信息办公室建立互联网新闻信息服务单位约谈制度，自2015年6月起开始实施。按照规定，互联网新闻信息服务单位有下列情形之一的，国家互联网信息办公室、地方互联网信息办公室可对其主要负责人、总编辑等进行约谈：未及时处理公民、法人和其他组织关于互联网新闻信息服务的投诉、举报情节严重的；通过采编、发布、转载、删除新闻信息等谋取不正当利益的；违反互联网用户账号名称注册、使用、管理相关规定情节严重的；未及时处置违法信息情节严重的；未及时落实监管措施情节严重的；内容管理和网络安全制度不健全、不落实的；网站日常考核中问题突出的；年检中问题突出的；其他违反相关法律法规规定需要约谈的情形。2015年，全国网信系统全年依法约谈违法违规网站820多家、1 000多次，依法取消违法违规网站许可或备案、依法关闭严重违法违规网站4 977家，有关网站依法关闭各类违法违规账号226万多个。[②]进入2017年，全国网信系统持续加大行政执法力度，依法查处网上各类违法信息和网站，二季度累计约谈违法违规网站443家，警告违法网站172家，会同电信主管部门取消违法

① 2016年国家网信办牵头开展"清朗"系列专项行动 剑指网络顽疾 形成持续震慑［N/OL］.中国网信网，2016-11-25［2017-08-22］.http://www.cac.gov.cn/2016-11/25/c_1119991081.htm.

② 何春中.全国网信系统执法"亮剑" 820多家违法违规网站被约谈［N］.中国青年报，2016-02-26（4）.

网站许可或备案、关闭违法网站3 918家，移送司法机关相关案件线索316件；有关网站依照用户服务协议关闭各类违法违规账号81万余个。[①]

（四）风险预警机制

《"十三五"国家信息化规划》提出要全天候全方位感知网络安全态势，包括加强网络安全态势感知、监测预警和应急处置能力建设；建立统一高效的网络安全风险报告机制、情报共享机制、研判处置机制，准确把握网络安全风险发生的规律、动向、趋势；建立政府和企业网络安全信息共享机制，加强网络安全大数据挖掘分析，更好感知网络安全态势，做好风险防范工作；完善网络安全检查、风险评估等制度。加快实施党政机关互联网安全接入工程，加强网站安全管理，加强涉密网络保密防护监管；健全网络与信息突发安全事件应急机制，完善网络安全和信息化执法联动机制。

《国家信息化发展战略纲要》也明确提出，提升全天候全方位感知网络安全态势能力，做好等级保护、风险评估、漏洞发现等基础性工作，完善网络安全监测预警和网络安全重大事件应急处置机制。国务院《促进大数据发展行动纲要》强调，要强化安全支撑，采用安全可信产品和服务，提升基础设施关键设备安全可靠水平；建设国家网络安全信息汇聚共享和关联分析平台，促进网络安全相关数据融合和资源合理分配，提升重大网络安全事件应急处理能力；深化网络安全防护体系和态势感知能力建设，增强网络空间安全防护和安全事件识别能力；开展安全监测和预警通报工作，加强大数据环境下防攻击、防泄露、防窃取的监测、预警、控制和应急处置能力建设。

《网络安全法》第五章将监测预警与应急处置工作制度化、法制化，明确国家要建立网络安全监测预警和信息通报制度，建立网络安全风险评估和应急工作机制，制定网络安全事件应急预案并定期演练。这为建立统一高效的网络安全风险报告机制、情报共享机制、研判处置机制提供了法律依据，为深化网络安全防护体系、实现全天候全方位感知网络安全态势提供了法律保障。

《国家网络安全事件应急预案》将网络安全事件分为四级：特别重大网络安全事件、重大网络安全事件、较大网络安全事件、一般网络安全事件。同时，对网络安全事件的工作原则、组织机构与职责、监测与预警、应急处置、调查与评估、预防工作、保障措

[①]　二季度全国网信系统行政执法工作取得新进展［N/OL］. 中国网信网，2017–07–22［2017–08–23］. http://www.cac.gov.cn/2017–07/22/c_1121363416.htm.

施等作出了规定。

为加强工业控制系统信息安全应急工作管理，建立健全工控安全应急工作机制，提高应对工控安全事件的组织协调和应急处置能力，预防和减少工控安全事件造成的损失和危害，保障工业生产正常运行，维护国家经济安全和人民生命财产安全，2017年5月，工业和信息化部印发了《工业控制系统信息安全事件应急管理工作指南》的通知，适用于工业和信息化主管部门、工业企业开展工控安全应急管理工作，明确了组织机构与职责、工作机制、监测通报、敏感时期应急管理、应急处置及保障措施。

（五）社会力量协同参与机制

1. 参与政策的制定与执行

《网络安全法》第十五条明确规定，国家支持企业、研究机构、高等学校、网络相关行业组织参与网络安全国家标准、行业标准的制定。以中国网络空间安全协会为例，协会成立以来，着力促进网络安全行业自律，积极引导网络环境下各类企业履行网络安全责任；依托广泛的学术基础深入研究网络空间发展规律和特点，组织起草了《2016年世界互联网发展乌镇报告》，参与了G20《数字经济合作与发展倡议》的起草，为中国在网络空间国际舞台的影响力和话语权提供了重要支撑。《网络产品和服务安全审查办法（试行）》第三条规定，对网络产品和服务及其供应链进行网络安全审查的原则是，坚持企业承诺与社会监督相结合，第三方评价与政府持续监管相结合，实验室检测、现场检查、在线监测、背景调查相结合。第七条规定，国家依法认定网络安全审查第三方机构，承担网络安全审查中的第三方评价工作。第八条规定，由网络安全审查办公室按照国家有关要求、根据全国性行业协会建议和用户反映等，按程序确定审查对象，组织第三方机构、专家委员会对网络产品和服务进行网络安全审查，并发布或在一定范围内通报审查结果。

2. 设立举报机制

《网络安全法》第十四条规定，任何个人和组织有权对危害网络安全的行为向网信、电信、公安等部门举报。收到举报的部门应当及时依法作出处理；不属于本部门职责的，应当及时移送有权处理的部门。有关部门应当对举报人的相关信息予以保密，保护举报人的合法权益。第四十九条规定，网络运营者应当建立网络信息安全投诉、举报制度，公布投诉、举报方式等信息，及时受理并处理有关网络信息安全的投诉和举报。

网信部门设立互联网违法和不良信息举报中心，24小时受理公众举报，受理举报电话12377，举报网址www.12377.cn，举报邮箱jubao@12377.cn。从实施情况看，广大网民积极举报违法和不良信息，2015年共受理举报100万次；推动17个省（自治区、直辖市）设立了举报中心、228家重点网站规范开展举报工作；指导各地各网站举报部门受理公众举报2 800万件次，"在维护互联网信息传播秩序和网民权益、搭建公众参与网络治理的平台、建设文明健康有序的网络空间等方面取得了积极成效。"[1]近两年，全国网络违法和不良信息有效举报量屡创新高，2017年6月，全国网络违法和不良信息有效举报366.9万件，创月度历史新高，全国网络违法和不良信息有效举报受理量情况见图1-1。[2]

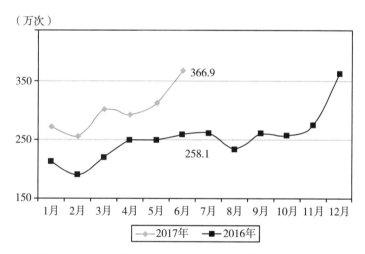

图1-1　全国网络违法和不良信息有效举报受理量情况

3.成立行业性协会、基金会及互联网企业的守护者组织

第一，中国互联网协会，成立于2001年5月，是由中国互联网行业及与互联网相关的企事业单位自愿结成的行业性的、全国性的、非营利性的社会组织，主管单位是工业和信息化部，现有会员600多个。协会的基本任务包括向政府主管部门反映会员和业界的愿望及合理要求，向会员宣传国家相关政策、法律、法规；制订并实施互联

---

① 黄相怀.互联网治理的中国经验——如何提高中共网络执政能力［M］.北京：中国人民大学出版社，2017：27.

② 6月份全国网络违法和不良信息有效举报366.9万件　创月度历史新高［N/OL］.中国网信网，2017-07-28［2017-08-23］.http://www.cac.gov.cn/2017/07/28/c_1121396352.htm.

网行业规范和自律公约，促进会员之间的沟通与协作；开展我国互联网行业发展状况的调查与研究工作，促进互联网的发展和普及应用，向政府有关部门提出行业发展的政策建议；组织开展有益于互联网发展的研讨、论坛等活动，促进互联网行业内的交流与合作；积极开展国际交流与合作，在国际互联网事务中发挥积极作用；办好协会网站、刊物，组织编撰出版中国互联网发展状况年度报告，为业界提供互联网信息服务等。

第二，中国互联网发展基金会，挂牌于2015年8月，是经国务院批准、在民政部登记注册、具有独立法人地位的全国性公募基金会。主要功能是向海内外广泛募集资金，用于积极推进网络建设，让互联网发展成果惠及13亿中国人民。其业务范围包括募集资金、专项资助，支持社会组织、单位和个人参与网络空间治理，国际交流与合作、专业培训。2016年2月，中国互联网发展基金会网络安全专项基金宣告正式成立。该基金设立"网络安全人才奖""网络安全优秀教师奖"等奖项，以奖励为国家网络安全事业作出突出贡献的人员。①

第三，中国网络空间安全协会，成立于2016年3月，是由中国国内从事网络空间安全相关产业、教育、科研、应用的机构、企业及个人共同自愿结成的全国性、行业性、非营利性社会组织，旨在发挥桥梁纽带作用，组织和动员社会各方面力量参与中国网络空间安全建设，为会员服务，为行业服务，为国家战略服务，促进中国网络空间的安全和发展。

第四，互联企业主动采取防护性举措，成立守护者组织。互联网企业有得天独厚的技术优势，了解企业业务范围内的安全隐患，因此也能有针对性地提出防御措施。当前，一些互联网企业已开始主动建立防护性计划，例如针对高发的电信网络诈骗，腾讯于2015年推出了"守护者计划"联合开放品牌，发挥腾讯在大数据技术和海量用户上的优势，联合政府部门、银行、运营商、互联网企业等共同打击电信网络诈骗。2017年以来，"守护者计划"持续加强对网络黑产业链条的关注和研究力度，将互联网生态治理重心从反电信网络诈骗向打击网络黑产威胁源转移，通过不断提升技术防护水平预防网络黑产犯罪，协助各地公安机关侦破多起相关案件。截至2017年11月底，共计破获

---

① 国家计算机网络应急技术处理协调中心. 2016年中国互联网网络安全报告［M］. 北京：人民邮电出版社，2017：12.

网络案件153件，抓获人员约3 600人，涉案金额达30亿元，涉及公民个人信息超过百亿条。①

（六）网络安全保障制度

"十三五"规划明确提出要统筹网络安全和信息化发展，完善国家网络安全保障体系。建立关键信息基础设施保护制度，完善涉及国家安全重要信息系统的设计、建设和运行监督机制。集中力量突破信息管理、信息保护、安全审查和基础支撑关键技术，提高自主保障能力。加强关键信息基础设施核心技术装备威胁感知和持续防御能力建设。完善重要信息系统等级保护制度。健全重点行业、重点地区、重要信息系统条块融合的联动安全保障机制。积极发展信息安全产业。

《国家信息化发展战略纲要》则强调了要强化网络安全基础性工作，包括加强网络安全基础理论研究、关键技术研发和技术手段建设，建立完善国家网络安全技术支撑体系，推进网络安全标准化和认证认可工作；实施网络安全人才工程，开展全民网络安全教育，提升网络媒介素养，增强全社会网络安全意识和防护技能。同时强调，要确保关键信息基础设施安全。加快构建关键信息基础设施安全保障体系，加强党政机关以及重点领域网站的安全防护，建立政府、行业与企业网络安全信息有序共享机制。要依法管理我国主权范围内的网络活动，坚定捍卫我国网络主权。

《"十三五"国家信息化规划》要求加强金融、能源、水利、电力、通信、交通、地理信息等领域关键信息基础设施核心技术装备威胁感知和持续防御能力建设，增强网络安全防御能力和威慑能力。加强重要领域密码应用。

中共中央办公厅、国务院办公厅印发的《关于加强社会治安防控体系建设的意见》要求加强社会面治安防控网建设。根据人口密度、治安状况和地理位置等因素，科学划分巡逻区域，优化防控力量布局，加强公安与武警联勤武装巡逻，建立健全指挥和保障机制，完善早晚高峰等节点人员密集场所重点勤务工作机制，减少死角和盲区，提升社会面动态控制能力。加强公共交通安保工作，强化人防、物防、技防建设和日常管理，完善和落实安检制度，加强对公交车站、地铁站、机场、火车站、码头、口岸、高铁沿线等重点部位的安全保卫，严防针对公共交通工具的暴力恐怖袭击和个人极端案（事）

---

① 2018守护者计划大会介绍［N/OL］.央广网，2018–1–14［2018–1–20］.http://tech.cnr.cn/techzt/shouhuzhe2018/jj/20180114/t20180114_524098298.shtml.

件。完善幼儿园、学校、金融机构、商业场所、医院等重点场所安全防范机制，强化重点场所及周边治安综合治理，确保秩序良好。加强对偏远农村、城乡接合部、城中村等社会治安重点地区、重点部位及各类社会治安突出问题的排查整治。

链接：微信公众平台公告　规范涉党史国史等信息发布行为 [1]

近期，微信公众平台发现部分公众号、小程序存在发布断章取义、歪曲党史国史类信息进行营销的行为，此类行为已违反《中华人民共和国网络安全法》《互联网用户公众账号管理规定》《即时通信工具公众信息服务发展管理暂行规定》《微信公众平台运营规范》《微信小程序平台运营规范》，涉嫌传播虚假营销信息，对用户造成骚扰、破坏用户体验、扰乱平台的健康生态。根据上述法律法规和平台规范要求，从公告即日起，对于仍存在此类借机营销行为的公众号，将对违规文章予以删除并进行相应处罚，多次处罚后仍继续违规，或是故意利用各种手段恶意对抗的，将采取更重的处理措施直至永久封号。请运营者严肃对待不当内容，加强账号管理，共同维护绿色的网络环境。

---

① 微信公众平台公告　规范涉党史国史等信息发布行为［N/OL］．腾讯科技，2018-01-20［2018-01-21］．http://tech.qq.com/a/20180120/011692.htm.

| 第二章　网络安全风险治理 |

第一节　我国网络安全风险治理的现状

有网络的地方就存在网络安全风险。世界上没有绝对安全的互联网，即使是物理隔离的内网、涉密网也无法保证绝对安全。网络安全风险大多具有爆发性特征，且针对不同目标群体的差异性日益弱化，危害性日趋增强。以网络犯罪为例，与传统意义上的犯罪不同，大到针对国家，中到针对机关单位组织，小到针对单个网民，网络犯罪均以各种木马、病毒为武器，攻击手段和攻击成本并没有显著差别，造成的危害却是相同的，那就是控制网络、窃取信息、实施敲诈勒索等。网络安全风险的源头日趋多元化。从已发生的网络攻击事件看，既有政府背景的网军，也有各种非政府组织的黑客团体，还有很多单枪匹马的技术怪才。让人担忧的是，近年来，有很多非专业人士，大多为年轻人，仅凭个人兴趣、借助网络的开源软件，也能靠自学变身黑客，造成严重后果。网络安全的风险性与网络工具的便捷性相生相伴、如影随形。网络安全风险发生最重要的导火索是网民自身的安全意识淡薄而不是黑客的攻击。与传统犯罪不同，以网络攻击为主的网络犯罪每时每刻都在发生，但是除非发现漏洞或密码被破解，否则这些攻击并不会立刻产生安全威胁。因此，除特殊情况外（例如遭受有组织的黑客攻击），导致网络安全风险发生的最重要原因，其实是网民个人安全意识的淡薄和安全常识的匮乏。①

网络安全风险治理涉及的内容非常广泛，囿于篇幅，本书根据《网络安全法》中的相关规定，主要从关键信息基础设施风险治理、网络安全风险监测和预警、网络监督管理三个方面阐述我国的治理现状。

---

① 孙宝云，封化民.网络安全风险的特点及应对［N］.学习时报，2018 –01–15（6）.

一、关键基础设施风险治理

国家关键信息基础设施面临的风险隐患对网络安全乃至整个国家安全具有"牵一发而动全身"的影响。2016年4月，习近平总书记在网络安全和信息化工作座谈会上的讲话中指出："从世界范围看，网络安全威胁和风险日益突出，并日益向政治、经济、文化、社会、生态、国防等领域传导渗透。特别是国家关键信息基础设施面临较大风险隐患，网络安全防控能力薄弱，难以有效应对国家级、有组织的高强度网络攻击。这对世界各国都是一个难题，我们当然也不例外。"基础设施中系统的大规模集成、互联使得基础设施的脆弱性和安全威胁不再是简单的线性叠加。在有组织的、高强度攻击面前，关键信息基础设施面临着巨大挑战。①

（一）关键基础设施的风险表现

互联网环境下，针对关键信息基础设施的新型攻击技术手段层出不穷，能源、电力、关键制造、金融等重要行业关键信息基础设施成为网络攻击的"重灾区"。近年来，国际上发生了多起针对关键信息基础设施进行网络攻击的事件，乌克兰电力系统遭黑客攻击事件是其中的典型。

案例 2-1：乌克兰电力系统遭黑客攻击②

2015年12月23日下午，圣诞节前两天，乌克兰电力系统发生世界首例因遭受黑客攻击而造成的大规模停电事故，首都基辅部分地区和乌克兰西部的140万居民家中突然停电。乌克兰新闻通讯社TSN在24日对本次恶性黑客攻击事件的报道中称："至少有三个电力区域被攻击，并于当地时间15时左右导致了数小时的停电事故"；"攻击者入侵了监控管理系统，超过一半的地区和部分伊万诺-弗兰科夫斯克地区断电几个小时。"据统计，此次事件导致乌克兰部分区域电力中断3~6小时，约140万人受到影响。③事发当天，黑

---

①　做好国家关键信息基础设施安全防护［EB/OL］.新华网，2016-09-28［2017-04-10］. http://news.xinhuanet.com/comments/2016-09/28/c_1119628538.htm.

②　安天实验室.乌克兰电力系统遭受攻击事件综合分析报告［R］.2016-02-24.

③　乌克兰电网遭遇黑客攻击有何警示意义？［EB/OL］.中国电力网，2016-02-22［2017-04-11］. http://www.chinapower.com.cn/information&jzqb/ 20160222/15629.html.

客攻击了约60座变电站，还对电力公司的电话通信进行干扰，导致受停电影响的居民无法和电力公司联系。

据调查，此次事件发生的原因是黑客利用欺骗手段让电力公司员工下载了一款恶意软件Black Energy（黑色能量），该恶意软件最早可以追溯到2007年，由俄罗斯地下黑客组织开发并广泛使用，用途包括用来刺探全球各国的电力公司。最早披露本次事件中相关恶意代码的安全公司ESET表示，乌克兰电力部门感染的恶意代码Black Energy被当作后门使用，并释放了Kill Disk破坏数据来延缓系统的恢复。同时在其他服务器还发现一个添加后门的SSH程序，攻击者可以根据内置密码随时连入受感染主机。

此事件之后，2016年1月，乌克兰最大机场基辅鲍里斯波尔机场网络也遭受Black Energy攻击；针对乌克兰STB电视台攻击的Black Energy相关样本被发现；2016年2月，安全专家在乌克兰一家矿业公司和铁路运营商的系统上发现了Black Energy和Kill Disk样本。

在乌克兰电力系统遭黑客攻击事件之前，仅发生过两起关键基础设施遭到黑客破坏的攻击事件，对于一个国家的工业目标进行网络攻击造成大规模影响的事件少有记录在案。但此后的一年间，全球发生了多起针对关键信息基础设施进行攻击的网络安全风险事件：2016年1月，以色列电力局遭受重大网络攻击，部分计算机系统瘫痪；2月，孟加拉国央行SWIFT系统遭受攻击，8 100万美元被盗；8月，针对石化、军事、航空航天等行业的"食尸鬼"网络攻击被曝光；12月，委内瑞拉遭网络攻击，全国银行交易出现故障。[①]这些针对关键信息基础设施的攻击事件不仅给相关国家和地区的国际声誉造成恶劣影响，还会导致严重的政治、经济后果，引发公共安全危机。频繁发生的关键信息基础设施风险事件给国际社会敲响了警钟，促使各国政府正视关键信息基础设施的脆弱性，重新审视关键信息基础设施对国家安全的重要性。

（二）我国关键信息基础设施风险治理状况

风险和安全是一对矛盾体，关键信息基础设施风险治理换言之就是要保护关键信息基础设施的安全，确保其安全稳定地运行，确保其功能得到有效实现。我国十分重视关

---

① 赛迪智库.2017年网络安全发展十大趋势［EB/OL］.Useit知识库,2017-01-05［2017-04-10］. http://www.useit.com.cn/thread-14338-1-1.html.

键信息基础设施的安全保护工作，制定了一系列法律法规，确保关键信息基础设施风险防范和风险治理有法可依；在全国范围内部署具体工作，掌握当前关键信息基础设施运行的基本情况，确保风险防范和风险治理的针对性和有效性；构建制度框架，确保关键信息基础设施安全保护工作能够落到实处。

1. 关键信息基础设施风险治理有法可依

2016年4月，习近平总书记在网络安全和信息化工作座谈会上提出了"深入研究，采取有效措施，切实做好国家关键信息基础设施安全防护"的指示。2017年《网络安全法》的施行，对于我国关键信息基础设施风险治理工作具有里程碑意义，其中第三章网络运行安全的第二节对"关键信息基础设施的运行安全"进行了专门的规定，涉及关键信息基础设施的含义、如何确定关键信息基础设施、如何保护关键信息基础设施的安全等方面的宏观指导和顶层设计。《网络安全法》中首次明确了关键信息基础设施的原则性范围，第三十一条作出了明确规定，关键信息基础设施的范围不仅仅涵盖对重点领域、重点行业起到关键核心支撑作用的信息基础设施，还有重点领域和行业可能覆盖不到之处。这是我国首次在法律层面提出关键信息基础设施的概念，明确关键信息基础设施涉及的主要行业和领域，为我国明确关键信息基础设施的定义范畴提供了法律依据，是开展关键信息基础设施安全保护的基础。[①]确定国家关键信息基础设施的范畴是明确关键信息基础设施风险之所在，从而进行有效的风险治理的基本前提。

《网络安全法》从总体国家安全观出发，扩展了网络安全风险治理的适用范围，将网络空间主权和国家安全、社会公共利益，公民、法人和其他组织的合法权益均纳入保护对象，在传统网络信息系统基础上，进一步扩展到国家关键信息基础设施等方面。关键信息基础设施因其影响重大，是在网络安全等级保护基础上需进一步重点保护的对象，《网络安全法》进一步强化了关键信息基础设施保护的内容，充分体现了安全风险治理的思想。法条中规定，关键信息基础设施运营者采购网络产品和服务，可能影响国家安全的，应通过安全审查，这是针对国家安全层面实施安全风险管理的有效举措。[②]

依据《网络安全法》的相关规定，2017年7月，国家互联网信息办公室会同相关部

---

① 《网络安全法》促进国家关键信息基础设施安全保护新发展［EB/OL］. 国家互联网信息办公室，2016–11–10［2017–12–13］. http://www.cac.gov.cn/2016–11/10/c_1119889958.htm.

② 刘贤刚，何延哲.《网络安全法》对网络安全风险管理提出更高要求［EB/OL］. 国家互联网信息办公室，2016–11–15［2017–06–12］. http://www.cac.gov.cn/2016–11/15/c_1119916836.htm.

门起草公布了《关键信息基础设施安全保护条例（征求意见稿）》，向社会公开征求意见。《关键信息基础设施安全保护条例》是《网络安全法》的配套法规，对关键信息基础设施保护的相关内容作出进一步细化规定，包括部门职责、关键信息基础设施范围、识别认定、支持与保障的具体措施，还包括了细化运营单位的主体责任，国家加强监测预警，应急处置，检测评估方面的相关要求。在《网络安全法》的基础上，条例进一步细分了关键信息基础设施的范围，将其划分为五类：一是政府机关和能源、金融、交通、水利、卫生医疗、教育、社保、环境保护、公用事业等行业领域的单位；二是电信网、广播电视网、互联网等信息网络，以及提供云计算、大数据和其他大型公共信息网络服务单位；三是国防科工、大型装备、化工、食品药品等行业领域科研生产单位；四是广播电台、电视台、通讯社等新闻单位；五是其他重点单位。关键信息基础设施的范围越明确，安全保护和风险治理工作越容易聚焦。作为关键信息基础设施安全保护方面承上启下的基本行政法规，《关键信息基础设施安全保护条例》的制定和实施将会强化关键信息基础设施风险治理的法律基础，同时也会为制定关键信息基础设施跨行业保护的规章制度提供重要的法律依据。

2.开展全国范围的关键信息基础设施网络安全检查工作

当前，我国关键信息基础设施面临的网络安全形势严峻复杂，党政机关网络遭受过攻击篡改，网站平台大规模数据泄露事件频发，生产业务系统安全隐患突出，甚至有的系统长期被控制。一个典型的政府部门关键信息基础设施安全风险的案例是，2015年2月，江苏省公安厅发布特急通知称，某品牌生产的监控设备存在严重的安全隐患，部分设备已经被境外IP地址控制，要求各地立即进行全面清查，并开展安全加固，消除安全漏洞。[①] 面对高级别持续性的网络攻击，很多关键信息基础设施的防护能力十分欠缺，加之网络安全风险具有很强的隐蔽性，"谁进来了不知道、是敌是友不知道、干了什么不知道"，面对如此严峻的形势，我们亟须摸清关键信息基础设施的家底，以开展有针对性的风险防范和风险评估工作。

2016年4月，习近平总书记在网络安全和信息化工作座谈会上指出："金融、能源、电力、通信、交通等领域的关键信息基础设施是经济社会运行的神经中枢，是网络安全

---

① 江苏公安厅. 海康威视监控设备有隐患部分设备已经被境外IP地址控制［EB/OL］.观察者，2015-02-28［2017-04-13］. http://www.guancha.cn/Science/2015_02_28_310495.shtml.

的重中之重，也是可能遭到重点攻击的目标"，要求"要全面加强网络安全检查，摸清家底，认清风险，找出漏洞，通报结果，督促整改"。2016年7月，经中央网络安全和信息化领导小组批准，中央网信办牵头组织了我国首次全国范围的关键信息基础设施网络安全检查工作。此次检查工作是在网络安全新形势下，针对全国关键信息基础设施网络安全保护开展的全局性、基础性工作，对于关键信息基础设施风险防范、识别和化解具有重要意义。

此次检查从涉及国计民生的关键业务入手，厘清可能影响关键业务运转的信息系统和工业控制系统，准确掌握我国关键信息基础设施的安全状况，科学评估面临的网络安全风险，以查促管、以查促防、以查促改、以查促建，同时为构建关键信息基础设施安全保障体系提供基础性数据和参考。[①]检查工作首先依据《关键信息基础设施确定指南（试行）》在网站类、平台类和生产业务类三个大类中认定本地区、本部门、本行业的关键信息基础设施，在此基础上填报《关键信息基础设施登记表》，形成基础数据。各省（区、市）网信办统筹组织本地区检查工作，检查工作层层落实，环环相扣，为关键信息基础设施风险治理工作提供了第一手的数据来源和宝贵的经验积累。此次关键信息基础设施摸底排查工作对1.1万个重要信息系统安全运行状况进行了抽查和技术检测，完成了对金融、能源、通信、交通、广电、教育、医疗、社保等多个重点行业的网络安全风险评估，提出整改建议4 000余条。[②]检查相关的文件中还设置了关键信息基础设施风险评估项目，从对国外产品和服务的依赖程度、面临的网络安全威胁程度和网络安全防护能力三个方面评估关键信息基础设施风险状况。

3. 将关键信息基础设施保护作为"一法一决定"实施情况检查的重点之一

2017年8月—10月，全国人大常委会执法检查组开展了对《网络安全法》和《关于加强网络信息保护的决定》（以下简称"一法一决定"）实施情况的检查工作，将强化关键信息基础设施保护及落实网络安全等级保护制度的情况作为执法检查的五个重点之一。2018年两会期间，就"人大监督工作"相关问题举行的记者会上，针对网络安全问

---

① 全国范围关键信息基础设施网络安全检查工作启动［EB/OL］.国家互联网信息办公室，2016-07-08［2017-12-13］. http://www.cac.gov.cn/2016-07/08/c_1119185700.htm.

② 王胜俊.全国人民代表大会常务委员会执法检查组关于检查《中华人民共和国网络安全法》《全国人民代表大会常务委员会关于加强网络信息保护的决定》实施情况的报告［EB/OL］.中国人大网，2017-12-24［2017-12-25］. http://www.npc.gov.cn/npc/xinwen/2017-12/24/content_2034836.htm.

题，对"一法一决定"实施情况的执法检查被提及，这次执法检查首次尝试邀请第三方有序地参与检查，在检查单位不知情的情况下对部分关键信息技术设施进行专业性的检测。[①]此次执法检查采取了现场检查和远程检测相结合的方式，检查组赴内蒙古、黑龙江、福建、河南、广东、重庆6省（区、市），实地考察了部分网络安全指挥平台和关键信息基础设施运营单位，各选取20个重要信息系统，委托中国信息安全测评中心进行漏洞扫描和模拟攻击。执法检查组现场抽查时发现，许多单位没有依照法律规定留存网络日志，这可能导致发生网络安全事件时无法及时进行追溯和处置；有的单位从未对重要信息系统进行风险评估，对可能面临的网络安全态势缺乏认知。检查还发现，在许多单位，内网和专网安全建设没有引起足够重视，有的单位对内网系统未部署任何安全防护设施，长期不进行漏洞扫描，存在重大网络安全隐患。

工业和信息化部开展了网络基础设施摸底工作，全面梳理了网络设施和信息系统，目前全行业共确定关键网络设施和重要信息系统11 590个。2017年以来，监督抽查重点网络系统和工业控制系统900余个，通知整改漏洞78 980个。远程检测方面，检查组随机选取了120个关键信息基础设施（60个门户网站和60个业务系统）进行了远程渗透测试和漏洞扫描，检测报告显示，120个关键信息基础设施共存在30个安全漏洞，包括高危漏洞13个，其中某省级部门互联网监管综合平台存在越权上传、越权下载、越权删除文件3个高危漏洞，严重威胁了系统及服务器安全，也存在严重的用户信息泄露风险。远程检测还发现，多个设区的市政府门户网站存在页面被篡改风险。[②]

4.研究制定关键信息基础设施风险治理相关制度

《网络安全法》为关键信息基础设施安全保护搭建了制度框架，关键信息基础设施保护涉及不同行业和领域，对其进行保护和风险防治工作不仅需要关注关键信息基础设施自身的安全性，也应当制定一系列规章制度、标准和规范，构建多边协调机制，使关键信息基础设施安全保护和风险治理工作在合理、完善、可落地的制度框架下稳步推进。

---

① 人大首次邀请第三方参与网络安全检查 1/4被检单位存在问题［EB/OL］.新京报，2018-03-12［2018-03-30］.http://www.bjnews.com.cn/news/2018/03/12/478668.html.

② 王胜俊.全国人民代表大会常务委员会执法检查组关于检查《中华人民共和国网络安全法》《全国人民代表大会常务委员会关于加强网络信息保护的决定》实施情况的报告［EB/OL］.中国人大网，2017-12-24［2017-12-25］.http://www.npc.gov.cn/npc/xinwen/2017-12/24/content_2034836.htm.

　　网络安全等级保护制度是防范网络风险的一个重要屏障。《网络安全法》规定，关键信息基础设施要"在网络安全等级保护制度的基础上，实行重点保护"。由此可见，关键信息基础设施是网络安全等级保护的重中之重。从1994年《中华人民共和国计算机信息系统安全保护条例》中规定"计算机信息系统实行安全等级保护"开始，我国信息安全等级保护工作走上了正规化、标准化的轨道。2003年《国家信息化领导小组关于加强信息安全保障工作的意见》中将等级保护制度的保护重点明确为"我国基础信息网络和重要信息系统"。2007年发布的《信息安全等级保护管理办法》，详细规定了信息安全等级保护的具体事项。目前信息安全等级保护已累计受理备案14万个信息系统，三级以上重要信息系统1.7万个，基本涵盖了所有关键信息基础设施。2014年，《信息安全技术信息系统等级保护基本要求》开始进行修订，于2017年8月形成新的《网络安全等级保护基本要求》和《网络安全等级保护基本要求云计算扩展要求》送审稿。2017年9月，第五届中国互联网安全大会上，公安部有关人士表示："国家关键信息基础设施首先落实等级保护制度，要将等级保护制度打造成新时期国家网络安全的基本制度，逐渐构建新的法律政策体系、标准体系、人才技术支撑体系、人才队伍体系、教育训练体系和新的保障体系。"[①]《国家安全法》将"关键信息基础设施"纳入网络安全等级保护的范围，并强调实行重点保护，关键信息基础设施等级保护制度的制定势在必行。

　　目前，不同行业和领域针对本行业领域中关键信息基础设施等级保护问题开展了探索和研究。电子政务领域，国家信息中心围绕以等级保护为基础做好电子政务安全保障工作，将等级保护与政务云安全相结合，组织政务云测评工作，明确问题，提出安全防护的建议。金融领域，中国人民银行作为公安部等级保护和评估工作的首批试点单位之一，2003年率先验证等级保护标准、评估工具、测评方法、测评内容以及定级依据，2011年发布了《人民银行信息系统信息安全等级保护指引》和《人民银行信息系统信息安全等级保护测评指南》，2012年发布了《金融行业信息系统信息安全等级保护指引》，在这些文件的指导下，人民银行每年都开展等级保护测评工作，与信息系统日常运营维护的风险管理工作有机结合，根据测评结果查漏补缺，不断完善银行信息系统安全保障体系。

---

　　① 关键信息基础设施保护必须以等级保护制度为基础［EB/OL］.搜狐网，2017-06-26［2017-10-08］. http://www.sohu.com/a/152096158_621613.

在关键信息基础设施安全保护标准方面，目前《关键信息基础设施网络安全框架》《关键信息基础设施网络安全保护基本要求》《关键信息基础设施安全控制要求》《关键信息基础设施安全检查评估指南》《关键信息基础设施安全保障指标体系》等标准规范正在加紧研究制定中。

二、网络安全风险监测和预警

网络安全风险无处不在，波及的范围非常广泛，大到前文提到的关键信息基础设施，小到网络舆情、互联网金融、个人信息等方面，都存在风险隐患。风险监测和预警是风险治理的重要手段，也是及时发现风险、告知风险，并尽可能降低风险危害性的必要举措。这里首先从整体上介绍我国网络安全风险监测和预警的现状，其次重点阐述我国网络舆情风险监测和治理的相关做法。

（一）网络安全风险监测和预警有法可依

《网络安全法》第十七条规定："国家推进网络安全社会化服务体系建设，鼓励有关企业、机构开展网络安全认证、检测和风险评估等安全服务。"第二十九条规定："有关行业组织……定期向会员进行风险警示，支持、协助会员应对网络安全风险。"第五十一条规定："国家建立网络安全监测预警和信息通报制度。"第五十四条规定："网络安全事件发生的风险增大时，省级以上人民政府有关部门应当……向社会发布网络安全风险预警，发布避免、减轻危害的措施。"这些法律条文以法律的强制力确定了网络安全风险监测和预警的要求和规范。

网络安全风险具有突发性，体现在针对国家关键信息基础设施的攻击、网络舆情风险的爆发、大规模个人信息泄露等网络安全风险上。《突发事件应对法》第五条规定："国家建立重大突发事件风险评估体系，对可能发生的突发事件进行综合性评估，减少重大突发事件的发生，最大限度地减轻重大突发事件的影响。"第六条规定："国家建立有效的社会动员机制，增强全民的公共安全和防范风险的意识，提高全社会的避险救助能力。"该法律还在总则部分对风险评估和增强防范风险意识进行明确规定，进而通过预防与应急准备、监测与预警、应急处置与救援等章节的详细规定，为网络安全风险治理工作提供宏观指导。

2017年9月，工信部制定《公共互联网网络安全威胁监测与处置办法》，明确规定了公共互联网网络安全威胁的含义和内容，规定了相关机构在公共互联网网络安全威胁监测与处置工作中的职责和工作要求，以及相应的处罚规定。该办法的实施对强化和规范公共互联网网络安全威胁监测与处置工作，消除安全隐患，降低安全风险具有重要指导意义。

（二）相关机构及其工作

各级党委和政府相关部门十分重视网络安全风险监测和预警工作，采取各种措施加强网络安全风险的识别和治理。中共中央宣传部具有对于网络和文化传播相关的各种机构的监督权和网络信息内容的审查权，负责组织协调和指导宣传文化系统的舆情信息工作。国家部委层面上，公安部设有网络安全保卫部门，从事公共信息网络安全监察相关工作，公安部牵头建立了国家网络安全通报预警机制，通报范围已覆盖100个中央党政军机构、101家央企、31个省（区、市）和新疆生产建设兵团，各地也都建立了网络安全与信息安全通报机制，实时通报处置各类隐患漏洞。教育部建立了教育系统重要网站和信息系统安全监测预警机制，已累计通报处置安全威胁3.5万个。[①]工信部网络安全管理局组织开展网络环境和信息治理，配合处理网上有害信息；承担电信网、互联网网络与信息安全监测预警、威胁治理、信息通报和应急管理与处置。工信部还通过"12321"网络不良与垃圾信息举报受理中心，接受网络安全风险举报，发布风险预警，发动广大网民的力量，监测网络安全风险，净化网络信息环境，保护网民的合法权益。教育部在《2018年教育信息化和网络安全工作要点》中提出持续推进教育系统网络安全监测预警，健全网络安全威胁通报机制，优化监测服务流程；建立常态化的通用软件检测机制；探索建立基于大数据的教育系统网络安全预警机制，[②]以提升网络安全预警预判、舆论引导和应急处置能力，实现监测预警常态化的目标。

国家互联网应急中心的工作为网络安全风险监测和预警工作积累了大量数据资料。每周发布的《网络安全信息与动态周报》，从网络病毒的活动、网站安全、重要漏洞等方面监测网络安全风险，提出预警。每周针对信息安全漏洞专门发布周报，内容包括漏

---

① 王胜俊.全国人民代表大会常务委员会执法检查组关于检查《中华人民共和国网络安全法》《全国人民代表大会常务委员会关于加强网络信息保护的决定》实施情况的报告［EB/OL］.中国人大网，2017-12-24［2017-12-25］.http://www.npc.gov.cn/npc/xinwen/2017-12/24/content_2034836.htm.

② 教育部办公厅关于印发《2018年教育信息化和网络安全工作要点》的通知［EB/OL］.教育部网站，2018-02-12［2018-03-29］.http://www.moe.gov.cn/srcsite/A16/s3342/201803/t20180313_329823.html.

洞态势研判情况、漏洞报送和漏洞类型、重点行业的漏洞收录情况和重要漏洞安全公告。每月发布《CNCERT互联网安全威胁报告》，以监测数据和通报成员单位报送数据为主要依据，对我国互联网面临的各类安全威胁进行总体态势分析，并对重要预警信息和典型安全事件进行探讨。还有每年度的《我国互联网网络安全态势综述》《中国互联网网络安全报告》都能够反映我国网络安全风险监测和预警的重要工作成果。

链接：国家计算机网络应急技术处理协调中心的职责①

国家计算机网络应急技术处理协调中心（简称"国家互联网应急中心"，英文简称是CNCERT或CNCERT/CC）是我国网络安全风险监测和预警的核心部门。CNCERT对网络安全风险的监测发现依托"公共互联网网络安全监控基础平台"开展对基础网络安全、移动互联网安全、IDC安全、增值业务安全和网上金融证券等重要信息系统网络攻击行为的监测发现。目前已具备对安全漏洞、网络病毒（例如木马和僵尸网络等）、网页篡改、网页挂马、拒绝服务攻击、域名劫持、路由劫持、网络钓鱼等各种网络攻击的监测发现能力。网络安全风险预警职能依托对丰富数据资源的综合分析和多渠道的信息获取实现网络安全威胁的分析预警、网络安全事件的情况通报、宏观网络安全状况的态势分析等。按照2009年工信部颁布实施的《互联网网络安全信息通报实施办法》承担通信行业互联网网络安全信息通报工作。它作为工业和信息化部直属的专业从事网络与信息安全检测、评估的机构，提供的服务主要包括：计算机网络安全事件监测、预警、处置服务、计算机网络与信息系统和品检测服务、网络和系统风险评估服务。计算机网络与信息安全技术标准和网络安全等级标准拟定。

2001年成立的国家计算机病毒应急处理中心是我国计算机病毒监测和预警的权威机构，也是我国唯一的负责计算机病毒应急处理的专门机构。它的主要职责：一是快速发现和处置计算机病毒疫情与网络攻击事件，保卫我国计算机网络与重要信息系统的安全；二是发布《病毒监测周报》，通过病毒疫情周报表，描述病毒名称和特点，进行病毒动态分析，并提出病毒防范建议措施；三是进行病毒预警工作，发布《病毒预报》，描述病毒的表现形式，建议用户采取防范措施；四是中心还通过互联网监测发现移动应用发布平台中的违法有害应用，描述其危害类型，提醒用户谨慎下载并采取防范措施。

———————

① 国家计算机网络应急技术处理协调中心简介［EB/OL］.国家互联网应急中心网站，［2017-06-15］. http://www.cert.org.cn/publish/main/34/index.html.

链接：手机后门程序的危害及防护①

国家计算机病毒应急处理中心通过对互联网的监测发现，近期手机用户感染了一种后门程序。该后门程序可以直接将恶意广告软件或者其他恶意软件安装到手机设备上。在初始阶段，该后门程序会卸载手机系统中的相关应用程序，与此同时，在root权限下，可以自动打开所有安装在手机设备上的应用程序。在后门程序执行完安装后，会替换开机动画和壁纸；在桌面创建快捷方式；设置浏览器主页地址，绑定用户进行浏览；删除应用程序并结束正在运行的进程；收集发送手机中有关的信息到远程服务器，并下载其他应用程序。

针对这种情况，国家计算机病毒应急处理中心建议广大手机用户采取如下防范措施：一是针对已经感染该手机后门程序的用户，我们建议立即升级手机中的防病毒软件，进行全面杀毒。二是针对未感染手机后门程序的计算机用户，我们建议打开手机中防病毒软件的"实时监控"功能，对手机操作进行主动防御，这样可以第一时间监控未知病毒的入侵活动，达到全方位保护手机安全的目的。三是手机用户不要轻易点击下载陌生的APP应用软件，请到正规的应用软件网站下载安装所需的APP应用软件。

（三）网络舆情风险监测和治理

随着移动互联网的发展，以微信、微博为代表的社会化媒体在信息传播中的作用越来越大，加之现实层面诉求表达机制的不畅通，越来越多的人通过网络发声。在这个"人人都有麦克风"的时代，网络舆论成为民意的晴雨表，不仅影响着人们的社会判断与行为，更成为影响政府决策与施政的重要力量。

网络舆情风险是指网络舆论对承担主体造成损失的可能性，个人、群体和社会都会成为网络舆情风险的主体。由于网络具有空间和身份的虚拟性、跨时空、高度开发和自由交互等特点，网络舆情与传统社会舆情相比也呈现出较强的突发性、极强的聚焦性、明显的叠加性、极大的盲从性和一定的阶段性等特点。②自然灾害、事故灾难、公共卫生事件、社会安全事件等突发事件，公众人物的不当言论和举止等负面新闻，传闻或谣言，政府丑闻等因素都是可能诱发网络舆情风险的因素。网络舆情风险的监测和治理是维护网络环境和谐稳定的必然要求。

---

① 病毒预报第七百三十八期［EB/OL］.国家计算机病毒应急处理中心，2017–11–20［2017–12–01］. http://www.cverc.org.cn/yubao/yubao_738.htm.

② 杨兴坤，廖嵘，熊炎.虚拟社会的舆情风险防治［J］.中国行政管理，2015（4）:16–21.

1.网络舆情风险的表现

社交网站和软件平台作为网络舆情的集散地，是网络舆情风险的主要发生地和蔓延地。在国外，社交网站在格鲁吉亚、埃及、冰岛的抗议示威活动中都起到了重要作用。①2009年4月，摩尔多瓦发生未遂"颜色革命"，参与者大量使用新兴媒体推特，被西方媒体称为"推特革命"。2009年6月，伊朗大选后，落选一方利用手机短信和脸书、推特等社交网站传播不满情绪并煽动反对大选结果，导致了长达两周的"伊朗推特革命"。2011年初，突尼斯、埃及、利比亚、也门、叙利亚、巴林等西亚北非国家先后爆发被称为"阿拉伯之春"的动荡和骚乱，引发战争和内乱。突尼斯、埃及、利比亚等国的政权先后被推翻，其他许多国家现在仍处于剧烈的政治、社会动荡之中，参与者绝大多数为社交媒体用户，他们用互联网新技术相互号召、联络，加强群体价值认同，统一运动步骤，聚合政治目标，释放出巨大的政治能量。如今，"阿拉伯之春"已经变成"阿拉伯之冬"，给西亚北非国家和人民带来无穷无尽的灾难和痛苦。②更有甚者，有些利益集团资助网络间谍制造谣言，利用社交网站传递虚假消息，误导舆论，煽动网民情绪，给国家和地区政治安全和社会稳定带来极大的危害。

正所谓"谣言猛于虎"，在国内，网络谣言的传播已成为巨大的网络舆情风险隐患。网络谣言把谎言包装成"事实"，将猜测翻转成"存在"，在网上兴风作浪，扰乱人心。如果任其横行，将严重扰乱社会秩序，影响社会稳定，危害社会诚信。③诸如"G20峰会期间杭州城区大部分加油站将被关闭""安保警察每人补贴10万元""G20杭州峰会预算1 600亿元"等涉G20峰会网络谣言，属于不法分子借机造谣，妄图扰乱民心和舆论；"北京雾霾中检测出60余种耐药菌，抗生素对其无效""此次雾霾特殊可致人死亡""微距镜头下的北京雾霾"等有关雾霾的网络谣言，伪装成科普文章，只告诉人们部分事实，却遮蔽了更多真相，危言耸听、流毒不浅。④尽管这些网络谣言已经先后被澄清，但是它们给互联网环境带来的污染、给人们生活造成的干扰却需要一定的时间才能消除。

① 王秋菊，师静，王文艳.网络舆情风险的表现及规避策略［J］.青年记者，2014（16）:58-59.

② 王刚.从所谓"阿拉伯之春"到"阿拉伯之冬"［J］.思想理论教育导刊，2015（11）.

③ 人民日报短评：编造传播谣言须依法惩处［EB/OL］.新华网，2012-03-31［2017-04-11］.http://news.xinhuanet.com/mrdx/2012-03/31/c_131499722.htm.

④ 中国互联网违法和不良信息举报中心.2016年度十大网络谣言［EB/OL］.腾讯网，（2017-01-06）［2017-04-11］.http://news.qq.com/a/20170106/035840.htm?_ad0.7607786883600056.

2.我国网络舆情风险监测和治理状况

2009年，十七届四中全会提出要"注重分析网络舆情"，表明了从那时已开始重视网络舆情问题。2016年7月，《国务院办公厅关于在政务公开工作中进一步做好政务舆情回应的通知》（以下简称《通知》），对政务舆情回应工作进行了指导和规范。《通知》规定，要进一步明确政务舆情回应责任；把握需重点回应的政务舆情标准；提高政务舆情回应实效；加强督促检查和业务培训；建立政务舆情回应激励约束机制。《通知》的发布，表明了我国政府对网络舆情治理，尤其是政务网络舆情的高度重视，也决心采取规范的、行之有效的措施进行舆情治理。此外，新闻媒体为舆情的发源和传播提供了平台和渠道，同时也是网络舆情状况一手数据的直接掌握者，因此，新闻媒体在舆情监测中发挥着不可替代的作用，一些新闻媒体设有网络舆情监测机构和研究机构，提供了大量网络舆情监测和研究产品，人民网舆情数据中心[①]和法制网舆情监测中心[②]就是其中的典型代表。但是，当前我国在舆情治理实践中仍存在一些问题，如强调负面网络舆情的管控与消除、网络舆情研判的标准规范缺乏、网络舆情治理定位上的偏差、网络舆情处置的被动性、网络舆情治理的技术主义倾向、网络舆情治理的联动和问责机制不完善、网络舆情治理工作协调机制梗阻等。[③]这些问题一方面源于传统的行政治理思维，另一方面主要是因为我国在网络舆情治理方面缺乏专门的法律保障。

防范和化解网络舆情风险，单靠政府和新闻媒体的力量还不够，需要全社会共同努力，更需要每一个网民提高责任意识，做到理性上网，不信谣不传谣、不谩骂不攻击，公众人物、公务人员尤其要规范自己的日常言谈举止，树立正面形象，推动形成积极向上的网络舆论环境。

三、网络监督管理

网络监督管理，简称网络监管，顾名思义，是加强互联网络监督、管理和检查的一

---

① 人民在线发展历程［EB/OL］.人民在线，http://www.peopleyun.cn/index.php?m=content&c=index&a=lists&catid=20.

② 法制网舆情监测中心介绍［EB/OL］.法制网，（2011−09−14）［2017−12−11］. http://www.legaldaily.com.cn/The_analysis_of_public_opinion/content/2011−09/14/content_2950338.htm?node=33488.

③ 张佳慧.中国政府网络舆情治理政策研究：态势与走向［J］.情报杂志,2015, 34（5）:123−127, 133.

系列活动。根据监管对象的不同，网络监管可以划分为网络营运监管、网络内容监管、网络版权监管、网络经营监管、网络安全监管、网络经营许可监管等。随着网络安全风险的增加，尤其是网络犯罪和利用网络实施危害国家安全的行为日益猖獗，各国纷纷采取措施，在监管立法、社交媒体和网络言论监管、电子商务和互联网金融、数据隐私保护等方面进行日益严密的监督管理。网络监督管理是一项长期的、综合性的艰巨任务，我国通过立法和规章制度制定强化网络监督管理，设置监督管理机构，履行具体的监管职责，在实际工作中强化网络监督管理。

（一）网络监管法律法规

2016年4月，习近平总书记在网络安全和信息化工作座谈会上的讲话中指出："要加快网络立法进程，完善依法监管措施，化解网络风险。"近年来，随着一些重大法律和行政法规的颁布实施，我国网络监管工作有法可依的局面已经初步形成。

《国家安全法》第二十五条规定："加强网络管理，防范、制止和依法惩治网络攻击、网络入侵、网络窃密、散布违法有害信息等网络违法犯罪行为"，表明了网络管理是网络安全风险治理的重要支撑，并指出了网络管理的最终目标是要维护国家网络空间主权、安全和发展利益。

《网络安全法》的实施为网络监管提供了重要的法律依据，其中第四章网络信息安全，针对网络上的信息内容、个人信息等网络信息，对网络运营者和国家网信部门等机构提出具体的要求，其中第五十条规定："国家网信部门和有关部门依法履行网络信息安全监督管理职责"，从法律上赋予了国家网信部门和有关部门网络监督管理的职责。

在网络内容监管方面，《全国人民代表大会常务委员会关于加强网络信息保护的决定》是针对网络信息，尤其是公民个人信息保护的专门的决定，为防范公民个人信息泄露风险，打击网络上针对公民个人信息的违法犯罪行为提供了重要保障。其中，明确规定国家保护能够识别公民个人身份和涉及公民个人隐私的电子信息，网络服务提供者和其他企业事业单位在业务活动中收集、使用公民个人电子信息应遵循的原则和要求，公民在保护个人信息方面的权利以及有关主管部门应履行的职责。该决定对于规范公民个人电子信息的收集、使用行为，保障公民个人信息安全，防范和打击利用公民个人信息进行违法犯罪行为具有重要作用。有关内容安全方面，《互联网新闻信息服务管理规定》中明确指出，互联网新闻信息服务提供者和用户不得制作、复制、发布、传播法律、行政法规禁止的信息内容。2018年3月开始施行的《微博客信息服务管理规定》，是对微博客信息服务进行内容监管的规范性文件，规定了微博客服务提供者应当落实信息内容安全管理的主体责任，建立健全辟谣机制，禁止发布、传播法律法规禁止的信息内容等。除了对互联网信息内容本身监管的规定，国家网信办还依据《互联网信息内容管理行政执法程序规定》对互联网信息内容行政执法的具体程序进行了规定。

在网络著作权监管方面，《著作权法》及实施条例对网络著作权同样适用。针对网络著作权的特点，《互联网著作权行政保护办法》《信息网络传播权保护条例》《关于信息网络传播权的司法解释》《关于审理计算机网络著作权案件的解释》等法律文件共同为网络著作权监管提供了法律依据和保障。

在网络经营监管方面，《互联网信息服务管理办法》第十八条规定："国务院信息产业主管部门和省、自治区、直辖市电信管理机构，依法对互联网信息服务实施监督管理。"同时规定了从事互联网信息服务的制度和条件、互联网信息服务提供者的责任和义务等。在此基础上，2017年出台的《互联网新闻信息服务管理规定》《互联网论坛社区服务管理规定》《互联网跟帖评论服务管理规定》《互联网群组信息服务管理规定》和《互联网用户公众账号信息服务管理规定》等对不同的信息服务领域进行了更加详细的规定，为规范信息服务提供者和使用者的行为提供了重要的法律依据。《网络产品和服务安全审查办法（试行）》规定了应当经过网络安全审查的对象、网络安全审查工作的原则、网络安全审查的重点、网络产品和服务的安全风险评估等内容，为防范网络安全风险、进行网络监督管理提供了重要的制度保障。

在风险系数比较高的网络金融领域，监管力度也不断加大。2016年银监会、工信部、公安部和国家网信办联合公布了《网络借贷信息中介机构业务活动管理暂行办法》，是强化对网络借贷信息中介机构业务活动的监督管理的重要举措，是互联网金融的行业监管规范化的重要一步。

（二）网络监管机构

在管理机构上，目前我国网络监督管理工作，整体上形成了中央统一领导、各部委分管具体领域、行业协会落实、非政府组织发挥专长的局面，各级力量齐心协力防范和管控网络安全风险。我国网络监督管理相关机构的体系架构如图2-1所示。

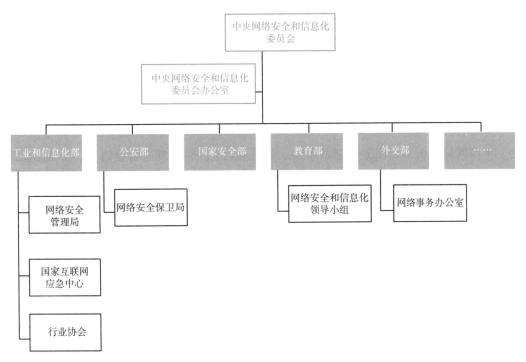

图 2-1　我国网络监管相关机构示意图

中央网络安全和信息化领导小组对网络监督管理工作实行统一领导和宏观指导，研究制定适用全国范围的网络监管行政法规、政策、规章制度，指导、协调、督促有关部门加强网络监督管理的具体工作，如互联网信息内容管理等。

工业和信息化部网络安全管理局作为网络安全风险治理的重要机构，承担电信网、互联网网络与信息安全监测预警、威胁治理、信息通报和应急管理与处置。公安部网络安全保卫机构负责公共信息网络安全监察的相关工作，保护计算机信息系统安全，《计算机信息系统安全保护条例》规定了公安部主管全国计算机信息系统安全保护工作，国家安全部、国家保密局和国务院其他有关部门，在国务院规定的职责范围内做好计算机信息系统安全保护的有关工作。《计算机信息网络国际联网安全保护管理办法》规定，公安部计算机管理监察机构负责计算机信息网络国际联网的安全保护管理工作。其他部委也有网络安全管理相关的组织机构，2013年6月，外交部设立了网络事务办公室，负责协调开展有关网络事务的外交活动；2016年10月，教育部成立教育部网络安全和信息化领导小组，统筹协调教育系统网络安全和信息化重大问题，研究制定教育系统网络监督管理和信息化发展战略、宏观规划和重大政策。各级政府十分重视网络监管工作，很多地方政府把对互联网信息内容的监管纳入政府权力清单和责任清单。

《网络产品和服务安全审查办法（试行）》中规定，国家互联网信息办公室会同有关部门成立网络安全审查委员会，负责审议网络安全审查的重要政策，统一组织网络安全审查工作，协调网络安全审查相关重要问题。

社会组织方面，网络安全和信息化相关的协会有中国互联网协会、中国电子商务协会、中国网络视听节目服务协会、中国互联网上网服务营业场所行业协会、中国信息协会、中国计算机行业协会、中国计算机用户协会、中国软件行业协会、中国通信标准化协会、中国移动通信联合会等行业协会和国家计算机网络应急技术处理协调中心、中国信息安全测评中心等社会组织也为网络监督管理工作贡献了力量。

当前，网络行为的复杂性、隐蔽性、跨地域、跨国界特征和网络信息的难溯源，都给网络监督管理工作带来了诸多难题。网络监督管理部门和人员只有具备迎难而上的勇气和攻坚克难的信心，才能完成网络监管工作任务，为防范网络安全风险，营造健康有序的网络空间环境提供强有力的保障。

（三）网络监督管理方式及效果

近年来，我国网络安全风险事件集中在互联网金融诈骗、侵犯公民个人信息、电信网络诈骗等网络犯罪活动猖獗，网络监督管理部门依法履行职责，不断加大行政执法力度，坚决依法查处网络安全风险典型案件。

1.全国网信行政执法工作

2015年，全国网信系统准确把握网信行政执法新的职能定位，全年依法约谈违法违规网站820余家1 000余次，依法取消违法违规网站许可或备案、依法关闭严重违法违规网站4 977家，有关网站依法关闭各类违法违规账号226万多个。[①]2016年，全国网信系统全年依法约谈违法网站678家，会同工信部门取消违法网站许可或备案、关闭违法网站3 467家，移送司法机关相关案件线索5 604件。有关网站依据服务协议关闭各类违法违规账号群组506万个。查处了"魏则西事件""徐玉玉案"、快手平台"伪公益""罗一笑事件"等一批有影响的大案要案，案件查办后，各相关部门延伸开展搜索引擎网站专项治理、互联网广告专项治理，严厉打击个人信息泄露、电信诈骗等违法犯

---

① 2015年全国网信执法举旗亮剑成效明显［EB/OL］.国家互联网信息办公室，2016-02-25
［2017-12-10］. http://www.cac.gov.cn/2016-02/25/c_1118158138.htm.

罪活动，有效放大了执法办案效果。①2017年6月开始施行的《互联网信息内容管理行政执法程序规定》，规范和保障互联网信息内容管理部门依法履行职责，为全国网信行政执法工作提供了重要的法律依据和保障。

2.工信部对虚拟运营商实名制落实情况进行抽查暗访

2016年7月、2016年11月—12月，工信部网络安全管理局组织两次对虚拟运营商新入网电话用户实名登记工作的抽查暗访。7月共暗访了26家转售企业营销网点109个，发现存在违规行为的网点37个，违规比为33.9%，②11月—12月共暗访31家转售企业营销网点总计186个，发现存在违规行为的网点22个，违规比为11.8%，比前一次下降了二十多个百分点。针对抽查暗访中发现的问题，工信部网络安全管理局下发了整改通知，对存在违规行为的虚拟运营商进行了通报批评，并组织对违规行为严重的公司进行了约谈，要求相关企业立即进行整改，并要求对相关责任部门、责任人、违规网点进行严肃处理。③

3.政府有关部门约谈网络安全风险事件主要责任人

约谈是网信行政执法工作中解决网络安全风险问题的重要手段。《网络安全法》从法律上赋予政府有关部门约谈的职责，第五十六条规定："省级以上人民政府有关部门在履行网络安全监督管理职责中，发现网络存在较大安全风险或者发生安全事件的，可以按照规定的权限和程序对该网络的运营者的法定代表人或者主要负责人进行约谈。"

近年来，政府有关部门进行了多次针对互联网企业侵犯用户个人信息问题进行的约谈。2017年2月，民政部社会组织管理局就轻松筹平台公开募捐信息发布不规范、个人求助信息审核把关不严格等违规问题约谈了轻松筹平台相关人员，要求其立即进行整改，对于个人求助信息加强审核甄别及责任追溯，切实做好风险防范提示。④2018年1月，针对支付宝年度账单侵犯用户个人信息事件，国家互联网信息办公室网络安全协调局约谈了有关负责人，要求严格按照网络安全法的规定，加强对支付宝平台的全面排

---

① 严执法形成震慑 抓规范固本强基［EB/OL］.国家互联网信息办公室，2017-01-20［2017-12-11］. http://www.cac.gov.cn/2017-01/20/c_1120352553.htm.

②③ 工信部网络安全管理局组织对虚拟运营商实名制落实情况进行抽查暗访［EB/OL］.工信部，2016-08-04［2017-12-11］.http://www.miit.gov.cn/n1146285/n1146352/n3054355/n3057724/n3057728/c5185294/content.html.

④ 民政部社会组织管理局约谈轻松筹平台［EB/OL］.民政部，2017-02-16［2017-12-11］. http://www.mca.gov.cn/article/zwgk/gzdt/201702/20170200003294.shtml.

查，进行专项整顿。2018年1月，针对媒体报道相关手机应用软件存在侵犯用户个人隐私的问题，工信部信息通信管理局约谈了百度、支付宝、今日头条三家企业，三家企业均存在用户个人信息收集使用规则、使用目的告知不充分的情况，要求三家企业本着充分保障用户知情权和选择权的原则立即进行整改。[①] 约谈成效十分显著，三家企业表示，将按照监管部门要求，对相关服务进行全面排查，加强内部管理，完善产品设计，举一反三，认真整改。

第二节　国外网络安全风险的治理经验

一、加强关键基础设施保护

关键基础设施是网络运行的重要支撑。为了防范针对关键基础设施的攻击，避免对国家的安全威胁，世界很多国家和地区都重视关键基础设施的保护，并采取了一系列行动。

（一）美国

美国是世界上首个倡导关键信息基础设施保护的国家。20世纪80年代以来，美国政府对关键基础设施的安全保护问题的重视程度不断提升，发布了一系列关键基础设施保护相关的政策文件（见表2-1）。信息共享、公私合作和隐私保护是美国关键基础设施网络安全保护的三大基石。"9·11"事件之后，美国建立了以国土安全部为主导、各部门职能分工明确、公私协作的关键信息基础设施保护组织体系，同时也意识到，建立所有关键基础设施行业的信息共享机制是一种有效的网络攻击和漏洞预警手段。美国政府关于关键基础设施保护的文件中大多包含了对美国公民的自由权和隐私权保护的内容。[②] 2002年，美国颁布的《关键基础设施信息法案》中对信息共享和公私合作有专门的规定，美国政府在关键基础设施保护中主要扮演服务者的角色，鼓励私营组织自愿参与关键基础设施保护计划，鼓励私营组织参与信息共享。在美国，私营组织是国家关键

---

①　信息通信管理局就加强用户个人信息保护约谈相关企业［EB/OL］.工信部,2018-01-12［2018-01-13］. http://www.miit.gov.cn/newweb/n1146290/n1146402/n1146440/c6010817/content.html.

②　程工，孙小宁，张丽.美国国家网络安全战略研究［M］.北京：电子工业出版社，2015:23.

基础设施和服务的重要提供者、所有者或运行者，但部分运营关键基础设施的私营组织对网络安全保护的意识或能力有所欠缺，政府和私营组织的合作有助于迅速找到网络威胁的源头，恢复正常的网络运行秩序，降低网络安全事件造成的损失。

表2-1 美国关键基础设施保护相关法规及政策文件

时间	文件名称
1996年	《关键基础设施保护》
1998年	《克林顿政府对关键基础设施保护的政策》
2001年	《信息时代的关键基础设施保护》
2002年	《国家安全法》
	《关键基础设施信息法案》
2003年	《保护至关重要的基础设施和关键资产的国家战略》
	《关键基础设施和重要资产物理保护国家战略》
	《关键基础设施标识、优先级和保护》
2006年	《国家基础设施保护计划》
2009年	《网络空间政策评估：保障可信和强健的信息和通信基础设施》
2011年	《网络空间行动战略》
	《实现能源输送系统网络安全路线图》
	《确保未来网络安全的蓝图：国土安全相关实体网络安全战略》
2013年	《维护关键基础设施的安全性和可恢复性》
	《增强关键基础设施网络安全》
2014年	《提升美国关键基础设施网络安全的框架规范》
	《联邦信息安全现代化法案》
	《网络安全加强法案》
	《国家网络安全保护法案》
2015年	《促进民营部门网络安全信息共享》

（二）欧盟

为了解决各成员国关键基础设施互联互通带来的安全隐患，欧盟关键基础设施保护战略提出了准备和预防、监测和响应、减灾和恢复以及内外合作等方面的行动措施。2004年6月，欧洲理事会要求欧盟委员会准备一项整体战略以增强关键基础设施保护；10月，欧盟委员会发布了《打击恐怖主义活动，加强关键基础设施保护的通讯》，该文件描述了欧洲关键基础设施面临的威胁；定义了关键基础设施，并阐述了如何进行安全管理；列举了迄今为止在关键基础设施保护方面取得的进展；论述了如何保护关键基础设施。欧洲理事会于2004年12月通过了"关于恐怖威胁和攻击后果的欧盟团结计划"，提出保护关键基础设施的欧洲计划，并同意成立关键基础设施预警信息网络委员会。随后欧盟出台了一系列保护措施和政策决议（见表2-2）。

表2-2　欧盟关键基础设施保护相关文件

时间	文件名称
2004 年	《打击恐怖主义活动，加强关键基础设施保护的通讯》
2004 年	《保护关键基础设施的欧洲计划》
2006 年	《关于欧盟理事会制定识别、指定欧洲关键基础设施，并评估提高保护的必要性指令的建议》
2009 年	《保护欧洲免受大规模网络攻击和中断：预备、安全和恢复力的通讯》
2011 年	《关键信息基础设施保护："成就与进步：面向全球网络安全"通讯》
2013 年	《关键信息基础设施保护："面向全球网络安全"的决议》
2017 年	《网络与信息安全指令》

欧盟网络与信息安全局（ENISA）是欧盟负责网络与网络安全事务的机构，主管欧盟关键信息基础设施保护，该机构根据《欧洲网络与网络安全机构设置条例》于2004年设置，总部位于希腊。下设的欧盟可恢复公私合作机制任务组于2013年列出的相关术语定义及关键信息基础设施资产分类清单，对关键信息基础设施分类具有重要参考。欧盟出台的计划或规划，一方面，给予关键基础设施的保护以较高的政治关注和政策支持；另一方面，强调关键基础设施的保护要从传统的"威胁—预警—响应"的被动应急模式转变为消减脆弱性的主动保护模式，[1]针对关键信息基础设施的应急和恢复问题，欧盟提出了互助协议战略。如2009年发布了《保护欧洲免受大规模网络攻击和中断：预备、安全和恢复力的通讯》。这是欧盟重大信息基础设施保护的一项战略，指出信息通信部门能给所有社会部门提供支撑，是最为关键的一个部门，而信息基础设施面临的网络攻击已上升到一个前所未有的复杂水平。对此，有关专家建议重点采取以下行动：准备和预防、监测和响应、减灾和灾后恢复、国际和欧盟范围内的合作、ICT部门的标准。[2]2013年发布的《关键信息基础设施保护："面向全球网络安全"的决议》进一步

---

[1]　张莉.美国保护关键基础设施安全政策分析［J］.信息安全与技术，2013（7）.

[2]　严鹏，王康庆.欧盟关键基础设施保护法律、政策保障制度现状及评析［J］.信息网络安全，2015（9）.

呼吁成员国建立国家网络事件应急计划，强调成员国应当实施适当的协调机制，并在国家层面建立协调框架，重视建立可信环境，加强成员国之间的合作。

（三）其他国家

英国关键信息基础设施保护的相关机构包括信息保障中央局、民事应急局（CCS）、内阁办公厅政策局、内政部和政府通信总局（GCHQ）等。早在 2003 年，英国内阁办公厅所属信息保障中央局提出了《国家信息保障战略》，重点保护关键信息基础设施安全，以保障国家的数据安全。2009 年发布的《英国网络安全战略：网络空间的安全、可靠和可恢复性》，定义的关键基础设施涵盖提供基本服务的九个领域：能源、食品、水、交通、通信、政府和公共服务、应急服务、健康和金融。[1]2011 年底，新的《英国网络安全战略：在数字化世界中保护和推动英国发展》[2]要求政府部门与国家关键基础设施所有者和运营部门合作，确保关键数据和信息系统的持久安全和可恢复性，降低关键基础设施的脆弱性；同时意识到在网络战中，敌方甚至会越过防御直接攻击英国的关键基础设施；提出降低政务系统和关键基础设施脆弱性的一系列措施。2016 年底发布的《国家网络安全战略（2016—2021）》指出，英国坚持主动网络防御原则，其目的之一是强化英国关键基础设施和公民服务以应对网络威胁。英国还设立了全国网络安全中心（NCSC）作为负责英国网络安全环境、共享知识、解决系统性漏洞、在关键国家网络安全议题上发挥领导作用的机构。

此外，英国在关键信息基础设施保护方面开展广泛的公私合作，信息保障咨询理事会、英国计算机学会、互联网安全论坛、国家计算中心等部门在保护关键信息基础设施工作中的作用也不容忽视。英国设有国家基础设施安全协调中心，协调各机构之间的关键信息基础设施保护的相关工作；设有国家基础设施保护中心（CPNI），为英国企业和组织的基础设施提供安全咨询保护。各机构在关键信息基础设施保护工作中承担着不同的职责，既有分工也有合作。同时，英国也十分重视关键基础设施领域国外参与的安全

① Cyber Security Strategy of the United Kingdom safety, security and resilience in cyber space［EB/OL］. 2009-06-25［2017-04-20］.https://www.gov.uk/government/uploads/system/uploads/attachment_data/file/228841/7642.pdf.

② The UK Cyber Security Strategy Protecting and promoting the UK in a digital world［EB/OL］. 2011-11-25［2017-04-20］.https://www.gov.uk/government/uploads/system/uploads/attachment_data/file/60961/uk-cyber-security-strategy-final.pdf.

影响。情报和安全委员会2013年发布了《关键基础设施的国外参与：对国家安全的影响》报告，以电信行业的关键基础设施状况为调查对象，介绍了中国华为公司如何进入英国电信关键基础设施行业和在行业中的涉足情况，论述了华为设备的安全问题可能带来的影响，以及如何通过评估来进行风险管理。[①]

俄罗斯在关键基础设施保护方面研发能够防范网络攻击的标准软件和设备，实施国产化替代；建设风险防范的技术评估系统和方法手段；对关键基础设施和重要信息系统中使用的软硬件进行统一登记备案；建立关键基础设施使用的标准软件库等，从软硬件、技术和管理等方面保障国家关键基础设施安全。2013年1月，普京签署总统令，责令俄联邦安全局建立国家计算机信息安全机制用来监测、防范和消除计算机信息隐患，包括评估国家信息安全形势、保障重要信息基础设施的安全、对计算机安全事故进行鉴定、建立电脑攻击资料库等内容。[②]为强化基础设施建设，2013年8月，俄联邦安全局公布《俄联邦关键网络基础设施安全》草案及相关修正案，建立国家网络安全防护系统；建立联邦级计算机事故协调中心，以对俄境内的网络攻击进行预警和处理。

日本成立了关键基础设施保护委员会，制定国家关键基础设施防护策略，促进关键基础设施安全标准的制定、应用和改进；通过加强各领域网络安全威胁分析和组织实施跨部门应急演练，增强关键基础设施的信息安全保护措施；制订业务持续性计划；加强关键基础设施保护国际合作等。

澳大利亚重视通过立法和制度保护关键基础设施安全，维多利亚州制订了《关于维持维多利亚政府辖内关键基础设施可恢复性之临时战略》。印度制订了关键信息基础设施保护计划，组建国家关键信息基础设施保护中心，统筹协调关键信息基础设施保护工作。[③]

二、评估网络安全风险

风险评估技术是一种主动防御技术，可以分为静态评估和动态评估。静态评估是在

[①]　Foreign involvement in the Critical National Infrastructure The implications for national security［EB/OL］. 2013-06-06［2017-04-21］. https://www.gov.uk/government/uploads/system/uploads/attachment_data/file/205680/ISC-Report-Foreign-Investment-in-the-Critical-National-Infrastructure.pdf.

[②]　张超，马建光.应对网络安全俄罗斯网军加速成型［J］.唯实，2014（1）.

[③]　王舒毅.网络安全国家战略研究［M］.北京：金城出版社、社会科学文献出版社，2016:170.

攻击发生之前，主动地分析和评估网络或信息系统中存在的安全风险和安全隐患，根据评估结果采取相应的安全措施进行修复和控制。动态评估，也称为实时评估，是在攻击发生之时，在入侵检测系统发出的警报的基础之上，及时地分析和评估攻击事件的安全威胁态势状况，并进行攻击预测，然后根据评估结果采取相应的安全措施进行控制和防御。[①]制定网络安全风险评估标准，研究网络安全风险评估技术，体现了网络安全风险评估主动防御和未雨绸缪的特点。为指导和推动网络安全风险评估技术的发展，国际上制定了一系列网络安全风险评估相关的标准（见表2-3）。

表2-3　网络安全风险评估标准

标准代码	标准名称	制定/修订者	发布年份
DoDD 5200.28-STD	《可信计算机系统评估准则》	美国国防部	1983
	《信息技术安全评估准则》	欧洲标准化委员会	1991
	《加拿大可信计算机系统评估准则》	加拿大通信安全局	1993
ISO/IEC 15408-1999	《信息技术安全性评估通用准则》	北美和欧洲	1999
BS7799-1:1999	《信息安全管理准则》	英国标准协会	1999
BS7799-2:1999	《信息安全管理体系规范》	英国标准协会	1999
ISO/IEC 17799:2000	《信息技术–信息安全管理实施细则》	英国标准协会	2000
ISO/IEC 13335	《信息技术–信息技术安全管理指南》	国际标准化组织和国际电工委员会	1996–2001
ISO/IEC 27001:2005	《信息安全管理体系规范》	英国标准协会	1999
ISO/IEC 17799:2005	《信息技术–信息安全管理实施细则》	国际标准化组织和国际电工委员会	2005

　　《可信计算机系统评估准则》(TCSEC)是计算机系统安全评估的第一个正式标准，1970年由美国国防科学技术委员会提出，1983年由隶属于美国国防部的国家计算机安全中心发布，1985年更新。该准则为评估内置电脑系统计算机安全控制的有效性设置了基本条件，它将计算机系统的安全等级由高到低划分为A、B、C、D四个等级，B等级下划分B1、B2、B3三个子等级，C等级下划分C1、C2两个子等级，不同等级提供不同的安全保护。《信息技术安全评估准则》(ITSEC)是评估计算机产品和系统安全的结构化的标准集，最初是由法国、德国、荷兰、英国基于各自的信息技术安全评估工作于

---

① 吴金宇.网络安全风险评估关键技术研究［D］.北京邮电大学，2013:3.

1990年发布的，该标准定义了从E0-E6的评价等级，欧洲标准化委员会1991年发布1.2版。《加拿大可信计算机系统评估准则》（CTCPEC）是加拿大通信安全局1993年发布的一个计算机安全标准，专门针对政府的需求设计，将安全分为功能性和保证性需求两部分，该标准综合了美国的TCSEC和欧洲的ITSEC两个标准评估方法的优点。由此，信息技术安全评估通用标准的建立呼之欲出。

在以上三个标准的基础上，北美和欧洲联合开发了安全准则——《信息技术安全性评估通用准则》（CC），国际标准化组织（ISO）于1999年批准其为国际标准ISO/IEC 15408。CC标准定义了信息技术安全评估的概念、原则，阐述了如何创建安全目标和需求；明确了安全功能和安全保证要求，用标准化的方法建立安全要求的部件功能和保证部件集合，提出了安全评价保证级别。[①]

1995年2月，英国标准协会发布了信息安全管理标准BS7799，5月对其进行了修订。该标准包括两部分，BS7799-1:1999《信息安全管理准则》和BS7799-2:1999《信息安全管理体系规范》。前者于2000年被ISO正式批准为国际标准ISO/IEC 17799:2000，该标准是一个非常详尽和复杂的信息安全管理标准层次化体系，为实现信息安全提供了全面的指导，共列举了10个组织核心领域，127条控制项目和超过500条的安全管理细则。[②]后者于2005年成为正式的ISO标准ISO/IEC 27001:2005，并于2013年修订为ISO/IEC 27001:2013。

1996—2001年期间，ISO和国际电工委员会（IEC）联合发布了5个文件，构成了ISO/IEC 13335《信息技术-信息技术安全管理指南》，标准内容涵盖了信息安全的概念和模型、管理、技术、防护的选择和网络安全管理指南等方面。

2005年6月，ISO和IEC将ISO/IEC 17799:2000标准修订为ISO/IEC 17799:2005。该标准定义了保密性、完整性、审计性、认证性和可靠性等信息安全术语，描述了信息安全风险评估的主要内容和步骤，提出了以风险为核心的安全评估模型。[③]

除了制定网络安全风险评估的标准外，各国学者也对网络安全风险评估技术展开研究和应用。代表性的网络安全风险评估技术有网络安全脆弱性分析技术、网络安全定量

---

① ISO/IEC 15408, Information Technology-Security Techniques-Common Criteria for IT Security Evaluation（CCISE）Security Assurance Requirements［S］. 1999.

② 吴金宇.网络安全风险评估关键技术研究[D].北京邮电大学，2013：3-4.

③ ISO/IEC 17799, Information Technology-Code of Practice for Information Security Management［S］. 2005.

评估方法和网络安全实时评估方法等。

三、强化网络监督管理

网络监管已成为各国政府和民众的共识，政府从法律法规、体制机制、技术等各个层面积极介入互联网监管。从各国的网络监管的模式来看，大致可以分为政府主导模式和政府指导行业自律模式两类。新加坡、韩国、德国、澳大利亚等国采用的政府主导模式是指政府通过立法和网络过滤在网络监管中发挥主导作用。美国、英国、加拿大、日本等国采用的政府指导行业自律模式是指互联网的监管主要依靠行业内部的自律和规范。

（一）美国

从总体上看，美国网络信息监管模式是在宪法权力至上原则的指引下，基于市场主导，通过行业和民间组织来保障公民言论、隐私及其他权利，赋予终端用户以有效技术和方法，对网络传播内容进行有效控制，从而规范和引导网络舆论的健康发展。[①]美国主要的监管手段包括制定相关监管法律法规，通过分级与过滤等技术手段控制网络，行业协会为政府和行业搭建沟通平台，网络自律性组织等民间组织建立自律机制，利用社会主流意识和道德进行文化引导等。

美国制定的互联网相关法律法规有130多部，涉及面较为广泛，既有宏观的整体规范，也有微观的具体规定，其中囊括了行业进入规则、电话通信规则、数据保护规则、消费者保护规则、版权保护规则、反欺诈与误传法规等许多方面。对信息自由或言论自由的强调，不仅贯穿了一切有关信息传播的立法行为、条律规章，也是美国政府监管的首要准则，具有对所有媒体监管的共性。[②]"9·11"事件后，美国颁布的《爱国者法案》《联邦信息安全管理法案》和《国土安全法》对网络监管有了新的规定，其中《爱国者法案》明确授权政府有关部门可以对公民进行跟踪和窃听，可以查阅公民的上网记录、私人信件和电子邮件等，以确定其是否支持或参与了恐怖主义活动。

---

① 袁方成."软""硬"兼施:网络舆论监管的美国模式及其经验借鉴［J］.贵州社会科学，2012（9）.

② 沈国麟，陈晓媛.政府权力的扩张与限制：国家信息安全与美国政府网络监管［J］.新闻记者，2009（12）.

美国互联网监管体系主要包括立法、司法和行政3大领域、联邦与州2个层次。对于互联网所在的电信产业的管理，从联邦的层次上来看，立法、司法和行政3个体系相对独立，分别行使各自的权力。在立法方面，由参议院和众议院组成的国会作为最高立法机关，对包括互联网在内的电信立法法案进行听证、辩论、表决，从而影响国家电信政策的制定。在司法方面，美国最高法院、联邦审判法院和申诉法院组成了美国的联邦司法体系，拥有着对电信管理机构进行监督，并解决其间的纠纷的权力。①美国还设置总统安全顾问、总统关键基础设施委员会、总统网络安全顾问，成立国土安全部，在机构和职位设置等方面强化网络监管。美国网络舆论监管模式的核心原则是"软硬兼施"的多元化控制。据美国媒体报道，从2010年6月起，国土安全部在各地的指挥中心已开始执行"社交网络/媒体能力"项目，对网上公共论坛、博客和留言板等进行监控，Twitter和Facebook等知名社交网站也在监控名单之列。②

（二）俄罗斯

作为欧洲互联网用户最多的国家，俄罗斯政府积极介入网络监管。俄罗斯政府明确强调因特网自由要在法律规范的框架内，已经形成了较为完整的有关网络监管的法律体系，包括既有法律法规的修订或补充以及专门规范网络活动的法律法规两大类。依照《俄罗斯联邦宪法》《俄罗斯联邦民法典》等既有法律法规中的信息安全条款，俄罗斯出台了20余部专门规范网络活动的法律法规，包括《俄联邦信息、信息化和信息网络保护法》《俄联邦计算机软件和数据库法律保护法》《个人信息法》《电子数字签名法》等，这些法律法规构建了俄罗斯网络监管的基本框架。

为了应对网络中出现的新问题，近年来，俄罗斯政府颁布了一批专门的法律，如针对诱导青少年网络犯罪的《俄罗斯保护儿童免受不良信息危害的网络审查法》、针对盗版横行的《反盗版法》、针对影响力日益增强的知名博主的《知名博主管理法案》、为配合国家反恐行动的《禁止极端主义网站法案》等。③综上，从现有法律法规来看，俄罗斯网络监管主要涉及打击网络恐怖主义、网络犯罪；保护未成年人合法权益；规范网络

① 张伟.国外互联网管理：强化网络监管已成趋势［EB/OL］.新华网，2012-06-07［2017-04-13］.
http://news.xinhuanet.com/world/2012-06/07/c_112145906.htm.

② 邹强.美国：国家战略下的严密网络监管［N］.法制日报，2012-08-28（10）.

③ 李淑华.俄罗斯加强网络审查状况分析［J］.俄罗斯东欧中亚研究，2015（6）.

文化、保护知识产权；网络的市场准入、IP地址和域名监管等。

2014年初索契冬奥会前夕，俄罗斯南部地区暴力恐怖袭击不断，调查结果显示，诸多涉恐信息都是恐怖分子利用互联网进行传播的。2014年5月发布的《知名博主新规则法》加强对网络舆论中重点人物的监管。该法案规定，网页日均访问量超过3 000人次的博主被认定为知名博主，知名博主必须向俄监管部门进行实名登记，不能利用网站或个人网页从事违法活动，不能泄露国家机密，禁止传播包含公开呼吁实施恐怖活动或公开美化恐怖主义的材料及其他极端主义材料，禁止传播色情、暴力行为的材料。^①2014年6月通过的《刑法修正案》对利用互联网煽动极端主义活动以及利用互联网挑起仇视、怨恨或侮辱人格尊严等行为追究刑事责任。

在网络监管的机构设置等方面，俄罗斯建立了由政府主导，科研以及商业机构广泛参与的信息安全保护体系。俄联邦安全委员会科学技术理事会下设信息安全分部，负责统筹协调国家信息安全保护工作。同时建立了以联邦安全局为主、以内务部、联邦媒体与文化管理局等机构为辅的工作格局。^②三者按部门特点成立专门网络监管机构，分工明确。

（三）欧盟及其成员国

1995年，欧盟制定《数据保护指令》作为欧盟数据监管的主要法律。2006年，欧盟通过了《信息数据监管指引规则》，要求成员国控制与储存各类通信信息数据，以此促进欧盟范围内刑事侦查的高度信息化，建构统一的通信服务平台监管信息网络数据。^③2012年11月，欧洲议会通过了新的数据保护规定《一般数据保护条例》，取代了《数据保护指令》，极大地提高了数据保护和监管的强度。2016年，欧盟通过了首批关于网络安全、强制要求企业加强网络防御以及对要求谷歌、亚马逊等网络科技公司上报网络攻击的管理条例。在这一规定下，银行、能源机构、交通部门、医疗机构、数字内容运营商、网上商城等网络服务运营商都需要肩负起加强网络安全、上报网络攻击的责任。^④另外，条例还要求欧盟各成员国在网络安全领域展开合作。目前，欧盟个人数据

---

① 张春友.俄罗斯出台新法强化互联网管理［N］.法制日报，2014-07-08（11）.

② 杨政.俄罗斯：建立"信息过滤"的防火墙［J］.理论导报，2013（1）.

③ 谢杰.欧盟信息网络监管立法经验解析［J］.信息网络安全，2010（9）.

④ 欧盟通过首套网络安全监管法［EB/OL］.环球网，2016-07-07［2017-04-13］. http://tech.huanqiu.com/diginews/2016-07/9136796.html.

监管框架的三个主要组成部分包括:《通用数据保护条例》《电子隐私指令》以及《警察指令》①2017年9月,欧盟委员会在"数字单一市场倡议"的背景下,发布的《欧盟非个人数据自由流动框架的条例提案》构成整个欧盟数据保护政策中的一个新的重要组成部分。同时,为加强在线平台对网络上涉及煽动仇恨、暴力以及恐怖主义等非法内容的主动预防、发现和消除,欧盟委员会发布了相关指南及原则,要求在线平台积极检测和通知、有效移除在线非法内容,并采取措施预防非法内容的再现。②

德国制定的《信息和通讯服务规范法》,明确了互联网信息内容传播过程中各个环节、相关机构的安全保障责任和义务。另外,《媒体服务国家协议》《广播电台国家协议》和《通讯媒体法》等均适用于信息网络安全领域。德国的网络监管主要由内政部负责,其网络警察有三层机构:一是内政部直属的联邦刑警局下设的数据网络无嫌疑调查中心,无须根据具体的指控,就可以24小时不间断地跟踪和分析互联网上的信息;二是社交网络上的"网络办案点",他们接受网络报案;三是针对黑客、恐怖主义等设立的全国网络防卫中心等机构。③

法国网络监管呈现出两大特点:一是重视网络知识产权保护,严厉打击非法下载行为;二是重视对未成年人保护。2006年的《信息社会法案》和2009年的《创作与互联网》等法律法规均严厉打击各类非法下载行为。网络著作传播与权利保护高级公署是法国网络监管的重要执法机构,该机构由行政、立法及司法三个部门组成,专门负责监督管理网络盗版的情况,受理举报,建立档案,提出警告,并及时向司法部门转交有关违法盗版的行为事件。在执法过程中,执法部门会对非法下载行为提出警告,在二次警告失效后,法官会对其作出一年的断网惩罚和1 500欧元的经济处罚。对于不思悔改的盗版分子,则会加倍处以重金处罚。为了降低和消除网络对未成年人的不良影响,法国建成了从政府、学校到社会的监督保护网络。1998年法国通过的《未成年人保护法》严惩利用网络诱导青少年犯罪的行为。法国教育部还通过"控制+引导"的方式,在打击网

---

① New Rules Promoting Free Cross Border Flow of Non-personal Data in the European Union [EB/OL]. Lexology, 2017-09-19 [2017-10-03].https://www.lexology.com/library/detail.aspx?g=e553c1dd-4544-4547-874d-10af15979d6e.

② Security Union: Commission steps up efforts to tackle illegal content online [EB/OL]. europa, 2017-09-19 [2017-10-04]. http://europa.eu/rapid/press-release_IP-17-3493_en.htm.

③ 各国如何监管社交媒体 [J].中国报道, 2015 (8).

络犯罪的同时，利用网络开展文明教育，引导学生在上网时提高警惕，防止黄色、暴力等不良信息的侵害。学校一方面对学生积极进行网上文明教育，另一面通过专门的技术处理，限制学生的上网内容和范围。另外，一些非政府组织也积极加入保护未成年人免受"网毒"侵害的队伍中。如法国"无辜行动"和"电子—儿童"协会，其主要任务是向学校和家长免费提供家庭网络管理软件，指导学校和家长对儿童进行防毒保护。[①]

（四）其他国家

韩国是世界上最早设立互联网审查机构的国家，也是目前网络管理水平最先进的国家。立法方面，韩国早在1995年就颁布了《电信事业法》，对"危险通信信息"进行监管。2001年，韩国制定《不当互联网站点鉴定标准》和《互联网内容过滤法令》，确立了互联网信息过滤机制。近年来，韩国还陆续通过了《促进信息化基本法》《信息通信基本保护法》《促进信息通信网络使用及保护信息法》等法案。这些法律规定监管机构有权对不符合监管要求的网络行为进行限制、删除甚至给予经济和刑事处罚。韩国还通过征求社会各界意见后以立法形式在全球率先实行了网络实名制。监管对象方面，韩国主要是通过发布网络服务接入提供商、内容提供商，平台提供商的黑名单的方式，来对其网络信息传播行为进行限制。[②]监管机构方面，韩国以政府为主导，成立因特网安全委员会作为主要的网络监管机构，在宏观上设置有关网站传播内容的传播标准和提出一般性原则；下设信息通信道德委员会和专家委员会两个执行部门，在微观上对网络上传播的具体信息进行标准制定，对网络上可能出现的有害信息进行预测以及防范；因特网安全委员会还成立了"违法及有害信息举报中心"，通过"互联网蓝鸟"系统和中心网站，监测不良信息的网络传播和接受民众举报。韩国于1997年在警察厅下设电脑犯罪搜查队，随后又成立了网络恐怖袭击应对中心。2014年，韩国警察厅下属的网络安全局正式成立，并下设网络安全处、网络犯罪应对处、数字鉴定中心等机构。韩国网警将网络诈骗、网上赌博、收集并传播儿童淫秽物、侵害个人信息等作为"五大恶性网络犯罪"进行重点侦办。

新加坡是世界上网络普及率较高和率先公开推行网络监管制度的国家，政府在强

---

① 李娅，刘宁.网络监管的国外经验及对中国的启示［J］.理论学习，2010（11）.

② 栾静均.韩国网络监管对中国网络监管的启迪意义［J］.今传媒，2015（1）.

化网络信息监管方面形成了一套独特、高效的管理思想和体制机制，推行"三合一"的网络监管政策措施。法律法规方面，新加坡对互联网进行监管的法规条文主要有《惩治煽动叛乱法案》《刑事法典》《互联网分类执照条例》等。《互联网分类执照条例》是特别为监管网络制定的，颁布于1996年，目的是抵制网络使用中潜在的威胁和危险，应对虚假和有害的网络信息和不法的网络传播活动。[①] 除了法律法规监管外，新加坡还鼓励行业自律，要求网络内容提供商遵守行业规矩。同时，新加坡还大力开展网络素养教育。新加坡在网络监管方面形成了有特色的组织机制，主要涉及内容管理、国家政治安全、行政许可及登记注册、政策咨询、公共教育及网络指导使用五个方面。[②] 新加坡设立互联网内容管理的政府监管机构，1991年由国家计算机委员会负责网络管理，1994年网络管理的职责转到新加坡广播局，2003年组建媒体发展局，明确了网络监管的责任主体。

英国通过市场调节与行为自律的方式实施网络监管，监督非监控、全民共参与是英国网络监管的典型特征。1996年，英国政府部门牵头，与网络业界代表和行业组织代表签署了网络监管的行业性规范《R3安全网络协议》，其中"R3"分别代表分级、检举和责任，具体来说，是对网络信息进行分级，健全投诉渠道，以《R3安全网络协议》为基础，拟定《从业人员行为守则》，要求网络提供商承担起确保网络内容合法的责任。[③] 英国政府还出台了《社交媒体法》《数据保护法》《RPC隐私法》《网络身份保护法》等法律，许多商业公司也制定了网络交流中的保护条款，政府公务员也专门有公务员社交媒体指南等。英国还设立了专门进行网络监管的机构，如网络观察基金会等。

新西兰在网络监管领域实施的《电讯（截收）法》属于颇具特色的互联网信息安全立法。该法律规定警察为开展调查可通过技术手段进入个人电脑，可对电子邮件进行过滤审查。警方根据案件调查需要，可以对单位或个人计算机信息进行调查。根据情报部门或警方要求，电讯公司、网络服务商应向其提供相关用户的网络地址、登录名及密码、个人身份等信息。如拒绝提供，将被追究其刑事责任。[④]

---

① 王国珍.新加坡的网络监管和网络素养教育［J］.国际新闻界，2011（10）:122–127.
② 刘恩东.新加坡网络监管与治理的组织机制［N］.学习时报，2016–08–25（2）.
③ 李娅，刘宁.网络监管的国外经验及对中国的启示［J］.理论学习，2010（11）.
④ 信息安全流动需法律保障　各国严管网络信息［EB/OL］.新华网，2010–08–03［2017–04–14］. http://news.xinhuanet.com/world/2010–08/03/c_12403445_2.htm.

综观世界各国的网络监管政策,没有哪一个国家允许网络空间中的绝对自由。作为网络信息安全和国家安全的重要保障手段,网络的监督管理已经成为互联网治理的重要方面,各国都在探索和不断强化网络监督管理的制度、方法和策略。

第三节　进一步完善我国网络安全风险治理

一、构建关键信息基础设施安全保障体系

(一)制定关键信息基础设施安全保护相关法规和制度

一是要加快《关键信息基础设施安全保护条例》和《网络安全等级保护条例》的立法进程,并根据《网络安全法》的相关规定做好两个条例的衔接;二是制定关键信息基础设施安全保护相关的制度要明确具体的重点保护范围,分清主次,做到有的放矢,确保国家有限行政资源在关键信息基础设施保护领域的高效利用;三是在建章立制的过程中要变革传统的行政主导色彩浓厚的管理思路和理念,增强服务意识,关注关键信息基础设施相关机构的安全保护需求。

(二)着力推进关键信息基础设施的在线安全监测

在线安全检测是发现关键信息基础设施网络安全风险的重要手段。通过对国内互联网进行持续的、实时的扫描,识别出关键信息基础设施控制系统网络,搜索其暴露在互联网上的基本信息,掌握暴露的数量、所属行业和所属地区,据此分析其存在的网络安全风险,督促地方主管部门和系统运营单位及时开展风险排查和消减工作。

(三)建立关键信息基础设施网络安全风险信息共享机制

明确行业主管部门、科研机构、关键信息基础设施运营单位、设备生产厂商、安全企业等各方职责。在主管部门的指导下,建设国家关键信息基础设施网络安全风险信息共享平台,将关键信息基础设施网络安全风险信息、消减方案、安全态势及时通报给相关部门、科研机构和受影响的运营单位,提升对关键信息基础设施网络安全突发事件的

应急处置能力。①同时，要重视提高民营组织保护关键信息基础设施的积极性和主动性，通过制度设计，设置合理的激励措施，构建政府与企业之间良性的信息共享机制。

（四）坚持自主创新，突破核心技术

科研机构、关键信息基础设施运营单位、厂商和安全企业要加强关键信息基础设施安全防护技术研究，积极推动国产安全设备在关键信息基础设施保护中的应用，各级政府应对其开展的关键信息基础设施安全实验室建设、技术研发等工作给予政策支持和保障。

（五）建立关键信息基础设施产品与服务安全审查制度

对关键信息基础设施产品与服务进行分类审查、检测和管理，特别要加强对产品和服务全生命周期的安全性和可控性的审查，及时发现和修补产品和服务安全漏洞，防范风险。

二、创新网络监督管理思维和方式方法

创新网络监管的思维，国家网络监管部门要变被动的防守式监管思维为主动的开放性的思维，掌握网络监管的主动权。要意识到网络监管不是把门锁住就能解决一切问题的，要有敢于迎接挑战的信心和勇气；要意识到闭目塞听、孤芳自赏不是网络监管应有的态度，要有博采众长、为我所用的智慧；也要意识到欲盖弥彰、闪烁其词、逃避责任、拖延推诿等不是网络监管的应有行为，要有担当意识、大局意识和雷厉风行的气魄；还要意识到网络监管的责任不在一方而在多方，网络监管可依靠的力量并不单薄而是非常强大。在新的正确的网络监管思维模式的指导下，探索有效的网络监管方式方法。

（一）完善网络监管法律和制度体系

有法可依是任何工作顺利开展的重要前提和关键保障，网络监管也不例外。目前，我国在网络监管方面已经出台了一系列的法律法规和管理办法，国家宏观层面上进行网络监管有章可循，但在微观层面上，涉及具体领域的监管还未能将法律法规的要求和精神细化成可落到实处的制度规范。完善网络监管法律体系、实现监管制度的全覆盖和规范化，是进一步规范网络监管、保障网络安全的必然要求。

---

① 尹丽波."互联网＋"时代下关键信息基础设施的网络安全建设［EB/OL］.新华网，2015-06-02［2017-04-19］.http://news.xinhuanet.com/politics/2015-06/02/c_127870721.htm.

（二）探索建立协同参与式的网络监管方式

在国家网络监管行政部门主导下，需整合互联网相关各方的力量，包括互联网服务提供商、行业协会、互联网服务使用者等，明确责任，并注重落实。要依法强化互联网服务提供商在网络信息审查和信息传播等方面的义务，制定和落实责任追究制度，充分发挥互联网服务提供商的积极作用。倡导和鼓励行业自律，使行业自律成为网络管理的有益补充，成立监管政策咨询机构，重视发挥行业协会等专业组织在网络监管中的决策支持作用。转变互联网使用者只是被监管对象的观念，构建与广大网民群体互相信任的牢固关系，在网络监管中调动人民的力量，发挥人民的聪明才智。同时，还要加强互联网伦理道德宣传和网络素养教育，增强网络各参与方的道德意识，促使他们自觉维护网络空间的稳定，共同营造一个和谐温暖的互联网环境。

（三）建立舆论引导机制

网络信息内容监管是网络监管的重要对象，舆论是网络信息内容在某一主题上的集中体现，因而成为网络监管不可忽视的部分。建立理性公平的舆论引导机制，可以有效地防范网络舆论非理性和谣言的问题。舆论引导不能单靠政府的力量，要加强与各类媒体的沟通合作，发扬传统媒体的"品牌效应"，让专业新闻媒体充当"把关人"，还可以积极利用网络快速有效的交互式反馈机制来引导网络舆论。

（四）逐步实行网络实名制

网络匿名制会导致一些不文明网络言论行为，甚至是网络犯罪，网络实名制则可以有效地防治这些问题，降低网络安全风险发生的概率。网络实名制反映了自由的真正内涵，自由不是绝对的，网民只有在不侵犯他人自由和不危害公共利益的前提下，才能真正享有自由。实行实名制不仅明确了网络行为的责任主体，而且有利于降低政府的网络监管压力和监管成本，营造良好的网络道德环境、传播网络正能量。

三、建立健全网络安全风险治理机制

健全和完善网络安全治理体制机制是网络安全风险治理的重要保障。2016年4月，习近平总书记在网络安全和信息化工作座谈会上的讲话中指出："要建立统一高效的网络安全风险报告机制、情报共享机制、研判处置机制，准确把握网络安全风险发生的规律、动向、趋势。要建立政府和企业网络安全信息共享机制。"①

（一）确立信息共享机制

各国在网络安全设施保护的监测预警、应急响应及惩治与恢复等方面都建立了及时高效的、上通下达的网络安全信息共享机制，其中涉及政府部门之间、私营部门之间以及政府与私营部门之间，国家之间的网络安全设施保护的信息共享，如美国的信息共享与分析中心、欧洲的早期预警和信息系统、欧洲网络和信息安全局等。②在网络安全风险治理过程中，我国也应确立信息共享机制，政府和企业之间、企业与企业之间在数据开放和信息共享方面通力合作，促成"1+1＞2"的效应，以更好地感知网络安全态势，做好风险防范。相关部门应出台相应的政策，支持构建网络安全风险信息共享平台。在中央的统一规划部署下，地方政府、行业部门都应摒弃本位思想，共同推动网络安全风险治理工作顺利开展。

（二）建立健全网络安全风险评估机制

网络安全风险评估工作与风险监测和预警工作关系密切，评估结果既能够提供风险预测信息，又能够为风险治理提供参考。因此，要尽快完善网络安全风险评估机制，制定统一规范的网络安全风险评估标准和切实可行的网络安全风险评估办法，加强对金融、能源、交通等重要行业和领域的评估，根据评估情况，适时调整网络安全工作方案和保护措施。在此基础上，各行业和领域要结合自己的特点和实际需求，制定本行业领域的网络安全风险评估的具体办法。

（三）形成网络安全风险协同治理机制

网络安全风险治理不仅仅是政府的工作，也是整个互联网行业的责任。政府相关部门应在法律法规和政策规定的范围内履行风险治理职责。互联网行业中的企业和社会组织除了要履行法律法规规定的基本义务之外，也需要承担网络安全风险治理的责任，尤其在重大网络安全应急事件发生时，更需要那些拥有强大技术实力的网络安全企业主

---

① 习近平.在网络安全和信息化工作座谈会上的讲话［EB/OL］.人民网,2016-04-26［2017-04-16］.http://politics.people.com.cn/n1/2016/0426 /c1024-28303544-2.html.
② 王玥,雷志高.网络攻击视角下的关键信息基础设施法律保护探析［J］.汕头大学学报：人文社会科学版，2016（4）.

动出击。^①政府相关部门在开展网络安全风险治理工作过程中，应重视与互联网行业中相关组织开展合作，充分调动他们的积极性，采取激励措施，鼓励他们主动参与风险治理。互联网行业应利用自己的信息优势，关注网民在网络应用中的行为习惯和网络文化，向积极的健康的方向引导，及时发现和消除安全风险隐患。政府和企业、社会组织各司其职，共同建立政府和互联网行业联动的网络安全风险治理模式。

（四）健全抓落实的工作机制

网络安全风险治理工作重在落实。正如古人所言："道虽迩，不行不至；事虽小，不为不成""为政贵在行""以实则治，以文则不治"。抓落实是一切工作和事业成败的根本路径，也是各级领导干部的根本职责所在。各级领导干部要在增强风险意识，时时刻刻警惕网络安全风险隐患的基础上，将网络安全风险治理付诸行动、落到实处。

强化法律法规政策制度的落实，治理网络安全风险，一方面，要制定强有力的组织措施、考核措施、激励措施，健全抓落实的工作机制，特别是要健全人人负责、层层负责、环环相扣、科学合理、行之有效的工作责任制；另一方面，要科学地进行责任分解，把目标任务分解到部门、具体到项目、落实到岗位、量化到个人，以责任制促落实、以责任制保成效，形成一级抓一级、层层抓落实的工作局面。^②只有这样，才能传递网络安全风险治理抓落实的压力，激发抓落实的动力，形成抓落实的合力。

（五）探索网络安全风险治理的国际合作机制

网络安全风险治理离不开与其他国家的交流合作。尤其是在加强网络监管，应对恐怖主义、分裂主义和极端主义带来的威胁时，应广泛开展国际合作。在探索网络安全风险治理的国际合作机制的过程中，各国应在互相尊重国家主权、理解民族文化差异的基础上，开展平等的、广泛的、具有包容性和互动性的合作。相互承认各国现行的网络安全风险治理规定，针对共同面临的跨国问题，多方参与程序和行为准则制定，同时开展执法合作，提高网络安全风险治理的效果。

---

① 孙宝云，封化民.网络安全风险的特点及应对［N］.学习时报，2018-01-15（6）.
② 沈小平.力破政策措施落实的"中梗阻"［EB/OL］.新华网，2014-06-09［2017-04-30］. http://news.xinhuanet.com/comments/2014-06/09/c_1111046039.htm.

第三章 网络安全应急治理

第一节 我国网络安全应急治理的现状

一、网络安全应急的预案管理

1. 网络安全应急预案管理规定

我国高度重视应急预案工作，先后颁布多部法律法规及规范性文件对应急预案作出明确要求。2004年，国务院办公厅先后印发了《国务院有关部门和单位制定和修订突发公共事件应急预案框架指南》和《省（区、市）人民政府突发公共事件总体应急预案框架指南》。2006年，国务院发布的《国家突发公共事件总体应急预案》，对突发事件应对的基本原则、组织体系、运行机制、职责和任务等作出了明确规定，并对应急保障作出了总体安排。该预案是指导全国突发公共事件应对工作的总纲。为贯彻落实这一工作总纲，国务院下发了《国务院关于全面加强应急管理工作的意见》，其中，第五条明确指出要"加强应急预案体系建设和管理"，要求各地区、各部门根据《国家突发公共事件总体应急预案》，抓紧编制修订本地区、本行业和领域的各类预案，并加强对预案编制工作的领导和督促检查，要求各基层单位根据实际情况制定和完善本单位预案，明确各类突发公共事件的防范措施和处置程序。该意见还指出："尽快构建覆盖各地区、各行业、各单位的预案体系，并做好各级、各类相关预案的衔接工作。要加强对预案的动态管理，不断增强预案的针对性和实效性。狠抓预案落实工作，经常性地开展预案演练，特别是涉及多个地区和部门的预案，要通过开展联合演练等方式，促进各单位的协调配合和职责落实。"

《突发事件应对法》第十七条规定，国家建立健全突发事件应急预案体系。国务院制定国家突发事件总体应急预案，组织制定国家突发事件专项应急预案；国务院有关部门根据各自的职责和国务院相关应急预案，制定国家突发事件部门应急预案。应急预案制定机关应当根据实际需要和情势变化，适时修订应急预案。应急预案的制定、修订程序由国务院规定。第十八条规定，应急预案应当根据《突发事件应对法》和其他有关法律、法规的规定，针对突发事件的性质、特点和可能造成的社会危害，具体规定突发事件应急管理工作的组织指挥体系与职责，突发事件的预防与预警机制、处置程序、应急保障措施以及事后恢复与重建措施等内容。2013年，国务院办公厅印发了《突发事件应急预案管理办法》，对应急预案的规划、编制、审批、发布、备案、演练、修订、培训、宣传教育等工作作出专门规定。

在网络安全方面，《网络安全法》第二十五条对应急预案作出了明确要求，规定网络运营者应当制定网络安全事件应急预案；第三十四条明确了关键信息基础设施的运营者应当履行"制定网络安全事件应急预案，并定期进行演练"的安全保护义务；第五十三条要求，国家网信部门协调有关部门"制定网络安全事件应急预案，并定期组织演练"，负责关键信息基础设施安全保护工作的部门"应当制定本行业、本领域的网络安全事件应急预案，并定期组织演练"。

《网络安全法》用专门章节和条款规定了网络安全"监测预警与应急处置"的法律遵循，明确了网络安全管理部门、系统建设单位、运营服务企业、社会机构和公民等在应对网络安全事件相关环节中的义务和法律责任，是各级政府开展网络安全应急管理工作的重要依据。其中，第五章"监测预警与应急处置"专门就网络安全应急治理作出了明确规定，指出"国家建立网络安全监测预警和信息通报制度""国家网信部门协调有关部门建立健全网络安全风险评估和应急工作机制，制定网络安全事件应急预案，并定期组织演练"，并就网络安全事件发生后的相关问题作出具体规定。该法还专门明确了"负责关键信息基础设施安全保护工作的部门"在应急治理方面的职责，比如应当建立健全本行业、本领域的网络安全监测预警和信息通报制度，并按照规定报送网络安全监测预警信息等。此外，还有其他条款对应急治理作出了规定，比如第二十五条规定："网络运营者应当制定网络安全事件应急预案，及时处置系统漏洞、计算机病毒、网络攻击、网络侵入等安全风险；在发生危害网络安全的事件时，立即启动应急预案，采取相应的补救措施，并按照规定向有关主管部门报告"；第二十六条规定："开展网络安全认证、检测、风险评估等活动，向社会发布系统漏洞、计算机病毒、网络攻击、网络侵入等网络安全信息，应当遵守国家有关规定"；第二十九条规定："国家支持网络运营者之间在网络安全信息收集、分析、通报和应急处置等方面进行合作，提高网络运营者的安全保障能力。有关行业组织建立健全本行业的网络安全保护规范和协作机制，加强对网络安全风险的分析评估，定期向会员进行风险警示，支持、协助会员应对网络安全风险。"

2. 网络安全应急预案管理的实践

处在我国网络安全应急预案体系最高层的是国家层面的应急预案。2008年，国家根据《突发事件应对法》的法律要求和《国家突发公共事件总体应急预案》，制定并印发了《国家网络与信息安全事件应急预案》。2017年1月，中央网信办印发了《国家网络安全事件应急预案》，明确了网络安全事件应急管理的工作原则、组织机构与职责以及工作机制等，要求"各地区、各部门按职责做好网络安全事件日常预防工作，制定完善相关应急预案""各省（区、市）、各部门、各单位要根据本预案制定或修订本地区、本部门、本行业、本单位网络安全事件应急预案"。

在具体领域，2017年5月，工业与信息化部印发了《工业控制系统信息安全事件应急管理工作指南》，明确了工业控制系统信息安全事件应急管理工作的体制机制。工业与信息化部还印发了涉及网络基础设施的《国家通信保障应急预案》。2017年11月，工业与信息化部印发了《公共互联网网络安全突发事件应急预案》，明确了公共互联网领域网络安全突发事件应急管理工作的体制机制。

应急演练方面，中央网络安全和信息化领导小组和小组办公室成立以来，我国网络安全管理相关部门做了大量工作，各地积极开展网络安全事件应急演练。

2015年9月，为做好第二次世界互联网大会期间浙江省网络与信息安全保障工作，浙江省通信管理局组织省内基础电信企业、互联网接入服务企业、域名解析企业、CDN加速服务企业和安全服务企业等成功举办浙江省2015年网络与信息安全应急演练。12月，陕西省委网信办举办了2015年网络安全事件应急演练，检验省内党政机关和重要业务系统网络安全事件应急预案，确保网络及设备的安全运行，锻炼应急响应队伍，以提高应急水平和处置能力。

2016年4月，以"网络安全同担，网络生活共享"为主题的第三届"4·29首都网络安全日"系列宣传活动在北京举行，其中就包括网络安全应急演练。6月，山西省举行作为网络安全宣传周的重要内容之一的党政机关和重要信息系统网络安全事件应急处置演练。9月，"2016年国家网络安全宣传周河北活动启动仪式暨河北省第三届网络安全日主题宣传活动"在河北师范大学举行，电信基础运营企业网络安全应急演练是活动亮点之一。12月，为期一周的以"数谷论道　数安为基"为主题的2016贵阳大数据与网络安全攻防演练活动在贵阳大数据安全产业园圆满结束，是全国首次以一个城市范围的真实网络目标为对象的实战攻防活动。

2017年1月，湖南省委网信办、湖南省通信管理局主办，湖南省移动公司、国家计算机网络应急技术处理协调中心湖南分中心承办举行"湘江砺剑　网安护航"2017互联网安全应急演练。2017年4月，商洛市委网信办、人民银行商洛市中心支行联合举办全市金融系统网络安全应急演练。

二、网络安全应急治理的组织体系

自1999年我国成立第一个互联网安全紧急响应小组——中国教育和科研计算机网应急响应组（CCERT）以来，我国已经初步形成了网络安全应急组织体系。特别是中央网络安全和信息化领导小组（党的十九大之后改为中央网络安全和信息化委员会）成立后，网络安全应急组织体系建设得到了明显加强。根据《国家网络安全事件应急预案》，该组织体系包括领导机构、办事机构、各部门和各省（区、市）机关机构，其职责见表3-1。

表3-1　我国网络安全应急治理组织体系

层级	机构	主要内容
领导机构	中央网络安全和信息化委员会，下设办公室（简称中央网信办）	在中央网络安全和信息化委员会的领导下，中央网信办统筹协调组织国家网络安全事件应对工作，建立健全跨部门联动处置机制，工业和信息化部、公安部、国家保密局等相关部门按照职责分工负责相关网络安全事件应对工作。必要时成立国家网络安全事件应急指挥部，负责特别重大网络安全事件处置的组织指挥和协调
办事机构	国家网络安全应急办公室（简称应急办）	应急办设在中央网信办，具体工作由中央网信办网络安全协调局承担。应急办负责网络安全应急跨部门、跨地区协调工作和指挥部的事务性工作，组织指导国家网络安全应急技术支撑队伍做好应急处置的技术支撑工作。有关部门派负责相关工作的司局级同志为联络员，联络应急办工作

续表

层级	机构	主要内容
各地区和各部门	中央和国家机关各部门	中央和国家机关各部门按照职责和权限，负责本部门、本行业网络和信息系统网络安全事件的预防、监测、报告和应急处置工作
	各省（区、市）	各省（区、市）网信部门在本地区党委网络安全和信息化领导小组统一领导下，统筹协调组织本地区网络和信息系统网络安全事件的预防、监测、报告和应急处置工作

链接：世界上第一个计算机紧急响应小组[1]

世界上第一个计算机紧急响应小组成立于1989年。1988年，23岁的康奈尔大学学生莫里斯制造了一串在计算机之间传播的代码，破坏了计算机存储记忆，造成设备关机。安全专家估计，该蠕虫病毒导致百分之十的网络瘫痪，这就是世界上第一个计算机蠕虫病毒。加州大学伯克利分校和普渡大学的程序员团队最终找到了解决方法，阻止了病毒蔓延。事后，互联网界对此事进行反思。美国国防高级研究项目管理局认为"缺乏沟通不仅导致重复分析，还拖延采取防御和矫正措施，造成了不必要的损失"，应当成立正式的机构，在发生类似安全事件时，快速、有效地协调专家沟通。七天之后，该机构委托卡内基梅隆大学软件工程研究所成立第一个CSIRT——计算机应急响应小组协调中心。

链接：国家公共互联网安全事件应急处理体系[2]

在2001年"红色代码"事件背景下，我国于2002年9月成立了国家计算机网络应急技术处理协调中心（CNCERT/CC）。以该中心为核心协调机构，我国构建了应急处理体系（见图3-1）。其中，国外网络安全应急小组及非政府网络安全合作组织包括亚太地区应急响应组织（APCERT）和国际安全事件响应论坛（FIRST）[3]等，骨干网互联网运营商指中国电信、中国联通和中国移动三家经营性互联单位，[4]国家级互联网应急支撑单位有9家，省级互联网应急支撑单位包括深圳市深信服电子科技有限公司等44家。

---

[1] 萨曼莎·布拉德肖.应对网络威胁：计算机安全事件响应中心（CSRITs）与促进国际网络安全合作［J］.信息安全与通信保密，2017（2）.

[2] 资料来源于CNCERT/CC官网，以及工信部的《公共互联网安全突发事件应急预案》。

[3] 该组织成员数量已由1990年成立时的11个发展至363个（截至2017年4月17日）。

[4] 非经营性互联单位有中国电子商务网、中国教育和科研计算机网、中国科技网和中国长城互联网。

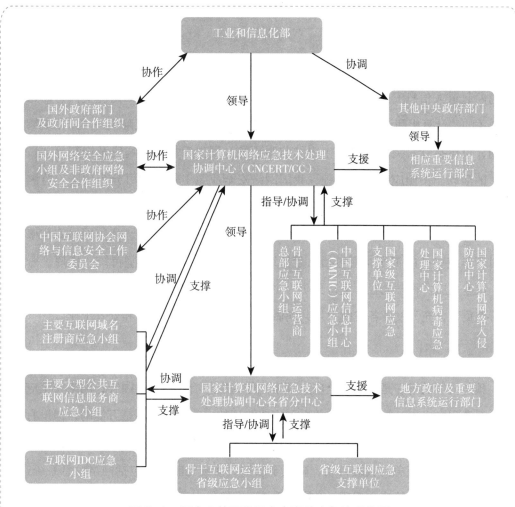

图3-1　国家公共互联网安全事件应急处理体系

　　根据新的《公共互联网网络安全突发事件应急预案》，公共互联网领域的网络安全突发事件应急管理工作由工业和信息化部网络安全和信息化领导小组统一领导。领导小组下设网络安全应急办公室，具体工作由网络安全管理局承担。各省（自治区、直辖市）通信管理局负责组织、指挥、协调本行政区域相关单位开展公共互联网网络安全突发事件的预防、监测、报告和应急处置工作。基础电信企业、域名机构、互联网企业负责本单位网络安全突发事件预防、监测、报告和应急处置工作，为其他单位的网络安全突发事件应对提供技术支持。国家计算机网络应急技术处理协调中心（该中心现已更名为国家计算机网络和信息安全管理中心，并被转为网信办管理）、中国信息通信研究院、中国软件评测中心、国家工业信息安全发展研究中心负责监测、报告公共互联网网络安全突发事件和预警信息，为应急工作提供决策支持和技术支撑。此外，还鼓励网络安全企业支撑参与公共互联网网络安全突发事件应对工作。

三、网络安全应急治理的工作机制

直接推动世界范围内网络安全应急响应机制建立的，是20世纪80年代末发生在西方的两起重大信息安全事件：一是1988年，莫里斯蠕虫事件；二是与美国、西德与苏联有关的"计算机间谍案"。[①] 应急治理活动的起点是准备应对风险这一"未雨绸缪"的活动，也包括针对突发事件发生中的监测预警、发生后的应急响应及恢复等"亡羊补牢"的活动。按照应急管理过程，我国网络安全应急工作机制可分为预防、监测与预警、应急响应和后期处置及其他机制五个方面。

另外，《国家网络安全应急预案》（以下简称《预案》）指出，我国网络安全事件的应对工作应坚持的工作原则包括：坚持统一领导、分级负责；坚持统一指挥、密切协同、快速反应、科学处置；坚持预防为主，预防与应急相结合；坚持谁主管谁负责、谁运行谁负责，充分发挥各方力量共同做好网络安全事件的预防和处置工作。

（一）预防机制

预防机制的核心是网络安全应急预案。作为应急治理的重要内容，网络安全应急预案是否实用、好用、管用，直接关系到应急治理的成效。尽管不是万能的，但没有预案是万万不能的。网络安全应急预案，是针对可能发生的网络安全事件，为保证迅速、有序、有效地开展应急与救援行动、降低事故损失而预先制定的包括网络信息系统运行、维持、恢复在内的策略和规程。[②] 其本质是要回答针对网络安全事件应急治理的五个问题：做什么、谁来做、如何做、何时做、用什么资源做。因此，网络安全应急预案的管理应是一个包括应急预案的编制（Plan）、演练（Do）、评估（Check）和修订（Action）四个方面内容的过程。[③]

编制管理方面，《预案》要求，"各地区、各部门按职责做好网络安全事件日常预防工作，制定完善相关应急预案，做好网络安全检查、隐患排查、风险评估和容灾备份，

[①] 美国和西德联手破获了苏联收买西德大学生黑客渗入欧美十余个国家的计算机获取大量敏感信息的案件。

[②] 中国网络空间安全研究院，中国网络空间安全研究会.网络安全应急响应培训教程［M］.北京：人民邮电出版社，2016：81.

[③] 李尧远.应急预案管理［M］.北京：北京大学出版社，2013.

健全网络安全信息通报机制，及时采取有效措施，减少和避免网络安全事件的发生及危害，提高应对网络安全事件的能力"。

在预案演练、评估和修订等方面，《预案》要求，中央网信办负责协调有关部门定期组织演练，检验和完善预案，提高实战能力。各省（区、市）、各部门每年至少组织一次预案演练，并将演练情况报中央网信办。

在宣传方面，《预案》要求，各地区、各部门应充分利用各种传播媒介及其他有效的宣传形式，加强对突发网络安全事件预防和处置有关的法律、法规和政策的宣传，开展网络安全基本知识和技能的宣传活动。

在培训方面，《预案》要求，各地区、各部门要将网络安全事件的应急知识列为领导干部和有关人员的培训内容，加强网络安全特别是网络安全应急预案的培训，提高防范意识及技能。

《预案》还要求，在国家重要活动、会议期间，各省（区、市）、各部门要加强网络安全事件的防范和应急响应，确保网络安全。应急办统筹协调网络安全保障工作，根据需要要求有关省（区、市）、部门启动红色预警响应。有关省（区、市）、部门加强网络安全监测和分析研判，及时预警可能造成重大影响的风险和隐患，重点部门、重点岗位保持24小时值班，及时发现和处置网络安全事件隐患。

（二）监测与预警机制

根据《预案》，监测与预警机制可以细分为预警分级机制、预警监测机制、预警研判和发布机制、预警响应以及预警解除机制。

1. 预警分级机制

网络安全事件的分类分级是快速有效地处置安全事件的基础之一。《预案》规定，网络安全事件预警分为四级：由高到低依次用红色、橙色、黄色和蓝色表示，分别对应发生或可能发生特别重大、重大、较大和一般网络安全事件。根据国家标准《信息安全技术　信息安全事件分类分级指南》（GB/Z 20986-2007），网络安全事件可按照信息系统的重要程度、系统损失和社会影响三个要素分为四个级别：特别重大事件（Ⅰ级），即能够导致特别严重影响或破坏的信息安全事件；重大事件（Ⅱ级），即能够导致严重影响和破坏的信息安全事件；较大事件（Ⅲ级），即能够导致较严重影响或破坏的信息安全事件；一般事件（Ⅳ），即不满足以上条件的信息安全事件。而且这一内容被纳入了国际标准《信息安全事件管理》（ISO/IEC 27035）中。

在网络安全事件的分类方面，《预案》也采用了《信息安全技术信息安全事件分类分级指南》国家标准：根据信息安全事件发生的原因、表现形式等，可将其分为有害程序事件、网络攻击事件、信息破坏事件、信息内容安全事件、设备故障、灾害性事件和其他信息安全事件七个大类。实践中，作为国家级应急中心的CNCERT/CC将其分为恶意程序事件、网页篡改事件、网站后门事件、网络钓鱼事件、安全漏洞事件、信息破坏事件、拒绝服务攻击事件、域名异常事件、路由劫持事件、非授权访问事件、垃圾邮件事件、混合性网络安全事件和其他网络安全事件十三类。

2. 预警监测机制

《预案》规定，各单位按照"谁主管谁负责、谁运行谁负责"的要求，组织对本单位建设运行的网络和信息系统开展网络安全监测工作。重点行业主管或监管部门组织指导做好本行业网络安全监测工作。各省（区、市）网信部门结合本地区实际，统筹组织开展对本地区网络和信息系统的安全监测工作。各省（区、市）、各部门将重要监测信息报应急办，应急办组织开展跨省（区、市）、跨部门的网络安全信息共享。

在工业与信息化部负责的公共互联网领域，《公共互联网网络安全突发事件应急预案》要求"基础电信企业、域名机构、互联网企业、网络安全专业机构、网络安全企业应当通过多种途径监测、收集漏洞、病毒、网络攻击最新动向等网络安全隐患和预警信息，对发生突发事件的可能性及其可能造成的影响进行分析评估；对认为可能发生特别重大或重大突发事件的，应当立即向部应急办报告；认为可能发生较大或一般突发事件的，应当立即向相关省（自治区、直辖市）通信管理局报告"。

> **链接：国家级网络安全监测平台**
>
> 在2002年9月17日设立的国家科技部863计划"网络安全应急专项"的支持下，CNCERT/CC研究并建设了国家网络安全应急处理支撑平台（简称863-917网络安全监测平台）。目前，该平台已成为我国公共互联网方面的网络安全事件监测的核心平台。依托该平台，CNCERT/CC开展对基础网络安全、移动互联网安全、互联网数据中心安全、增值业务安全和网上金融证券等重要信息系统网络攻击行为的监测发现，包括对安全漏洞、网络病毒（例如木马和僵尸网络等）、网页篡改、网页挂马、拒绝服务攻击、域名劫持、路由劫持、网

络钓鱼等各种网络攻击。① 目前，该平台具备对骨干互联网上的网络数据进行实时数据流量监测、及时发现蠕虫等网络安全事件、掌握重大网络安全事件的数据情况并提供持续跟踪分析等能力。通过平台可在半小时甚至几分钟之内准确掌握情况，并且具备主动发现异常、提前进行采样分析的可能。②

3. 预警研判和发布机制

《预案》对预警信息、研判主体及其职责作出明确规定。预警信息包括事件的类别、预警级别、起始时间、可能影响范围、警示事项、应采取的措施和时限要求、发布机关等。各省（区、市）、各部门组织对监测信息进行研判，认为需要立即采取防范措施的，应当及时通知有关部门和单位，对可能发生重大及以上网络安全事件的信息及时向应急办报告。各省（区、市）、各部门可根据监测研判情况，发布本地区、本行业的橙色及以下预警。应急办组织研判，确定和发布红色预警和涉及多省（区、市）、多部门、多行业的预警。

在公共互联网安全领域，国家计算机应急技术处理协调中心每周发布《网络安全信息与动态周报》和《国家信息安全漏洞共享平台（CNVD）周报》，每月发布《CNCERT互联网安全威胁报告》，每年发布《中国互联网网络安全报告》和《我国互联网网络安全态势综述》报告。

在网络安全漏洞的信息披露和处置工作方面，中国互联网协会网络与信息安全工作委员会在工业与信息化部指导下，组织有关单位起草了《中国互联网协会漏洞信息披露和处置自律公约》，并于2015年6月组织乌云、补天、漏洞盒子等民间漏洞平台、重要行业部门、基础电信企业、软硬件厂商、网络安全企业与CNCERT/CC等32家单位举行了签约仪式。③

在地区层面，上海率先探索了网络共治。上海市政府工作报告明确提出"建设网络空间安全动态感知体系，建成网络与信息安全应急基础平台"，并于2017年3月底开始试运

---

① 瞭望东方周刊：拜访国家互联网应急中心［EB/OL］．2013-08-05［2017-04-17］．http://news.163.com/13/0805/12/95H04KMI00014AED.html.

② 国家计算机应急技术处理协调中心.网络安全应急实践指南［M］.北京：电子工业出版社，2008：56-59.

③ 中国互联网协会.《中国互联网协会漏洞信息披露处置自律公约》在京签署［EB/OL］．2015-06-23［2017-04-17］．http://www.isc.org.cn/zxzx/ywsd/listinfo-32314.html.

行上海市网络与信息安全应急基础平台。该平台是国内首个区域性的网络安全态势感知和应急处置平台,目前已覆盖上海全市的网络安全监测与应急处置网络。平台的使命是更及时、更全面、更持续地发现、跟踪网络风险,防止局部威胁影响整体安全,从而给全市数百个重要网络节点和信息系统提供保护。平台不仅在软硬件设施上填补了空白,更尝试打造一个由政府、第三方机构、安全企业等多方参与、共建共治的网络安全生态。①

4. 预警响应及解除机制

按照预警级别的不同,《预案》将响应机制分为红色预警响应,橙色预警响应,黄色、蓝色预警响应三种。前两种响应机制分别针对红色和橙色网络安全事件预警,最后一种针对黄色和蓝色网络安全事件预警。具体规定如下。

(1)红色预警响应。应急办组织预警响应工作,联系专家和有关机构,组织对事态发展情况进行跟踪研判,研究制定防范措施和应急工作方案,协调组织资源调度和部门联动的各项准备工作。有关省(区、市)、部门网络安全事件应急指挥机构实行24小时值班,相关人员保持通信联络畅通。加强网络安全事件监测和事态发展信息收集工作,组织指导应急支撑队伍、相关运行单位开展应急处置或准备、风险评估和控制工作,重要情况报应急办。国家网络安全应急技术支撑队伍进入待命状态,针对预警信息研究制定应对方案,检查应急车辆、设备、软件工具等,确保处于良好状态。

(2)橙色预警响应。有关省(区、市)、部门网络安全事件应急指挥机构启动相应应急预案,组织开展预警响应工作,做好风险评估、应急准备和风险控制工作。有关省(区、市)、部门及时将事态发展情况报应急办。应急办密切关注事态发展,有关重大事项及时通报相关省(区、市)和部门。国家网络安全应急技术支撑队伍保持联络畅通,检查应急车辆、设备、软件工具等,确保处于良好状态。

(3)黄色、蓝色预警响应。有关地区、部门网络安全事件应急指挥机构启动相应应急预案,指导组织开展预警响应。《预案》还规定,是否解除预警以及预警解除信息由预警发布部门或地区根据实际情况确定。

(三)应急响应机制

《预案》明确,我国网络安全应急响应实行分级响应机制。具体分为Ⅰ级(最高级

---

① 上海率先探索网络共治[EB/OL].文汇报,2017-02-16[2017-04-17].http://wenhui.news365.com.cn/html/2017-02/16/content_526085.html.

别）至Ⅳ级，分别对应特别重大、重大、较大和一般网络安全事件。《预案》规定：若特别重大网络安全事件发生，应及时启动Ⅰ级响应。具体要求是：成立指挥部，履行应急处置工作的统一领导、指挥、协调职责；应急办24小时值班；有关省（区、市）、部门应急指挥机构进入应急状态，在指挥部的统一领导、指挥、协调下，负责本省（区、市）、本部门应急处置工作或支援保障工作，24小时值班，并派员参加应急办工作；有关省（区、市）、部门跟踪事态发展，检查影响范围，及时将事态发展变化情况、处置进展情况报应急办。指挥部对应对工作进行决策部署，有关省（区、市）和部门负责组织实施。

若重大网络安全事件发生，应及时启动Ⅱ级响应，其具体行动由有关省（区、市）和部门根据事件的性质和情况确定。《预案》还给出了四个方面的行动：一是事件发生省（区、市）或部门的应急指挥机构进入应急状态，按照相关应急预案做好应急处置工作。二是事件发生省（区、市）或部门及时将事态发展变化情况报应急办。应急办将有关重大事项及时通报相关地区和部门。三是处置中需要其他有关省（区、市）、部门和国家网络安全应急技术支撑队伍配合和支持的，商应急办予以协调。相关省（区、市）、部门和国家网络安全应急技术支撑队伍应根据各自职责，积极配合、提供支持。四是有关省（区、市）和部门根据应急办的通报，结合各自实际有针对性地加强防范，防止造成更大范围的影响和损失。

若发生较大和一般网络安全事件，应及时启动Ⅲ级和Ⅳ级响应。《预案》明确，事件发生地区和部门按相关预案进行应急响应。

链接：全国网络安全事件接收和处理情况统计[1]

为了能够及时响应、处置互联网上发生的攻击事件，国家互联网应急中心（CNCERT/CC）通过热线电话、传真、电子邮件、网站等多种公开渠道接收公众的网络安全事件报告。对于其中影响互联网运行安全的事件，波及较大范围互联网用户的事件或涉及政府部门和重要信息系统的事件，该中心积极协调基础电信企业、域名注册管理和服务机构以及应急服务支撑单位进行处理。2016年，CNCERT/CC共接收境内外报告的网络安全事件125 600起，较2015年下降1%；事件处理方面，CNCERT/CC共成功处理各类网络安全事件125 906起，较2015年的125 815起增长0.01%。

---

① 国家互联网应急中心. 2016年中国互联网网络安全报告［EB/OL］.http://www.cert.org.cn/publish/main/46/2017/20170527151228908822757/20170527151228908822757_.html.

（四）后期处置机制

对于Ⅰ级和Ⅱ级应急响应机制，即分别针对特别重大和重大网络安全事件《预案》规定了不同的后期处置机制："Ⅰ级响应结束后，应急办提出建议，报指挥部批准后，及时通报有关省（区、市）和部门。Ⅱ级响应结束后，由事件发生省（区、市）或部门决定，报应急办，应急办通报相关省（区、市）和部门。"

《预案》还提出，特别重大网络安全事件由应急办组织有关部门和省（区、市）进行调查处理和总结评估，并按程序上报。重大及以下网络安全事件由事件发生地区或部门自行组织调查处理和总结评估，其中重大网络安全事件相关总结和调查报告报应急办。总结和调查报告应对事件的起因、性质、影响、责任等进行分析评估，提出处理意见和改进措施。对于事件的调查处理和总结评估工作时间，《预案》规定"原则上在应急响应结束后30天内完成"。

为提高互联网网络安全应急工作的效率和积极性，《预案》还明确，按照有关规定，对在互联网网络安全应急处理过程中表现突出的单位和个人给予表彰，对于处理不力，给国家和企业造成损失的单位和个人进行惩处。

（五）其他网络安全应急治理机制

1.国际合作机制

《预案》明确指出"有关部门建立国际合作渠道，签订合作协定，必要时通过国际合作共同应对突发网络安全事件"。实践中，我国与韩国、俄罗斯等国家建立了网络安全应急治理的国际合作关系。2015年10月，中韩信息通信主管部门网络安全会议在京召开，这次会议是2014年签署谅解备忘录以来的第一次会议。双方在会议中重点围绕网络安全应急响应等议题进行了深入交流，并一致认为，中韩两部门在网络安全管理和技术方面的经验值得相互借鉴，进一步加强中韩信息通信领域网络安全交流合作，有利于双方共同提升网络安全管理水平。2016年6月，国家主席习近平和俄罗斯联邦总统普京签署了《关于协作推进信息网络空间发展的联合声明》，其中第七个任务是"开展网络安全应急合作与网络安全威胁信息共享，加强跨境网络安全威胁治理"。[①]

---

① 中华人民共和国主席和俄罗斯联邦总统关于协作推进信息网络空间发展的联合声明［EB/OL］.新华网，2016-06-26［2017-04-17］. http://news.xinhuanet.com/politics/2016-06/26/c_1119111901.htm.

2.奖惩机制

《预案》还明确，我国网络安全事件应急处置工作实行责任追究制："中央网信办及有关地区和部门对网络安全事件应急管理工作中作出突出贡献的先进集体和个人给予表彰和奖励。中央网信办及有关地区和部门对不按照规定制定预案和组织开展演练、迟报、谎报、瞒报和漏报网络安全事件重要情况或者应急管理工作中有其他失职、渎职行为的，依照相关规定对有关责任人给予处分；构成犯罪的，依法追究刑事责任。"

第二节　国外网络安全应急治理经验

一、美国网络安全应急治理的经验①

（一）美国网络安全应急治理的政策法规要求

从克林顿政府、布什政府到奥巴马政府三个时期的演变中，美国形成了以政策和法律法规为主体的网络安全应急管理的法律体系（见表3-2）。该体系为美国网络安全应急管理体系的组织体系和运行体系奠定了基础。

表3-2　美国网络安全应急管理的主要政策和法律法规

时间	文件名称	相关内容
2004年	《国家应急预案》	《网络安全事件》附件建立了各级政府和私营部门共同参与的应急协调框架②
2013年2月12日	21号总统决策令	完善了国土安全部、行业特定部门（SSAs）等联邦机构、各级政府和私营部门的关键基础设施安全保护职责
2013年2月12日	13636行政令	要求联邦政府与私营企业加强网络安全信息共享，责成国家标准技术研究院出台"降低网络安全风险的框架"③
2014年12月18日	《国家网络安全保护法》	规定国家网络安全与通信综合中心的网络安全信息共享等方面的职责，为信息共享立法奠定了基础

① 张臻，孙宝云，李波洋.美国网络安全应急管理体系及其启示［J］.情报杂志，2018（3）.

② 详见下文"链接：美国《国家应急预案之网络安全事件》"。

③ 2014年2月，国家标准技术研究院出台该框架（Framework for Improving Critical Infrastructure Cybersecurity），目前正在进行修订。

续表

时间	文件名称	相关内容
2014年12月18日	《联邦信息安全现代化法》	为《2002年联邦信息安全法》修订版，明确了联邦机构网络安全事件报告要求，责成管理和预算局负责该法实施，并向国会报告网络安全事件情况
2015年2月23日	13691号行政令	就政府和私营企业合作、共享网络安全信息作出详细规定，如成立信息共享和分析组织，并就隐私保护作了大篇幅说明
2015年2月25日	总统备忘录	决定建立网络威胁情报综合中心（CTIIC），就职责、实施、隐私和公民权利保护等作出规定
2015年12月18日	《网络安全信息共享法》	对联邦实体和非联邦实体的信息共享机制（共享范围、目的、性质、保护方式和权利限制等）进行规定
2016年2月9日	13718号行政令	建立国家网络安全促进委员会，负责从重大网络安全事件中总结态势感知、风险管理和投资等方面的经验与教训
2016年7月26日	41号总统政策令	界定网络安全事件和重大网络安全事件，制定了指导原则和应急框架，责成国土安全部制定国家网络安全事件应急预案
2016年12月	《国家网络安全事件应急预案》	作为动态的战略框架，详细规定了应急管理各方的职责、核心能力和重大网络安全事件响应的协调机制

链接：美国《国家应急预案之网络安全事件》[①]

　　根据美国《2002年国土安全法》的要求，美国国土安全部在成立后的次年即2004年，发布了《国家应急预案》（NRP），取代了1992年的《联邦应急预案》。在该预案中的突发事件附件部分，有专门针对网络安全事件的附件，即《国家应急预案之网络安全事件》。该文件对全国范围内的网络安全事件应急准备、响应和恢复的政策、组织、行动和职责进行了规范。

　　2008年，美国发布了《国家应急框架》（NRF）取代了2004年制定并于2006年修订的《国家应急预案》。经历2013年修订后，美国于2016年出台了第3版。作为美国《国家整备体系》（NPS）的五个组成部分之一，《国家应急框架》的意义在于它是美国对国内各种灾难和紧急情况的应急管理指南。应指出的是，虽然美国国家应急管理文件历经调整，但2004年制定的《国家应急预案》的附件《国家应急预案之网络安全事件》始终有效。目前，该文件已由《国家应急框架》的附件调整为《联邦跨部门行动计划》（FIOP）的附件。

---

　　① 笔者根据《国家应急框架》（2016）等资料整理，详见 https://www.fema.gov/media-library-data/1466014682982-9bcf8245ba4c60c120aa915abe74e15d/National_Response_Framework3rd.pdf。

（二）美国网络安全应急治理体制

美国建立了多层次、全方位的网络安全应急管理组织体系（见表3-3）。该体系的基本依据是指导原则和应急管理活动划分。一是根据"责任共担"原则，联邦机构负责全国应急管理的领导与协调，各州、地方、部落和地区（以下简称地方层面）机构负责区域性网络安全应急协调，掌握了美国多数关键信息基础设施的私营部门则承担了具体工作。按"尊重受影响实体"原则，受影响主体是网络安全应急管理的第一责任人。二是应急管理活动可分为威胁响应、资产响应、情报支持和受影响实体响应四类。其中，威胁响应和资产响应的关系类似于火灾应对时的警察和消防员，前者负责调查取证等执法活动，后者负责控制和消除网络安全事件影响。二者还共同负责如与受影响实体沟通网络安全事件的情况、就政府可用资源进行指导、及时传播从已发生网络安全事件应急响应中吸取的教训等。

表3-3　美国网络安全应急管理组织体系

主体/活动	威胁响应	资产响应	情报支持
联邦	**司法部**、国土安全部的特勤局和调查局	**国土安全部**、各部门网络安全应急机构、行业特定部门（SSAs）	国家情报总监办公室
	国防部和情报界		
各州、地方、部落和地区	各州信息融合中心、地方政府（联邦政府、州政府与事件应急者的沟通桥梁）	区域国土安全办公室和信息融合中心、跨州信息共享和分析中心、DHS国家基础设施和项目司驻地人员、州长国土安全顾问委员会、SLTT政府协调委员会	各州信息融合中心
私营部门	报告执法部门或政府	各实体、信息共享和分析中心	

注：粗体为重大网络安全事件应急的领导机构。

1. 联邦层面主要组织

联邦各部门分别负责各自的网络安全应急管理。其中，国防部网络和情报界网络由各自单独管理，具体由国家安全局网络安全威胁运行中心、网络犯罪中心、网络司令部联合运行中心和情报界的安全协调中心分别承担。承担全国性的网络安全应急管理方面职能的组织如下。

（1）网络应急领导小组和网络应急协调小组。美国重大网络安全事件相关政策和战略的制定与实施由网络应急领导小组负责。小组通过总统国土安全和反恐助理向国家安全委员会报告，组长由总统特别助理兼网络安全协调官（负责全国网络安全政策协调）担任。跨部门的行动协调则由网络应急协调小组负责。成员包括威胁响应、资产响应和情报支持活动的联邦领导部门及已经（或很可能）受影响的行业特定部门。必要时还可包括其他各级政府、非政府组织、国际合作者和私营企业。

（2）国土安全部国家网络安全与通信综合中心（NCCIC）。该中心由国家保护与项目司网络安全和通信办公室主任领导。中心具体承担国土安全部在重大网络安全事件的资产响应方面的领导职责。目前承担"作为联邦接口，负责联邦和非联邦实体间的网络安全风险和事件信息的共享、分析和预警"等11项职能。为履行这些职责，中心分为四个部门：一是运营与整合部：负责应急预案、培训和演练工作；二是美国计算机应急小组：负责全面的应急响应工作；三是工业控制系统计算机应急小组：协调工业控制系统相关安全事件应急响应；四是国家通信协调中心：负责协助政府、私营企业和国际合作伙伴共享和分析威胁信息。[①]

（3）司法部和国家情报总监办公室。威胁响应行动的联邦领导机构是司法部（具体为联邦调查局和国家网络调查联合工作组），其他参与机构包括国土安全部下的特勤局和国土安全调查局。情报支持行动则由国家情报总监办公室领导（具体为网络威胁情报中心），具体包括提供态势感知、安全威胁趋势和安全事件综合分析等。

此外，政策的国际协调工作由国务院（具体为网络事务协调办公室）负责。很多联邦机构和ICT企业都通过与国外组织合作以加强应急管理。

2. 地方层面和私营部门层面的主要组织

地方政府，特别是大城市，通过"城区安全计划"获得的拨款建立网络安全相关项目，提供事件应急者与联邦政府、州政府的沟通桥梁，在地方性应急管理中发挥了重要作用。州政府则主要通过信息融合中心和跨州信息共享和分析中心（MS–ISAC）等组织建立联邦政府与地方政府执法部门的联系，共享网络安全信息。目前，后者有56个州和地区、50个州首府、78个信息融合中心、1 000多个地方政府和众多的部落

① Piret Perni, Jesse Wojtkowiak, Alexander Verschoor–Kirss. National Cyber Security Organisation: UNITED STATES［R］. Tallinn: NATO Cooperative Cyber Defence Centre of Excellence, 2016:18–19.

政府参与。①

  私营部门实体自己或通过行业的信息共享和分析中心支持进行威胁响应，并通过向司法或政府部门报告支持威胁响应。目前，美国成立了汽车等20个行业的信息共享和分析中心，覆盖了所有16个关键基础设施部门。其中通信、金融服务信息、航空信息三个行业中心与国土安全部国家网络安全与通信综合中心（NCCIC）保持协调，其他中心也与NCCIC密切配合。当超出其能力时，行业特定部门会协调联邦部门以提供支持。

（三）美国网络安全应急治理机制

1. 网络安全监测预警机制

  在美国，私营部门实体通过自建或购买服务的方式实现了网络安全监测和预警。而且多数通过信息共享和分析中心保持与其他实体和政府的密切联系，其中大多数具备7×24小时的威胁预警和事件报告能力。地方层面，跨州信息共享和分析中心下有24小时运行的监控中心，能提供网络实时监控和网络威胁预警等服务。联邦政府则通过爱因斯坦项目（EINSTEIN）建立了民用网络（国防部和情报界网络由各自负责）的应急监测机制。基于2003年、2008年和2012年启动的爱因斯坦1、爱因斯坦2和爱因斯坦3加速计划（E3A），美国建立了国家网络安全保护系统（由网络安全和通信办公室下网络安全研发部管理）。通过这一具备入侵检测、高级分析、信息共享和入侵防护等功能的系统，实现了所有部门网络的监测预警全覆盖。②

  另外，美国还建立了网络安全预警机制。《国家网络安全事件应急预案》附件D规定了网络安全事件报告的时间、内容和报告接收的对象。根据《联邦信息安全现代化法》规定，联邦政府机构应按《事件报告指南》要求在1小时内向美国计算机应急小组报告信息安全事件，非联邦实体也可自愿向小组报告。报告的事件中为橙色预警及以上的属于重大网络安全事件。③

---

  ① Center for Internet Security: MS-ISAC Membership FAQ［EB/OL］.［2017-09-20］. https://www.cisecurity.org/ms-isac/ms-isac-membership-faq/.

  ② DHS: National Cybersecurity Protection System［EB/OL］.［2017-09-20］.https://www.dhs.gov/national-cybersecurity-protection-system-ncps.

  ③ US-CERT. Federal Incident Notification Guidelines［EB/OL］.［2017-09-20］.https://www.us-cert.gov/sites/default/files/publications/Federal_Incident_Notification_Guidelines.pdf.

2. 网络安全事件分级响应机制

美国41号总统政策令明确了网络安全事件和重大网络安全事件的定义。《网络安全事件严重性模式》进一步给出了界定方法：事件按严重性可分为0~5级，其中3级以上为重大。实践中，NCCIC基于《计算机安全事件处理指南》（SP 800-61）建立了网络安全事件评分系统。该系统能通过计算功能性影响等8个方面指标的算数加权平均，得到一个0~100间的分数后对应不同的网络安全事件级别。[1]此外，美国也鼓励非联邦实体采用《网络安全事件严重性模式》和该系统。

判定事件是否属于重大时，美国启动重大网络安全事件应急协调机制，组建网络应急协调小组以进行全面协调。但大多数网络安全事件都属于常规性事件，在受影响实体内部或通过一般协调机制就能处理。根据21号总统政策令，美国16个关键基础设施部门的私营实体将通过行业特定部门、信息共享和分析中心、行业协调委员会、政府协调委员会、联邦高级领导委员会、SLTT政府委员会、行业财团委员会进行行业内和行业间的应急协调。没有对应行业特定部门的私营实体可通过信息共享和分析组织进行协调。地方层面则通过跨州信息共享和分析中心、信息共享和分析组织或SLTT政府委员会等组织协调，但各州情况不一。

3. 网络安全信息共享机制

美国形成了以组织机构体系建设为重点，以激励机制为支撑，以隐私保护机制为补充的网络安全信息共享机制。[2]一是国家网络安全与通信综合中心负责协调联邦政府的安全信息共享工作。目前，已建成自动化的网络威胁指标共享系统，并通过"自动指标共享"倡议正在建立一个由世界各个网络防御和事件响应组织的共同体，国家标准和技术研究院于2016年10月发布了《网络威胁信息共享指南》。二是地方层面主要通过跨州信息共享和分析中心实现信息共享，中心与国家信息分析和共享中心委员会、情报融合中心及其他公共部门和私有部门实体建立紧密联系以加强信息共享。[3]大多数私营实体

---

① NCCIC Cyber Incident Scoring System［EB/OL］.［2017-09-20］.https://www.us-cert.gov/NCCIC-Cyber-Incident-Scoring-System.

② 马民虎，方婷，王玥.美国网络安全信息共享机制及对我国的启示［J］.情报杂志，2016, 35（3）:17-23.

③ Center for Internet Security: MS-ISAC Charter［EB/OL］.［2017-09-20］. https://www.cisecurity.org/ms-isac/ms-isac-charter/.

则通过信息共享和分析中心与国家信息共享和分析中心委员会实现行业内、行业间及与政府的网络安全信息的双向共享。他们还通过网络信息共享和合作项目（CISCP）与联邦政府共享包括网络安全威胁和事件等信息。截至2016年8月，已有174家企业加入该项目。[①]

4. 多种突发事件的应急协调机制

考虑到网络安全事件可能与其他突发事件并发，美国建立了应急协调机制。一方面，通过《国家应急框架》建立了与应急通信的协调机制。2011年，联邦应急管理署出台了《国家整备体系》（2015年出台了第2版）。作为该体系中五个框架之一，《国家应急框架》为所有突发事件的应急提供了指南。在《国家应急框架》中，包括核心文件、应急支持功能附件和突发事件附件等文件。根据《网络安全事件》这一突发事件附件（即《国家应急预案之网络安全事件》），针对网络安全事件的应急机制常常会触发应急通信机制，而后者的依据是名为《通信》的支持功能附件2。另一方面，通过《国家网络安全事件应急预案》，建立了与其他物理的突发事件应急的协调机制。《国家网络安全事件应急预案》中的附件C给出了事件严重性级别与负责所有重大突发事件应急的国家应急反应协调中心的响应级别的对应关系。为加强《国家网络安全事件应急预案》与《国家应急框架》间的联系，《国土安全法》还要求国土资源部要依据前者，经常开展针对后者的附件即《网络安全事件》这一文件的应急演练和修订工作。

5. 网络安全应急演练机制

根据《2006年卡特里娜飓风后紧急应变管理改革法》，联邦应急管理署应至少每两年组织一次全国演练以检验应对灾害的整备能力。国土安全部分别于2006年、2008年和2010年举办了第一届、第二届和第三届"网络风暴"演练。2011年，美国建立了检验全国整备能力的国家演练项目。作为其中最高级的演练，"2012年国家级演练"聚焦于网络安全，这也是第四届"网络风暴"，其目标包括检验《国家网络安全应急预案》（草案）。[②]经2016年3月的第五届"网络风暴"演练后，国土安全部对草案进行了全面

---

① GAO.CYBERSECURITY: DHS's National Integration Center Generally Performs Required Functions but Needs to Evaluate Its Activities More Completely［R］. US: GAO–17–163, 2017,7.

② DHS: Informing Cyber Storm V:Lessons Learned from Cyber Storm IV［EB/OL］.［2017–09–20］. https://www.dhs.gov/sites/default/files/publications/Lessons%20Learned%20from%20Cyber%20Storm%20IV.pdf.

系统的完善，于2016年12月发布了《国家网络安全应急预案》。通过演练机制，美国建立了检验网络安全应急管理能力的检验方法，为不断完善应急预案和提升应急水平提供了重要参考。

二、欧洲国家网络安全应急治理经验

（一）英国高度重视网络应急治理

第一，英国将网络安全视为国家安全的重要组成部分，并认为"网络威胁依然是头等威胁"。2010年10月，英国国家安全委员会发布的《非确定性时代的强大英国：国家安全战略》将"其他国家针对英国网络空间的敌对攻击和大规模网络犯罪"明确列为国家面对的主要威胁之一，并将"网络安全"视为与"国际恐怖主义""国际军事危机"，以及"因自然灾难或事故导致的国内紧急事件"同等重要的"四个高优先级风险"之一。[①]2015年颁布的《国家安全战略》重申："网络威胁依然是头等威胁"。

第二，英国注重战略制定对促进应急治理能力提升的作用。《英国网络安全战略：网络空间的安全、可靠和可恢复性》提出的三个战略目标之一就是"降低网络空间使用的风险"。[②]2011年11月，英国内阁办公厅发布了修订版的《网络安全战略：在数字化世界中保护和推动英国的发展》，提出在2011—2016年通过总额为8.6亿英镑的国家网络安全计划以完成战略目标，在针对四个目标的57项具体措施中，应急治理相关措施包括："至2011年底，为公民和中小企业建立单独的网络犯罪报告系统""加大警务部门对网络的感知和服务能力""保证网络安全事件应急的新程序、政府和民营企业的合作、威胁信息共享和旨在减轻影响的减灾建议等得到落实""与民营企业建立新型合作关系以共享网络威胁信息、管理网络安全事件、建立趋势分析、形成网络安全保障能力"，等等。[③]根据2016年4月发布的《网络安全战略2011—2016：年度报告》，

①　David Cameron, Great Britain and Cabinet Office, A Strong Britain in an Age of Uncertainty the National Security Strategy, https://www.gov.uk/government/uploads/system/uploads/attachment_data/file/61936/national-security-strategy.pdf.

②　Cyber Security Strategy of the United Kingdom: Safety, Security and Resilience in Cyber Space, https://www.gov.uk/government/uploads/system/uploads/attachment_data/file/228841/7642.pdf.

③　The UK Cyber Security Strategy Protecting and Promoting the UK in a Digital World, https://www.gov.uk/government/uploads/system/uploads/attachment_data/file/60961/uk-cyber-security-strategy-final.pdf.

2011—2016年5年间的决算占预算（8.6亿英镑）的99%，"应急管理/响应和趋势分析"方面的总费用达到2 440万英镑。①2016年12月，英国又发布了《2016—2021网络安全战略》，该文件计划在未来的5年里投入19亿英镑。文件明确了网络安全的概念：信息系统（包括硬件、软件和相关基础设施）及其中的数据、所提供的服务不受非授权的访问、损害或误用。为了完成使命和进而提出的防御、监测和开发三大目标，文件中提出了11大原则，其中包括"将对英国的网络攻击放在与传统攻击同等重要的位置并进行防卫""包括所有公共部门、企业、机构和公民个人等在内的合作""政府主导、其他各方参与""广泛的国际合作"等原则。②

第三，英国建立了较为成熟的网络安全应急体制。英国在内阁办公厅下设网络和政府办公室（前身为根据2009年的网络空间安全战略成立的网络安全办公室），负责网络安全战略的制定和实施推进。网络安全应急相关的管理工作由2016年10月组建的国家网络安全中心（NCSC）负责。该中心整合了原政府通信总部内的国家信息安全保障技术管理局（前身为通信—电子安全工作组）、网络评估中心（CCA）、英国计算机应急响应小组（CERT-UK）和国家基础设施保护中心（CPNI）的网络相关职能。在网络内容监管方面，成立于1996年，在英国工业贸易部、国内事务部和英国城市警察署的主持下开展工作的"互联网监督基金会"发挥了功不可没的作用——在其2011年3月发布的2010年年报中，那些处于基金会打击范围内的网络色情内容在英国的网络中几近消失。该基金会主要负责搜索非法网络信息，并专门设立了一个有500~800个非法信息网页链接的名单，每天对名单进行两次更新，并将这份名单通报给相关执法部门和其他机构，以便及时采取措施阻止网民访问。其"网络服务内容选择平台"系统，将网络信息根据色情、辱骂性语言、暴力、种族主义言论、网络诈骗、潜在危害言论以及个人隐私、成人主题等内容进行分类，并在网页上植入相关标记，当用户浏览到这些信息时，系统将自动询问是否继续，用户再自行选择。③

第四，英国建立了健全的信息共享机制和应急响应机制。一方面，通过2013年3月

① The UK Cyber Security Strategy 2011-2016: annual report，https://www.gov.uk/government/uploads/system/uploads/attachment_data/file/516331/UK_Cyber_Security_Strategy_Annual_Report_2016.pdf.

② National cyber security strategy 2016-2021，https://www.gov.uk/government/uploads/system/uploads/attachment_data/file/567242/national_cyber_security_strategy_2016.pdf.

③ 李海龙. 英国网络治理疏而不漏［EB/OL］. 2015-01-05［2017-04-17］. http://www.qstheory.cn/international/2015-01/05/c_1113875987.htm.

建立的网络安全信息共享联盟（CiSP），搭建了政府和行业之间网络安全威胁信息的共享。在此联盟下，一旦发生网络安全事件，联盟成员将能实时接收网络攻击预警、攻击的方式手段和应对措施等信息。目前，已经有10个区域性网络信息共享组织、4 020个成员组织和9 097位个人参与。①另一方面，当网络安全事件发生，受攻击者可向网络安全中心报告，还可以通过"网络事件应急"（CIR）或"网络安全事件应急计划"（CSIRS）两种渠道获取第三方帮助。前者旨在解决复杂的、可能会造成国家级影响的事件，这一计划是经网络安全中心和国家基础设施保护中心共同认证的，并且由政府管理；后者旨在解决一般的事件，主要面向各个行业、广泛的公共部门和学术界，这一计划是网络安全中心和国家基础设施保护中心赞助的，并由总部设在英国的CREST网络安全行业鉴定与认证机构管理。②

（二）法国

2009年7月，法国成立国家网络和信息安全局（以下简称ANSSI），主要负责对敏感网络进行全天候监测并采取防御措施，向政府部门和民营企业提供应对网络威胁的建议和支持等。2010年，时任总统萨科齐授权该局负责全国网络信息系统的防御保障，ANSSI的职权进一步强化。2011年发布的《法国信息系统防御与安全战略》中指出，ANSSI内设专门机构进行网络威胁的实时监测和危机管理，提升必需的应急响应能力。根据2013年4月奥朗德总统签发的《2014—2019国防和国家安全白皮书》，ANSSI获得了对关键基础设施运营商的审计权。根据要求，民营企业必须向其通报安全漏洞情况。③

（三）俄罗斯

2000年6月，俄罗斯联邦安全会议通过了《俄罗斯联邦信息安全学说》，并于9月由总统普京批准颁布。根据这部加强国家信息安全保障的纲领性文件，俄罗斯将采取包括"建设国家信息安全保障系统""对网络安全威胁进行评估并制定应对措施"等具体

---

① Cyber Security Information Sharing Partnership ［EB/OL］.2017–12–19［2018–01–14］. https://www.ncsc.gov.uk/cisp.

② Professional service scheme Cyber Incidents ［EB/OL］.2016–08–01［2018–01–14］. https://www.ncsc.gov.uk/scheme/cyber–incidents.

③ 王舒毅.网络安全国家战略研究［M］.北京：金城出版社、社会科学文献出版社，2016：95–97.

措施。2012年7月，俄罗斯联邦安全会议发布《俄罗斯联邦保障关键基础设施生产和技术流程信息控制系统安全政策的优先方向》，明确了"网络安全管理部门责任分工""建立健全网络安全预警体系"等3个方面的保障关键基础设施安全任务。2013年1月，俄罗斯签发总统令责成俄联邦安全局建立监测、防范和消除计算机信息隐患的国家计算机信息安全机制，其中包括对计算机安全事故进行鉴定、建立电脑攻击数据库等。8月，俄联邦安全局出台了《俄联邦网络关键基础设施安全（草案）》，提出很多新举措，其中与应急治理相关的有：建立国家网络安全防护系统，实施预警或采取措施降低网络攻击造成的损失；建立联邦网络安全事件应急响应中心，以加强联邦职能部门与行业协会、民营企业间应对网络威胁的信息共享和支持互动，对网络事件进行预警和处理。2014年1月，俄罗斯联邦委员会公布《俄罗斯联邦网络安全战略构想》，提出制定专门的网络安全国家战略文件。根据文件，俄罗斯的网络安全战略将确定"建设国家网络防御和网络威胁预警系统""建立包括国家、民营企业和公民在内的网络安全合作机制"等6个方面的优先措施。[①]在国际合作方面，2016年6月，俄罗斯与我国签订了《关于协作推进信息网络空间发展的联合声明》（以下简称《声明》）。《声明》提出的第七个任务便是"开展网络安全应急合作与网络安全威胁信息共享，加强跨境网络安全威胁治理"。[②]

（四）德国

早在2001年，德国就组建了计算机应急小组，并成立了防范黑客网络攻击的预警协调机构，以整合政府部门和民营企业的网络安全力量，实现信息共享。2011年，德国内政部发布了《德国网络安全战略》，其中规定成立国家网络安全委员会和国家网络应急中心，负责国家网络安全事务的统筹协调和网络安全事件的应急工作。该委员会向联邦信息安全局负责，由来自联邦刑警局、联邦警察署、联邦情报局、国防军、海关以及关键基础设施运营部门等人员组成。在即将或已经发生网络安全危机的情况下，委员会将直接向内政部部长指挥的危机管理部门报告并采取措施。国家网络应急中心则向委员会提交例行和特殊报告。2012年，BSI与德国信息经济、电信和新媒体协会一同成立了"网络安全联盟"，该联盟旨在加强政企合作。[③]

_____

①③　王舒毅.网络安全国家战略研究［M］.北京：金城出版社、社会科学文献出版社，2016：109–113.

②　中华人民共和国主席和俄罗斯联邦总统关于协作推进信息网络空间发展的联合声明［EB/OL］.新华网，（2016–06–26）［2017–04–17］.http://news.xinhuanet.com/politics/2016–06/26/c_1119111901.htm.

三、其他国家网络安全应急治理经验

（一）日本

为加强国家网络安全应急工作，日本非常注重健全相关组织机构。2005年4月，日本内阁官房成立国家信息安全中心（NISC），承担日本网络安全工作的领导与协调职能，负责包括组织应对国家级网络安全事件。5月，又在IT战略指挥部下成立了信息安全政策委员会，规定其承担信息安全战略规划的统筹规划和制定实施职责。2015年1月，根据《网络安全基本法》中要求成立"情报安全政策会议"的要求，日本将成立了10年的信息安全政策委员会升级为网络安全战略本部，由内阁官房负责统领，与日本国家安全保障会议、IT战略指挥部开展合作，制定维护政策，并在发生重大网络安全事件时，负责相关协调和应急响应工作。日本政府还成立"政府安全行动协调组"，负责24小时监控政府机构的网络信息系统，监督国家信息安全中心的工作开展，协调各部门加强网络防御工作。[①]

另外，日本的战略主动性也在不断增强。2009年2月，日本信息安全政策委员会制定的《第二份国家信息安全战略——打造IT时代强大的个人与社会》重点关注"应急响应"，文件侧重于紧急情况发生时的应急措施和及时恢复工作，力求建立重大网络安全事件发生时一体联动的信息安全措施。2010年5月通过的《日本保护国民信息安全战略》提出了两个方面的具体措施，其中包括"为应对潜在大规模网络攻击进行充分准备"，具体有组织政府部门进行重大网络安全事件应急演练，加强网络安全事件信息收集、分析和信息共享系统建设，特别是加强内阁官房与相关政府机构间的信息共享系统建设等。2013年《网络安全战略》中提出的具体举措有：强化网络安全事件的分析研判和相关信息共享，提高网络攻击监测和分析能力等。2013年10月，日本信息安全政策委员会发布了《网络安全合作国际战略》，其中提出了合作的重点领域，包括强化网络安全事件动态响应，建立计算机安全事件响应组CRIST并组织演习等。

（二）加拿大

网络安全应急治理机制方面，加拿大于2013年8月发布的由相关方自愿参加的《加

---

① 王舒毅.日本网络安全战略：发展、特点及借鉴［J］.中国行政管理，2015（1）.

拿大网络安全事件管理框架》①是基于成熟的应急管理体系制定的。这个应急管理体系包括2007年联邦、各省和地区政府共同制定的《加拿大应急管理框架》和协调各级政府、民营企业、非政府组织和国际利益相关者应急活动的国家应急响应体系。在应对重大网络安全事件导致的物理影响方面,《加拿大应急管理框架》和国家应急响应体系是首要行动指南。

根据《加拿大网络安全事件管理框架》,公共安全部下属的加拿大网络事故响应中心(以下简称中心)是预防、缓解安全事故,并在网络安全事件后及时响应并恢复网络的国家协调中心。② 中心还与联邦政府内加拿大共享服务部信息保护中心和通信安全司③下属的网络威胁评估中心协调处理网络安全事件。另外,皇家骑警负责打击网络犯罪。值得指出的是,加拿大采用了和美国类似的分级响应机制,即根据影响严重性将网络安全事件分为5级,并据此给出了相应行动。该框架还规定,当网络安全事件导致物理影响(如电力瘫痪)时,响应活动协调的领导职责将由政府行动中心(GOC)承担。

第三节　加强我国网络安全应急治理

一、建立健全网络安全应急治理体制

作为网络安全的重要组成部分,网络安全应急治理的体制建设是决定应急治理工作成效的关键因素。从美英等发达国家看,提高应急治理工作的统筹力度、不断完善治理体制是普遍做法。比如美国,针对常规和重大网络安全事件明确了不同的协调机构:针对常规的网络安全事件,应急治理工作主要由各主管(或监管)部门负责协调;对于重大网络安全事件,应急工作由制定和实施重大网络安全事件相关政策和战略的网络应急领导小组和网络应急协调小组负责。

从《国家网络安全应急预案》(以下简称《预案》)要求看,我国已经明确建立

---

① Cyber Incident Management Framework for Canada, https://www.publicsafety.gc.ca/cnt/rsrcs/pblctns/cbr-ncdnt-frmwrk/cbr-ncdnt-frmwrk-eng.pdf.

② 雷珩.加拿大网络安全治理框架[J].中国信息安全,2013(10).

③ 该机构负责跟踪国外信号情报,保护加拿大政府电子信息和通信网络,包括检测和发现网络威胁并提供情报和安全服务。

了"统一领导、分级负责"的应急治理体制。《预案》指出，中央网信办在中央网络安全和信息化领导小组领导下，统筹协调组织国家网络安全事件应对工作，建立健全跨部门联动处置机制。工业和信息化部、公安部、国家保密局等相关部门按照职责分工负责相关网络安全事件的应对工作。国家网络安全应急办公室负责网络安全应急跨部门、跨地区协调工作和指挥部的事务性工作，组织指导国家网络安全应急技术支撑队伍做好应急处置的技术支撑工作。有关部门派负责相关工作的司局级同志作为联络员，联络应急办工作。对于《预案》提出的"必要时成立负责组织指挥和协调的指挥部"，应进一步明确该指挥部的组建方式与程序、权力、责任、成员及各成员的职责，并在全面推进全国三级网信工作体系建设的基础上，加快建设各地区（主要为省级）网络安全应急指挥机构。

各地区各部门要依据我国《网络安全法》《突发事件应对法》《预案》的相关规定，按照"统一领导、分级负责""坚持谁主管谁负责、谁运行谁负责"的工作原则，加快建立健全网络安全应急治理体制，充分发挥各方面的力量，共同做好网络安全事件的预防和处置工作。

二、优化完善网络安全应急治理机制

"十三五"规划第二十八章指出要"健全网络与信息突发安全事件应急机制"。科学的应急治理机制是及时有效应对网络安全事件的重要保证。网络安全事件应急处置流程以安全事件为牵引，建立各工作环节、要素、主客体的关联关系，以清晰描述安全事件应急处置过程、步骤、内容、动作和要求。[①]结合美国等国家的实践，我国可从三个方面优化和完善网络安全应急治理机制。

第一，完善网络安全事件分级响应机制。在《预案》已明确给出网络安全事件分级标准，授权应急办确定和发布红色预警、各省（区、市）、各部门确定和发布红色和橙色及以下预警的基础上，为促进各地区各部门事件严重性分级的统一，我国可借鉴美国国家网络安全与通信综合中心的做法，建立供各地区和各部门使用或参考的事件评级系统。各地区各部门应按《预案》中网络安全事件分级规定，制定和完善相关应急预案。

---

① 宫亚峰. 依法做好网络安全应急管理工作［EB/OL］. 2016–11–15［2017–04–17］. http://www.cac.gov.cn/2016–11/15/c_1119916447.htm.

第二，健全网络安全信息共享机制。目前，我国有国家计算机网络与信息安全管理中心、国家计算机病毒应急处理中心等多个组织参与对网络信息安全事件进行监测、通报、预警、处置和宣传，另外，也有各类互联网企业和互联网安全公司收集网络安全信息。而且，《预案》还明确了应急办"组织开展跨省（区、市）、跨部门的网络安全信息共享"的职责。我国可借鉴美国等国家做法，组建国家层面的网络安全信息共享中心，以促进网络安全信息及时、充分、高效共享。要抓紧制定出台网络安全信息共享制度，明确共享的威胁和事件信息范围，建立包括激励机制和隐私保护机制的政府企业信息共享机制。

第三，建立多种突发事件的应急协调机制。考虑到网络安全事件可能与其他突发事件并发，建议参考美国做法，结合我国突发事件应急管理由国务院应急办负责的实际，建立国家网络安全应急办公室与国务院应急办的协调机制。具体来说，可以通过将网络安全应急演练与全国各类突发事件应急演练纳入统一规划、建立网络安全事件与我国《突发事件应对法》中其他事件分级响应的对应关系等多种措施，推动建立网络和物理空间两个或多个并发突发事件应急的协调机制。此外，还应加强《预案》与其他关系密切的应急管理预案的衔接，特别是与《国家通信保障应急预案》和待出台的信息内容安全事件应急预案衔接。

第四，优化网络安全监测预警机制。我们要根据"十三五"规划和《网络安全法》的有关规定，建立全面覆盖各个关键信息基础设施的监测预警，解决我国以往的监测预警主体和职责"条块分割"的问题：一是组建统一的监测预警机构，如国家关键基础设施信息安全保护委员会，在该委员会下设立信息安全风险监测中心。二是结合《突发事件应对法》的规定，我国应当从预警级别、预警启动、不同级别预警的应对机制以及预警解除等方面完善国家关键基础设施信息安全事件的预警机制。[①]

第五，建立健全专家咨询机制，为网络安全事件的预防和处置提供专业技术咨询。《预案》要求"建立国家网络安全应急专家组，为网络安全事件的预防和处置提供技术咨询和决策建议。各地区、各部门加强各自的专家队伍建设，充分发挥专家在应急处置工作中的作用"。因此，各地区应该按照要求，建立健全专家咨询机制，由经验丰富的

---

① 王玥，方婷，马民虎. 美国关键基础设施信息安全监测预警机制演进与启示［J］. 情报杂志，2016（1）.

专家团队分析研判网络安全态势，参与制定应急预案，辅助指挥决策，指导应急技术队伍开展处置工作。①

三、加快形成网络安全应急制度体系

在制度体系建设方面，美国、加拿大等国家已形成了较为完备的网络安全应急治理制度体系。比如，美国已形成以《国家网络安全事件协调机制》及其附件《联邦政府重大网络安全事件协调架构》以及《国家网络安全事件应急预案》等文件为核心的网络安全应急制度体系，加拿大也出台了《加拿大应急管理框架》下的《加拿大网络安全事件管理框架》。

从我国实践看，尽管已经出台了《网络安全法》《国家网络安全应急预案》等相关应急制度，但要保障网络安全应急治理体制机制顺畅运行，在勒索病毒等安全事件频发的网络安全新形势下，我国要以《网络安全法》为核心，以《国家网络空间安全战略》《网络空间国际合作战略》《"十三五"国家网络安全规划》等战略规划为依据，加快形成网络安全应急制度体系。一方面，要以《国家网络安全应急预案》为根本遵循，抓紧制定和完善各地方各行业的应急预案，制定出台信息内容安全事件专项预案；另一方面，要加快出台网络安全风险信息报告制度和信息共享制度，为加强网络安全态势感知和安全信息全面高效共享奠定基础。此外，对于已经制定的行政法规和部门规章，也应根据网络安全法的要求以及法律实施中遇到的新情况新问题，及时予以修改完善。

---

① 宫亚峰. 依法做好网络安全应急管理工作［EB/OL］. 2016–11–15［2017–04–17］. http://www.cac.gov.cn/2016–11/15/c_1119916447.htm.

第四章　全面提高领导干部网络安全素养

第一节　领导干部要知网、懂网、用网

领导干部要学网、懂网、用网，要善于运用网络了解民意、开展工作，这是以习近平同志为核心的党中央对新时代领导干部网络安全素养提出的新要求。2016年4月，在网络安全和信息化工作座谈会上，习近平总书记强调，互联网是一个社会信息大平台，亿万网民在上面获得信息、交流信息，这会对他们的求知途径、思维方式、价值观念产生重要影响，特别是会对他们对国家、对社会、对工作、对人生的看法产生重要影响。古人说："知屋漏者在宇下，知政失者在草野。"很多网民称自己为"草根"，那网络就是现在的一个"草野"。网民来自老百姓，老百姓上了网，民意也就上了网。群众在哪儿，我们的领导干部就要到哪儿去，不然怎么联系群众呢？各级党政机关和领导干部要学会通过网络走群众路线，经常上网看看，潜潜水、聊聊天、发发声，了解群众所思所愿，收集好想法好建议，积极回应网民关切、解疑释惑。善于运用网络了解民意、开展工作，是新形势下领导干部做好工作的基本功。各级干部特别是领导干部一定要不断提高这项本领。2016年11月，在中共中央政治局就网络强国战略进行第三十六次集体学习时，习近平总书记再次强调，现在，各级领导干部特别是高级干部，如果不懂互联网、不善于运用互联网，就无法有效开展工作。各级领导干部要学网、懂网、用网，积极谋划、推动、引导互联网发展。

一、领导干部要学网——要了解互联网的发展现状

万维网的发明让普通人得以自由拥抱互联网，与传统报纸、电视的指向群体分别称为读者和观众一样，互联网也有自己的特定指向群体——网民。进入21世纪，中国网

民数量增长十分迅猛，而且随着智能手机的快速普及，正有越来越多的读者、观众变身网民，使自媒体得以迅速崛起，信息的传播方式发生了根本改变。

第一，网民数量达到7.51亿、人均周上网时间逾26小时。截至2017年6月，我国网民规模达7.51亿，半年共计新增网民1 992万人。从图4-1可以看出，经过2006—2011年的快速增长期，我国网民数量近5年的增长速度趋于平稳。

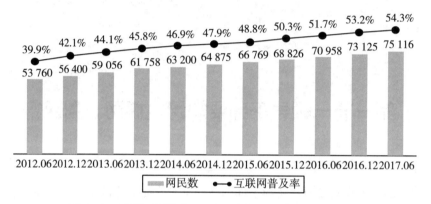

图4-1　我国网民规模和互联网普及率（单位：万人）

从网民的上网时间看，2017年上半年人均周上网时长为26.5小时，与2016年基本持平。从纵向发展看，2013年是快速发展的节点，从每周花费21.7小时增长至每周上网25小时，并于2014年再度增长至25.9小时，[①]此后开始进入平稳期，近两年稳定在26.5小时/周（见图4-2）。

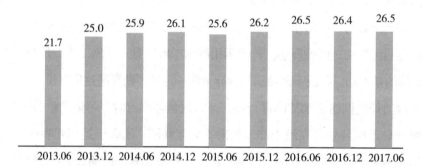

图4-2　中国网民平均每周上网时间（单位：小时）

———————————

① 中央网络安全和信息化领导小组办公室，国家互联网信息办公室，中国互联网络信息中心.中国互联网络发展状况统计报告（第40次）[EB/OL].2017-08-04[2017-12-18].http://www.cac.gov.cn/files/pdf/cnnic/CNNIC40.pdf.

从互联网的普及率看，我国为54.3%，远高于全球平均水平。但是需要特别指出的是，从全球范围看，近十年网民的增长速度也十分迅猛，到2016年全球互联网用户数量已达34亿，比上一年增长10%，互联网渗透率为46%。[①]从图4-3中可以看出，虽然从2009年开始，网民数量的年度增长速度开始缓慢下降，由2009年的逾15%降至2016年的10%，但是由于网民基数越来越大，所以单纯从数量上看，全球范围内网民数量近5年增长很快，净增长近14亿。

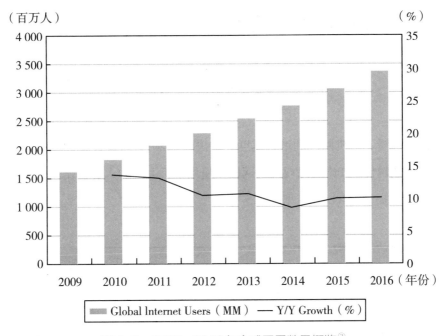

图4-3　2009—2016年全球网民数量概览[②]

第二，手机网民数量增长迅速。2015年，全球智能手机用户数比上年增长21%，2014年增长率为31%，增速放缓。从世界范围看，手机网民的发展情况很不均衡，在亚太地区手机网民增长迅速，但在北美和西欧地区，手机网民增长趋势比较平缓（见图4-4）。[③]

①② Mary Meeker. INTERNET TRENDS 2017—CODE CONFERENCE［N/OL］. KPCB, May 31, 2017［2017-12-11］. http://www.kpcb.com/blog/2016-internet-trends-report.

③ Mary Meeker. 2016 Internet Trends Report［N/OL］. KPCB, June 1, 2016,［2017-04-12］. http://www.kpcb.com/blog/2016-internet-trends-report.

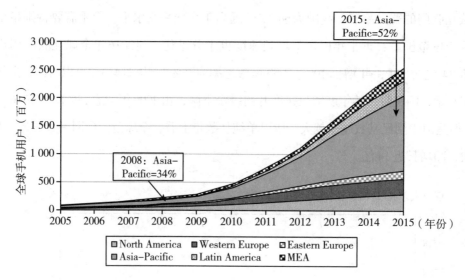

图4-4　2005—2015年全球智能手机用户发展情况[1]

从国内情况看，手机网民的增长速度非常快，到2014年6月底，手机网民规模达5.27亿，首次超越传统PC网民规模，网民中使用手机上网的人群占比进一步提升，由2013年的81.0%提升至83.4%（见图4-5）。[2]

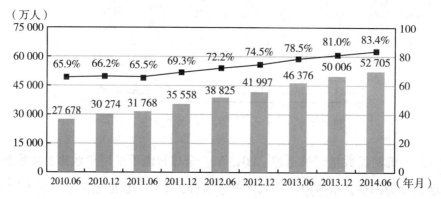

图4-5　2010—2014年中国手机网民规模及占整体网民比例

最新报告显示，2017年6月，我国手机网民规模已达7.24亿，较2016年底增加2 830万人。网民中使用手机上网人群的占比由2016年底的95.1%提升至96.3%，网民手机上

①　Mary Meeker. 2016 Internet Trends Report［N/OL］. KPCB, June 1, 2016,［2017-04-12］. http://www.kpcb.com/blog/2016-internet-trends-report.

②　中国互联网络信息中心. 中国互联网络发展状况统计报告［N/OL］. 2014-07-21［2017-04-18］. http://www.cnnic.net.cn/hlwfzyj/hlwxzbg/hlwtjbg/201407/P020140721507223212132.pdf.

网比例在高基数基础上进一步攀升（见图4-6）。[①]

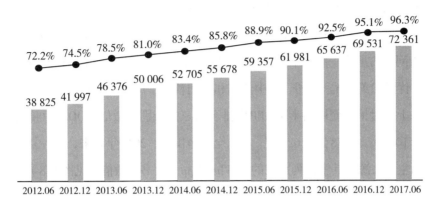

图4-6　2012—2017年中国手机网民规模及其占网民比例（单位：万人）

从上网时长看，2016年中国移动互联网用户每日在线时长合计超过25亿小时，同比增长30%，远超移动网民增速（12%），足见网民对手机的依赖度快速上升（见图4-7）。[②]

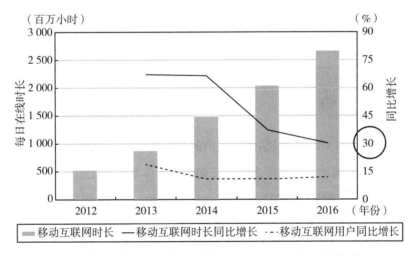

图4-7　2012—2016年中国移动互联网用户每日在线时长

第三，新媒体成为获取新闻信息的最重要来源。2017年5月，中国互联网协会、国

①　中央网络安全和信息化领导小组办公室，国家互联网信息办公室，中国互联网络信息中心．中国互联网络发展状况统计报告（第40次）［EB/OL］．2017-08-04［2017-12-18］．http://www.cac.gov.cn/files/pdf/cnnic/CNNIC40.pdf.

②　Mary Meeker. INTERNET TRENDS 2017—CODE CONFERENCE［N/OL］. KPCB, May 31, 2017［2017-12-11］. http://www.kpcb.com/blog/2016-internet-trends-report.

家互联网应急中心在京联合发布《中国移动互联网发展状况及其安全报告（2017）》。报告显示，2016年境内手机网民上网时最常访问的十个一级域名中，排名前三的一级域名分别为qq.com、baidu.com和qpic.com，其访问量依次为19.03%、16.54%和15.89%。前十个一级域名的访问量占所有一级域名访问量的51.46%，其域名分别属于腾讯、百度、阿里巴巴、苹果、优酷和美团6家公司，其中优酷和美团替代了优视和搜狗进入前十。2016年境内手机网民上网时最常使用的十个APP中排名前三的分别为微信、QQ和百度地图，其用户量分别为10.03亿、9.78亿和6.56亿。[①]从全球范围看，2011年以来，各种社交软件成为新闻信息的主要来源，其中位列前三的是WhatsApp、脸书和微信（见图4-8）[②]。

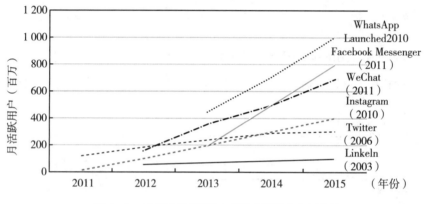

图4-8　全球主要消息应用的月活跃用户数量

可以看出，到2015年时，包括微信在内的新媒体的成立时间虽然只有短短5年，但已晋升全球主要新闻源，发展速度之快是任何传统媒体都无法比拟的。腾讯的调查显示，74.2%的微信公众账号满足用户的主要需求是获取资讯，约四分之三的用户表示，这是关注微信的主要目的（见图4-9）。[③]在"每天最主要新闻获取来源"（限选2项）的调查中，国内有55.4%的被调查者选择了手机新闻APP，有40.4%的人群选择了微信、微博、QQ空间等社交平台，还有20.6%的人选择了电脑新闻网站，而选择电视、报纸的仅占9.5%

①　中国移动互联网发展状况及其安全报告（2017）［N/OL］.新华网，2017-05-17［2017-07-14］. http://news.xinhuanet.com/info/2017-05/17/c_136291536.htm.

②　Mary Meeker. 2016 Internet Trends Report［N/OL］. KPCB, June 1, 2016,［2017-4-12］. p.98. http://www.kpcb.com/blog/2016-internet-trends-report.

③　企鹅智酷，中国信息通信研究院产业与规划研究所.微信影响力报告［R］.腾讯科技，2016-03-21［2017-04-19］. http://tech.qq.com/a/20160321/007049.htm#p=31.

（见图4-10），^①足见传统媒体的新闻传播主力军角色逐渐式微。截至2017年9月，微信日登录用户超9亿，较去年增长17%；月活跃老年用户5 000万，日发送消息380亿条，日发送语音61亿次，这两个数据相较2016年分别上涨25%与26%；日成功通话次数超2亿，较2016年增长106%。微信用户日发表朋友圈视频次数6 800万次，较2016年增长26%。^②

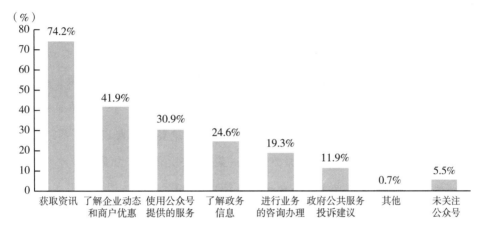

图4-9　关注微信公众账号的主要目的

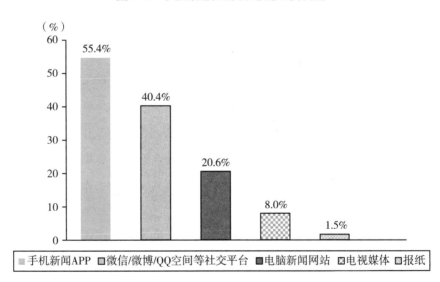

图4-10　每天获取新闻的主要来源

---

① 企鹅智酷，中国信息通信研究院产业与规划研究所.微信影响力报告［R］.腾讯科技，2016-03-21［2017-4-19］. http://tech.qq.com/a/20160321/007049.htm#p=31.

② 微信2017数据：日登录用户超9亿老年用户5 000万［N/OL］. 2017-11-12［2018-01-20］.太平洋电脑网, http://tech.sina.com.cn/roll/2017-11-12/doc-ifynsait7519132.shtml.

案例 4-1：违反八项规定第一案

珠海红酒事件是违反中央八项规定的第一案，与很多被举报的事件不同，珠海红酒事件缘起于参与者自己发出的微信。2015年1月4日晚，珠海市横琴新区财经事务局副局长池腾飞将一张在上述宴会现场拍的照片上传到手机微信朋友圈，照片里面是一张大转桌上摆着12个红酒空瓶，并配了文字"今晚喝了十二支，明天后天怎么办？"此图迅速在朋友圈刷屏，引起大量转载和网民的广泛关注，相关部门也迅速启动调查程序。

1月21日，珠海市国资委纪委成立调查组，两天后得出了调查结果，称1月4日晚上，珠海金融投资控股公司总经理周少强与当地一些国有银行、企业等单位领导共17人，在"珠海华发建材有限公司绿洋山庄会所华发会馆"就餐，共点12道主菜，主要是农家小炒肉、家乡炒鸡等家常菜，其中最贵的一道菜是216元的晋宁豆酱什鱼煲。这次晚宴共喝红酒6瓶，共2 580元；点菜及小食含服务费共2 109元。但该调查结果在网上公布后，立即引发网友和珠海当地群众的质疑。[1] 质疑一：曝光前"签单"，曝光后私人买单，公款吃喝玩"变脸"？质疑二：豪华会馆"优待"国企老总取消最低消费？质疑三：餐桌上12个红酒空瓶一半是"学习"道具？

2月5日，珠海市纪委通报了新的调查结果：经核查，此次晚餐共17人参加，酒水、菜品共计消费人民币37 517元，严重违反中央、省和市的有关规定，造成了极坏的社会影响。经珠海市纪委常委会研究并报市委同意，决定作出以下处理：停止周少强同志履行职务，检查反省问题；1月4日金控公司银企合作交流座谈会工作晚餐消费金额超出标准部分，由参会者自己支付；珠海市纪委将周少强违反公务用餐规定的行为和处理决定通报全市，以儆效尤；珠海市国资委纪委在调查过程中，调查工作不深入，调查结论与事实不符，责成其向市纪委作出深刻检查。

在中纪委的宣传片中，池腾飞出镜接受央视记者的采访，坦言"从来就没有想到有一天会卷入这种风暴，又正好是八项规定的风口浪尖"。他介绍，因为八项规定当时出来还不久，之前年年逢年过节纪委都会发相关禁止大吃大喝的文件，很多年来都这样，一开始（八项规定）文件刚出来的时候，坦白讲呢，就真的是这根弦绷得不够紧。[2]

---

[1] 珠海"学酒哥"职务被免 曾一顿饭喝12瓶红酒［N/OL］.新华网，2013-02-28［2017-05-23］. http://news.ycwb.com/2013-02/28/content_4347638.htm.

[2] 张应昂.珠海"学酒哥"亮相中纪委专题片：饭局危害不比贪污小［N/OL］.南都网，2014-12-17［2017-11-10］. http://news.nandu.com/html/201412/17/1043543.html.

二、领导干部要懂网——懂得网络信息的传播特点及规律

在互联网时代，信息的传播方式发生深刻变化，主要表现在信息传播的效率大大提高、标题成为影响信息传播力的主要因素、短视频成为激发网络舆情的最有力武器等，这些变化给领导干部的治理能力带来挑战。

第一，信息传播的效率极大提升。在传统模式下，无论是电视新闻还是报纸采访，都要经过记者的现场采编、不同层级领导的审查、特定时间段的播出或刊印等环节，不仅传播周期长，而且有很多中间环节是可以人为把控的，例如可以出于某种特别原因阻断信息的传播。但是在互联网时代，随着智能手机功能的不断完善，一部集拍照、录音、录像、编辑、分享等功能于一体的掌上终端，无论价格高低，都足以使任何人直播发生在自己身边的新闻故事，包括一些突发事件，或者转发自己感兴趣的新闻信息，使之能够借助微博、微信、QQ空间、知乎等自媒体平台快速传播，极大地提高了信息的传播效率，事件发酵之快、信息传播之广往往出乎始作俑者的预料。"傅蔚冈的冲动"[①]是较早印证网络传播效率的典型案例：事件发生在2011年药家鑫案宣判后，法学博士傅蔚冈发了一条为受害者孩子捐款的微博，大意是此微博转发一次则捐款1元，他没有料到消息将以怎样的速度传播，结果最后的捐款数额竟高达54万元。事后接受采访时他说："当初并没有怎么想过，我的微博粉丝数只不过600多人，都是一些朋友圈里认识的人。我当时随便一想，最多也就是被转发几千条吧，几千块钱对于我来说承担上没有问题。"虽然事件最终圆满收场，但教训不可谓不深刻，"傅蔚冈的冲动"甚至成了微博上的一个专有名词（见案例4-2）。[②]

案例 4-2："傅蔚冈的冲动"发生始末

2011年4月22日上午，药家鑫案一审宣判，被告人药家鑫犯故意杀人罪，被判处死刑，剥夺政治权利终身，并处赔偿被害人家属经济损失45 498.5元。死者张妙26岁，有一个两岁半的儿子。

4月22日中午11点46分，34岁的上海金融与法律研究院执行院长、法学博士傅蔚冈

---

① 谢舒妍.以法律人的视角评"傅蔚冈的冲动"［J］.法制与社会，2011（11，上）.
② 姜丽钧.上海学者为"药家鑫案"受害者家属认捐［N/OL］.东方网，2011-04-25［2017-04-19］.http://dfdaily.eastday.com/d/20110425/u1a876501.html.

用手机发布一条微博："从今日起到4月30日00：00，凡转一次本微博，我将为张妙女士的女儿捐助1元人民币，有愿意转？！"随后有网友提醒，张妙留下的孩子是儿子不是女儿。

一个小时的时间里，微博转发量达到7万多次，1个小时之后的14时48分，他不由得再发微博感慨："第一次有这么多人关注，头快爆了……"

两个多小时之后，也就是当天13时58分，傅蔚冈再次发布微博表示，"考虑到实力有限，且没有想到有这么多的朋友关注，为个人生活计，我只能设一个上限，以一审刑事附带民事诉讼中被害人家属申请的民事赔偿额为限，计54万"。

傅蔚冈的微博显示，4月23日凌晨，他失眠了。

在接受《东方早报》记者采访时，傅蔚冈坦言，转发的速度和数量都远远超出了他之前的预料，微博巨大的力量已经把他当初基于同情的小"冲动"变成了一种承诺与责任。①

幸运的是，在身边的朋友和不认识的热心人士的帮助下，傅蔚冈很快就解决了钱的来源。但是在4月22日到30日期间，他的情绪起伏很大，"在二审以后，网络上骂我的水军出现高潮，有些新注册的微博，发表的所有言论都是在骂我。以前我从来没有经历过这种情况，心里很难受"。②7月14日，傅蔚冈兑现承诺，将总额54.5万元捐款，正式转交给张妙的家属。

第二，标题成为影响信息传播半径的关键因素。传统媒体如报纸，通常会把最重要的新闻，如中央和国家层面的重要决策、决定，重大事件、活动等，放在头版头条或报纸的醒目位置。这些新闻的扩散程度与报纸的发行量直接相关。新媒体则完全不同，由于网民数量、手机网民数量、现有的社交平台是相对稳定的，因此，不存在类似发行量大小这样的影响因素，标题就成为影响信息传播半径的主要因素，这也导致互联网上"标题党"横行：主流媒体文章标题屡屡被少数网站篡改，严重歪曲文章原意，存在"正题歪做违反正确导向""侮辱调侃突破道德底线""无中生有违背新闻真实""断章取义歪曲报道原意""夸大事实引发社会恐慌""格调低俗败坏社会风俗"六

① 姜丽钧.上海学者为"药家鑫案"受害者家属认捐［N/OL］.东方网，2011-04-25［2017-04-19］.http://dfdaily.eastday.com/d/20110425/u1a876501.html.

② 孙毅蕾.法学博士为药家鑫案受害者激情无悔捐款50万［N/OL］.金羊网，2011-08-15［2017-07-15］.http://news.ifeng.com/gundong/detail_2011_08/15/8415214_0.shtml.

大乱象。^①2012年，中国青年报社社会调查中心的一项万人民调显示："20.1%的人平时看新闻只看标题不看正文；66.3%的人会在看完标题后快速浏览正文；只有11.2%的人会详细阅读正文。"同期调查还表明，六成受访者曾受到"耸人听闻式"新闻的误导。^②那么，标题是如何影响网络信息传播的呢？案例4-3以海纳研究院黄珏对"刺死辱母者"案发酵过程的分析为例，呈现标题与信息传播之间的关系。

案例4-3："刺死辱母者"案的传播与发酵过程^③

2017年3月25日上午，山东聊城的"刺死辱母者"案开始在微信朋友圈刷屏，于欢是否构成正当防卫构成最大的争议点。这则新闻最早来自南方周末的报道，3月23日10时07分，南方周末官网发布此稿，题目是《刺死辱母者》，虽然发稿当天已有不少评论，但在互联网上并未引起传播。3月24日9时41分，此稿被"章丘人"论坛转载。但此稿在论坛里也没有引起多少关注，截至3月27日21点，其阅读量仅3 042，网友回复仅1条。

第一次修改标题。24日14时51分，凤凰网某位新闻编辑发现此稿，并迅速将原先的标题《刺死辱母者》修改为《山东：11名涉黑人员当儿子面侮辱其母1人被刺死》。黄珏基于海纳大数据的分析认为，在经历了关键性的改标题后，此稿终于引来第一波大规模媒体转发。

第二次修改标题。在凤凰网发布该新闻22分钟后，网易的新闻编辑也发现了此稿，而且也对原来的标题不满意，于是将标题改为《女子借高利贷遭控制侮辱　儿子目睹刺死对方获无期》。黄珏认为，网易的改标题"令此稿变得更为吸睛，更具传播力。暴力、性、金钱，是用户关注的永恒焦点，而这三个元素，恰恰在此稿里均有体现"。作者引证的论据是，"截至3月28日12时，网易用户评论留言已过237万条，而凤凰转载稿下边的评论仅为3 600条"。按照黄钰的追踪，在网易文章发出20小时后，评论数即达150万条。"相当于平均每小时即产生7.5万条评论，每分钟产生1 250条评论，每秒产生21条评论。数量可谓惊人。"

评论员的推波助澜。根据黄钰的追踪，25日23时36分，人民日报旗下微信号"人民日报评论"推出评论文章《辱母杀人案：法律如何回应伦理困局》。26日0时41分，人民

---

① 国家网信办整治"标题党"　网站标题禁用"网曝网传"［N/OL］.新华网，2017-01-16［2017-09-10］.http://www.xinhuanet.com/newmedia/2017-01/16/c_135986482.htm.

② 冯雪梅.谁都可能是"标题党"幕后推手［N］.中国青年报，2012-05-31（1）.

③ 黄珏.南方周末《刺死辱母者》，是如何传播与发酵的［N/OL］.海纳研究院，2017-03-30［2017-4-10］.http://mt.sohu.com/sports/d20170330/131193749_570250.shtml.

日报海外版旗下微信公号"侠客岛"也推出评论文章《辱母杀人案：对司法失去信任才是最可怕的》，两者间隔时间是1小时5分钟。到3月30日，两篇文章的微信阅读量均超过10万，同时获大量转载，分别被112家、172家媒体转载、传播总量分别是340篇、441篇。

2016年12月，国家网信办联合相关部门开展了整治乱改标题、歪曲新闻原意等"标题党"的专项行动，还制定印发了《互联网新闻信息标题规范管理规定（暂行）》，明确要求各网站把坚持正确舆论导向贯穿到互联网新闻采集、撰写、编排、发布等环节。规定互联网新闻信息稿件标题的发布应当经过严格的审核校对程序，确保标题不得出现以下情况：歪曲原意、断章取义、以偏概全；偷换概念、虚假夸大、无中生有；低俗、媚俗、暴力、血腥、色情；哗众取宠、攻击、侮辱、玩噱头式的语言；法律法规明确禁止的和明显违反社会公序良俗的其他内容。严禁在标题中使用"网曝""网传"等不确定性词汇组织报道或者表述新闻基本要素。严禁各类夸张、猎奇、不合常理的内容表现手法等"标题党"行为。严禁通过各类具有暗示或者指向意义的页面编排、标题拼接等不当页面语言，传播错误导向。国家网信办有关负责人表示，将保持整治"标题党"问题的高压态势，将进一步健全有关法律法规和工作机制，狠抓规范管理和违规处置，不断规范网络新闻信息传播秩序。①

第三，短视频是自媒体传播的最有力武器，信息的传播方向几乎无法控制，而且特别容易引发网络舆情。短视频有三个特点：一是强弱之间激烈冲突的视频传播速度最快，而且大多数情境下网民都会站在弱者一方，充当打抱不平的好汉形象。需要说明的是，这里的强和弱是一个相对概念，当一个教师和一名官员产生冲突的时候，教师属于弱者；但当教师和学生产生冲突的时候，教师就是强者。二是短视频传播的首因效应十分明显。首因效应是一个心理学名词，主要指第一印象的重要性和深远影响，常常会产生先入为主的印象，尽管第一印象并不总是正确的，但错误印象的消除过程通常也很艰难。三是危机事件发生后当事者第一时间的处理方式是影响舆情发展方向的关键因素。无论事件起因如何，也不论相对弱者存在多少过错，当事者都必须主动在第一时间道歉，并积极承担责任，任何敷衍、推脱的措辞都可能激怒网民，导致舆情进一步发酵。以"美联航暴力赶客"事件为例，2017年4月9日，美联航发生"暴力赶客"事件，从后来曝光的视频看，其实开始的时候警察与当事人进行过正常沟通，但是显然沟通没有

---

① 张洋.国家网信办规范传播深入整治网络"标题党"［N］.人民日报，2017-01-14.

达成一致，在警察说完"这样的话，我要强行把你拖下去了"①之后，才使用暴力方式将这名亚裔乘客拖曳下飞机。下面两张图（图4-11、图4-12）分别是两个不同阶段的视频，但流传于网络的是第一段视频，并很快引爆全球网络，尤其在中国很快被刷屏，第二段视频则是在事件发酵后在传统媒体的追踪下播出的。这印证了第一个特点，作为弱势方的亚裔被打迅速获得全球网民的同情。

图4-11　美联航暴力拖曳乘客截图②

图4-12　美联航事件早期沟通截图③

美联航事件的首因效应也很明显，中国网民对美联航事件的反应最为激烈，主要因为2017年4月11日某微信公众号推送该消息时，乘客被描述为华裔医生。于是，一场原本与中国人完全无关的事件迅速引燃网络舆情：微博关注度在4月12日6时达到4.9亿。尽管4月12日早间有媒体澄清，这名乘客的真实身份是越南裔并非华裔，但有趣的是，中国民众对于这一事件的关注度并没有减弱。某位微博"大V"的话代表了网民的心声，"他是不是华裔重要吗？现在根本的问题在于他受到了野蛮的不公正待遇"。④为

①　美联航暴力逐客事件当事人亚裔乘客与警察对话曝光［N/OL］.央视网，2017-04-13［2017-04-20］. http://m.news.cctv.com/2017/04/13/ARTIJeQfYBE7FCHyT1hKfDIL170413.shtml.

②③　美联航暴力逐客事件当事人亚裔乘客与警察对话曝光［N/OL］.新华网，2017-04-14. www. xinhuanet.com/world/2017-04/14/c_129535749.htm.

④　东子琦，王帝.美联航网民的力量你别不信［N］.中国青年报，2017-04-14（6）.

此，美联航执行总裁奥斯卡·穆诺兹表示，"对于上述事件，中国消费者的反应特别激烈，所以他将赴中国对乘客进行说明"。[①]可见首因效应的影响十分深远，如果开始的报道中仅仅使用"亚裔医生"，国内的关注度就不会这么强烈。

当然，影响舆情走向失控的关键因素是美联航方面糟糕的回应，第一次声明美联航只对机票超卖道歉，当然无法平息民怨。随着事件的发酵，总裁穆诺兹10日再次发表声明"对这起令人沮丧的事件感到难过"，并对"不得不重新安排这些乘客表示道歉"。但是在当天晚些时候致职员的内部邮件中，他却表示支持涉事人员，称他们"按照既定程序应对相关状况"，涉事男子"声音提高，态度挑衅不配合"。他同时强调，"我站在你们所有人身后，并且想要赞扬你们为确保航班正确运作，持续作出超越期盼的努力"。这份邮件很快被曝光，成为进一步引爆舆情的导火索，短短两天时间内就有19万人向白宫请愿，不仅美国交通部宣布启动调查，白宫新闻发言人也作出了回应。12日，在接受电视采访中，这位总裁终于作出了真诚的道歉，认为涉事乘客应该得到道歉，"对我和我们家庭的许多人来说显然这令人羞耻"。他还发誓这类事件不会再在联合航空的乘客身上重演，但同时也表示自己不会因此辞职。[②]但是，在互联网时代，事发两天后的真诚道歉还是太晚了，为此，美联航付出的是股价下跌、市值蒸发、国会介入调查等不菲的代价。

三、领导干部要用网——积极推行"互联网+政务"

党的十八大以来，党中央、国务院高度重视网络空间治理问题，积极推行"互联网+政务"。2016年10月，习近平总书记主持中共中央政治局就实施网络强国战略进行第三十六次集体学习时强调："随着互联网特别是移动互联网发展，社会治理模式正在从单向管理转向双向互动，从线下转向线上线下融合，从单纯的政府监管向更加注重社会协同治理转变。"[③]领导干部要认真领会习近平总书记的讲话，积极推行"互联网+政务"，不断提升治理能力。

---

① 肖玮. 逐客影响大　美联航CEO将来华救火［N］. 北京商报，2017-04-20（4）.
② 美联航总裁电视道歉坚称他不会辞职［N/OL］. 人民网，2017-04-13［2017-04-17］. http://world.people.com.cn/n1/2017/0413/c1002-29208470.html.
③ 习近平：各级领导干部要学网、懂网、用网［N/OL］. 央视网，2016-10-10［2017-07-10］. http://news.cctv.com/2016/10/10/ARTIiH94EwQUdCzmLwe1CWqQ161010.shtml.

第一，直面问题，深刻认识互联网在国家管理和社会治理中的作用，积极完善政府网站建设。2014年10月，第十八届中央委员会第四次全体会议通过的《中共中央关于全面推进依法治国若干重大问题的决定》，明确提出要"推进政务公开信息化，加强互联网政务信息数据服务平台和便民服务平台建设"。①2016年1月，中央全面深化改革领导小组第二十次会议审议通过了《关于全面推进政务公开工作的意见》，明确提出2020年的工作目标："到2020年，政务公开工作总体迈上新台阶，依法积极稳妥实行政务公开负面清单制度，公开内容覆盖权力运行全流程、政务服务全过程，公开制度化、标准化、信息化水平显著提升，公众参与度高，用政府更加公开透明赢得人民群众更多理解、信任和支持。"②但是，从当前总体情况看，我国各级政府网站建设水平还有待提升，距离承载权力运行全流程、全过程公开的目标要求还相去甚远，2017年第一季度国务院的抽查结果（见图4-13）就发现以下三个方面的问题。③

一是少数地区和部门工作仍不到位。例如，山西、内蒙古政府网站抽查合格率低于60%，不合格网站较多。公安部和山西、内蒙古、江苏、浙江、江西上报的合格网站中有个别网站存在突出问题。江西省上报的抽查网站名单有一半以上与上一季度重复。河南、贵州等地政府门户网站转载国务院重要信息的比例低于70%。工商总局、住房城乡建设部、中医药局等部门"我为政府网站找错"网民留言办结率较低。

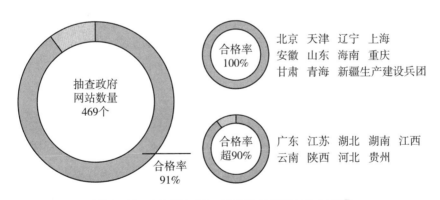

图4-13　2017年第一季度政府网站抽查结果④

① 中共中央关于全面推进依法治国若干重大问题的决定［N］.人民日报，2014-10-29（1）.
② 中共中央办公厅、国务院办公厅印发《关于全面推进政务公开工作的意见》［N/OL］.新华网，2016-02-17［2017-07-13］. http://news.xinhuanet.com/politics/2016/02/17/c_1118075366.htm.
③④　沙璐.全国政府网站抽查　42个网站不合格19人被问责［N］.新京报，2017-05-25（A1）.

二是个别网站仍存在"应付差事"现象。抽查中发现四川省石棉县"石棉之窗"网、广西壮族自治区贵港市"中国·贵港"网等虽然开设专栏转载国务院重要信息，但内容超过1个月未更新。江苏省淮安市"淮安区科技成果转化服务网"存在为应付检查突击发布信息的情况。河北省唐山市路南区"中国·唐山·路南"网、云南省大姚县"大姚公众信息网"等作为县级门户网站违规进行了暂时关停。山西省"大同市矿区人民政府网"、宁夏回族自治区吴忠市"利通区门户网"等网站未在全国政府网站信息报送系统中申报。

三是网站办事服务功能亟待完善。抽查发现一些网站办事服务信息不准确、不实用，甚至存在服务不可用等情况。例如，内蒙古自治区"赤峰市政务服务中心"网部分事项的服务指南仅有名称而无实际内容；福建省"中国·平潭"网提供的"妇女""老年人"等主题服务内容不准确；陕西省太白县"中国·太白"网"婚姻登记""户籍管理"等服务不可用。江西省德安县"德安房地产信息网"在首页大版面刊登商业广告。

针对上述问题，管理部门加大了对不合格网站责任单位和人员的问责力度，仅2017年第一季度，就有19名责任人被约谈问责或诫勉谈话，10人被调离岗位或免职。[①]政府网站是重要的政务信息数据服务平台和便民服务平台，要不断完善政府网站建设，充分发挥互联网在国家管理和社会治理中的作用。以推行电子政务、建设新型智慧城市等为抓手，以数据集中和共享为途径，只有这样，才能实现习近平总书记提出的"建设全国一体化的国家大数据中心，推进技术融合、业务融合、数据融合，实现跨层级、跨地域、跨系统、跨部门、跨业务的协同管理和服务"的目标。[②]

案例 4-4：互联网法院："键对键"打官司 [③]

"双方对庭审笔录没有异议的话，请点击'确认'键。"8月18日，一场特殊的庭审举行。说它特殊，是因为庭审的全过程在网上进行，原被告双方分别在杭州和北京，通过互联网参与庭审。从开庭到同意调解，仅用了20分钟，大大节省了诉讼成本。

2017年6月26日，中央全面深化改革领导小组审议通过了《关于设立杭州互联网

---

① 沙璐.全国政府网站抽查 42个网站不合格19人被问责［N］.新京报，2017-05-25（A1）.

② 习近平：各级领导干部要学网、懂网、用网［N/OL］.央视网，2016-10-10［2017-07-10］.http://news.cctv.com/2016/10/10/ARTIiH94EwQUdCzmLwe1CWqQ161010.shtml.

③ 徐隽.互联网法院："键对键"打官司［N］.人民日报，2017-09-06（19）.

法院的方案》。2017 年 8 月 18 日，全国首家互联网法院——杭州互联网法院正式揭牌成立。互联网法院定位于"用互联网方式审理互联网案件"，突出涉网案件审理的专业性。在这里，起诉、立案、送达、举证、开庭、裁判，每个环节全流程在线，诉讼参与人的任何诉讼步骤即时连续记录留痕，当事人可以"零在途时间""零差旅费用支出"完成诉讼。

截至 8 月 15 日，杭州铁路运输法院共立案 2 605 件，审结 1 444 件，平均开庭时间仅 25 分钟，平均审限 32 天，开庭案件均实现 100% 在线庭审、在线判决、网上送达。杭州互联网法院院长杜前认为，"以互联网方式审理互联网案件的效率、公开、便民优势非常明显"。

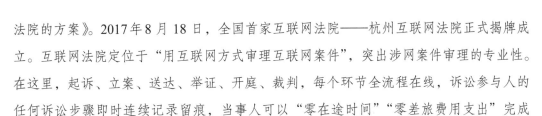

链接：互联网法院的历史意义和时代价值①

互联网法院的设置，是中国司法史上的一个里程碑。中国法院的信息化，从远程视频审判、科技法庭发展到智慧法院。设立互联网法院，对于浙江省全面深化改革工作和浙江省法院系统司法改革工作来说，是一小步，但是，对于中国乃至世界司法审判模式的改革、发展、创新而言，却是一大步。现行的法律和司法体制模式，产生于农业社会、成熟和完备于工业社会，面对信息时代和信息社会，如何实现代际发展与改革提升，是一个必须面对和思考的大问题。杭州互联网法院的设立，是中国法院设置制度和司法模式的重大制度创新，是为世界司法模式创新提供的中国样本，领跑世界各国。

第二，强化互联网思维，利用互联网扁平化、交互式、快捷性优势，推进政府决策科学化、社会治理精准化、公共服务高效化。2016 年 2 月，习近平总书记在党的新闻舆论工作座谈会上强调："党的新闻舆论工作必须创新理念、内容、体裁、形式、方法、手段、业态、体制、机制，增强针对性和实效性。要适应分众化、差异化传播趋势，加快构建舆论引导新格局。要推动融合发展，主动借助新媒体传播优势。"②各级党政机关要充分运用好新技术、新平台，加快推进互联网政务服务各平台的互联互通及服务内容细化，大幅提升政务服务智慧化水平，提高用户生活幸福感和满意度。

---

① 于志刚.互联网法院的历史意义和时代价值［N］.人民法院报，2017-08-19（2）.

② 马昌豹.把握时代需求推进新闻舆论工作全方位创新——习近平新闻舆论工作创新论探析［J］.中国记者，2016（3）.

中国互联网络信息中心的报告显示，截至 2016 年 12 月底，我国在线政务服务用户规模已达到 2.39 亿，占总体网民的 32.7%。党政机构发布权威信息、回应公众关切的重要平台主要包括 .gov.cn 政务网站、政务 APP、政务微博、政务微信公众号、政务头条号在内的互联网政务平台等多种形式。目前，全国共有 .gov.cn 域名 53 546 个，政务微博 164 522 个，政务头条号 34 083 个。[①]

在这里，特别介绍一下"两微一端"的发展情况：2015 年 2 月，在"政务新媒体建设发展经验交流会"上，中央网信办首次提出"两微一端"政务新媒体的概念。2016年 8 月，国务院办公厅印发了《关于在政务公开工作中进一步做好政务舆情回应的通知》，要求各地区各部门要适应传播对象化、分众化趋势，进一步提高"两微一端"的开通率，充分利用新兴媒体平等交流、互动传播的特点和政府网站的互动功能，提升回应信息的到达率。从政府服务使用率看，除支付宝或微信城市服务外，排在第一位的就是政府微信公众号，使用率为 15.7%，已经超过线下政务大厅 12.5% 的使用率；排在第二位的是政府网站，使用率为 13.0%，亦高于线下政务大厅的使用率；排在第三位的是政府微博，使用率为 6.0%，超过政务热线 5.5% 的使用率；排在第四位的是政府手机端应用，使用率为 4.3%（见图 4-14）。[②]

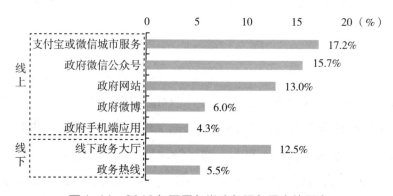

图 4-14　2016 年网民各类政务服务用户使用率

2016 年 9 月，《国务院关于加快推进"互联网+政务服务"工作的指导意见》明确工作目标是：2017 年底前，各省（区、市）人民政府、国务院有关部门建成一体化网

---

①②　中央网络安全和信息化领导小组办公室，国家互联网信息办公室，中国互联网络信息中心 . 中国互联网络发展状况统计报告［EB/OL］. 2017-01-22［2017-04-20］. http://www.cnnic.net.cn/hlwfzyj/hlwxzbg/hlwtjbg/201701/P020170123364672657408.pdf.

上政务服务平台，全面公开政务服务事项，政务服务标准化、网络化水平显著提升。2020年底前，实现互联网与政务服务深度融合，建成覆盖全国的整体联动、部门协同、省级统筹、一网办理的"互联网+政务服务"体系，大幅提升政务服务智慧化水平，让政府服务更聪明，让企业和群众办事更方便、更快捷、更有效率。^①

案例4-5：武汉"互联网+政务服务"：两年实现八成事项网上办理^②

武汉市政务服务管理办公室积极推进"互联网+政务服务"，截至2017年4月，市级913项政务服务事项中已实现"马上办"事项293项，全程"网上办"事项69项，线上线下相结合"一次办"事项156项。据市政务服务管理办公室负责人介绍，推进"马上办、网上办、一次办"的工作目标是：通过两年的努力，建成全市统筹、线上线下融合的网上办服务体系，80%以上的事项可在网上办理，基本实现"网上办事为常态、网下办事为例外"。

一是构建全市政务服务"一张网"。依托"云端武汉"政务服务大厅和统一身份认证体系，整合各区、各职能部门的政务服务资源和业务办理系统，构建市、区、街三级"互联网+政务服务"一张网，形成"一号申请，一次认证，一网通办"。

二是建立政务服务标准化体系。做到同一事项、同一标准、同一编码，向办事群众提供无差别、均等化政务服务。

三是探索主动服务、精准服务的模式。推进实体政务大厅与网上服务平台融合发展，对市场主体提供项目帮办代办服务，推行投资项目并联审批；凡与企业和市民密切相关的服务事项，推行网上受理、网上审核，一律集中办理。

四是形成有效的监督管理机制。完善行政审批监察电子系统功能，建立政务服务评价指标体系，发挥媒体监督、专家评议、第三方评价作用，畅通群众投诉渠道，对不作为、乱作为、慢作为，损害发展环境和群众合法权益的窗口和工作人员，及时移送主管部门处理。

---

① 国务院关于加快推进"互联网+政务服务"工作的指导意见［EB/OL］.中华人民共和国政府网站，2016-09-29. http://www.gov.cn/zhengce/content/2016-09/29/content_5113369.htm.

② 我市推进"互联网+政务服务"［N/OL］.武汉市人民政府网站，2017-04-21［2017-08-16］http://www.wuhan.gov.cn/whszfwz/xwxx/whyw/201704/t20170421_106632.html..

第三，强化互联网思维，用信息化手段更好感知社会态势，畅通沟通渠道，了解民情民意。2016年4月，习近平总书记在网络安全和信息化工作座谈会发表重要讲话，就领导干部的用网提出了以下三点要求。

一是要求各级党政机关的领导干部要经常上网看看，学会通过网络走群众路线。[①]习近平总书记要求领导干部通过网络走群众路线，就是要求领导干部在新形势下，充分利用网络了解民意、倾听民声、体察民情。经常上网看看，既包括浏览主流媒体网页、有影响的门户网站，也包括浏览微信、QQ、微博等典型社交平台。这些社交应用平台属于典型的自媒体，既记录普通大众个人的所思、所想、所爱、所怨，也高度关注社会公共生活，也因此常常成为网络舆情的始作俑者。如被《人民日报》列为2016十大消费维权事件的"魏则西事件"，最初就是"在知乎社区内获得关注和讨论，随着舆论的不断发酵事件开始由知乎扩散到微博、微信等其他社交媒体"。[②]相关新闻报道近万篇，新浪微博话题"魏则西事件"阅读量接近2亿，近十万网民参与话题讨论。[③]社交应用平台的影响力由此可见一斑，应该引起高度重视。因此，"各级领导干部要学网，了解互联网的基本技术和基础知识，强化互联网思维，利用互联网扁平化、交互式、快捷性优势，推进政府决策科学化、社会治理精准化、公共服务高效化，用信息化手段更好感知社会态势、畅通沟通渠道、辅助决策施政"。[④]

二是明确提出要善于运用网络了解民意，开展工作，并强调"这是新形势下领导干部做好工作的基本功，各级干部特别是领导干部一定要不断提高这项本领。"[⑤]这里包含两层含义：一是要运用网络，各级政府要建立"两微一端"平台；二是领导干部要学习使用网络社交应用工具，如微信、QQ空间、微博等。根据第40次《中国互联网发展状况统计报告》，上述典型社交应用的使用率很高，截至2017年6月，使用率排名前三的社交应用均属于综合类社交应用。微信朋友圈和QQ空间作为即时通信工具所衍生出来的社交服务，用户使用率分别为84.3%和65.8%。其中，微博用户使用率持续回升，达

---

① 习近平.在网络安全和信息化工作座谈会上的讲话［N］.人民日报，2016-04-26（2）.

② 李秀莉，孙祥飞.社会化媒体中网络舆论的生成及演变机制探析——以魏则西事件为例［J］.新闻论坛，2016（3）.

③ 杨婧婧.魏则西事件引发社会关注［J］.中国信息安全，2016（5）.

④ 强卫.深入贯彻落实习总书记8·19重要讲话精神　凝聚起江西"发展升级"强大正能量［N/OL］.新华网江西频道，2013-10-13［2017-06-12］. http://news.xinhuanet.com/2013-10/13/c_117695854.htm.

⑤ 习近平.在网络安全和信息化工作座谈会上的讲话［N］.人民日报，2016-04-26（2）.

38.7%，较 2016 年 12 月上升 1.6 个百分点。垂直类社交应用中，豆瓣作为兴趣社交应用的代表，用户使用率为 8.6%（见图 4-15）。①因此，领导干部要充分运用网络工具，尤其是发生突发事件、危机事件时，既要利用传统媒体如电视、报纸，以及传统信息发布方式如新闻发布会，也要借助新媒体如政府的"两微一端"，发布相关信息，及时进行舆论引导。

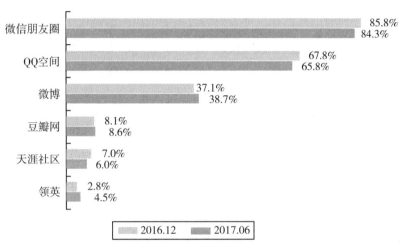

图 4-15　2016 年 12 月—2017 年 6 月典型社交应用使用率

三是要求各级党政机关和领导干部对网民要多一些包容和耐心。习近平总书记指出，网民大多数是普通群众，来自四面八方，各自经历不同，观点和想法肯定是五花八门的，不能要求他们对所有问题都看得那么准、说得那么对，要多一些包容和耐心。与传统媒体相比，互联网上的声音不仅更加多元、更加尖锐，而且常常附带更多负面情绪，如果没有包容的心态、多些耐心，领导干部就无法充分运用新媒体开展工作。因此，习近平总书记强调，网民的观点"对建设性意见要及时吸纳，对困难要及时帮助，对不了解情况的要及时宣介，对模糊认识要及时廓清，对怨气怨言要及时化解，对错误看法要及时引导和纠正，让互联网成为我们同群众交流沟通的新平台，成为了解群众、贴近群众、为群众排忧解难的新途径，成为发扬人民民主、接受人民监督的新渠道"。②

①　中央网络安全和信息化领导小组办公室，国家互联网信息办公室，中国互联网络信息中心. 第 40 次中国互联网络发展状况统计报告［N/OL］. 2017–08–04［2017–12–18］. http://www.cac.gov.cn/files/pdf/cnnic/CNNIC40.pdf.

②　习近平. 在网络安全和信息化工作座谈会上的讲话［N］. 人民日报，2016–04–26（2）.

第二节 国外政治人物运用互联网的经验及教训

一、国外政治人物普遍拥抱互联网

在国外，几乎所有的政治职位都需要经过一定的民主选举程序产生。根据选举制度设计的差异，可以分为直接选举和间接选举两种类型。以美国为例，美国总统是间接选举产生；美国众议院435名议员、参议院100名议员则通过直接选举产生。此外，美国50个州的州长、州议会议员也由州选民直接选举产生。这意味着这些政治人物的政治生命掌握在年满18周岁以上的公民手中。赢得选民的信任、支持和喜爱是政治人物的天然使命，因此，政治人物通常会利用一切社交工具吸引选民的关注，包括新媒体。从总体情况看，国外政治人物普遍欢迎新媒体，很多政治人物都通过网络社交工具与选民互动，部分国家领导人经常使用自拍工具，很多政治人物都把新媒体作为获得信息的路径。

第一，政治人物普遍使用网络社交工具。网络社交工具包括博客、推特、脸书等，具有传统媒体无法比拟的便捷性和高效性，因此一出现就受到国外政治人物的欢迎并迅速普及。以美国为例，美国国会2009年有205名国会议员注册了推特，占议员总数的38%，其中包括39名参议员、166名众议员。到2012年1月，使用推特的人数就上升至426人，占议员总数的78.7%。同时还有472名议员注册了脸书，占议员总数的87.2%。也是从这一年开始，越来越多的议员开始同时使用推特和脸书，其中，众议院有74.8%；参议院有67%（见图4-16）。[①]

第二，大部分使用新媒体的政治人物能够定期与粉丝互动。根据2017年1月推特的官方数据，在美国，所有联邦参议员都有自己的推特账号，398名联邦众议员中90%定期与推特上的粉丝互动。[②]还有部分外国政要在访华期间开通了微博，并积极与中国粉

---

① Matthew Eric Glassman, Jacob R. Straus, Colleen J. Shogan. Social Networking and Constituent Communications: Members' Use of Twitter and Facebook During a Two-Month Period in the 112th Congress ［N/OL］. Congressional Research Service, March 22, 2013. http://www.ipmall.info/sites/default/files/hosted_resources/crs/R43018_130322.pdf.

② 刘向. 默克尔：只通过发言人与粉丝互动［N/OL］. 国际先驱导报, 2013-02-25.［2017-12-01］. http://ihl.cankaoxiaoxi.com/2013/0225/169433.shtml.

丝互动。例如，英国前首相卡梅伦请网民在微博上留言："谢谢你们关注我。我很高兴能作为英国首相再次访华。我很想了解你们的想法，所以请留下你们的问题，我会在我的访问结束前回答一些。"这条微博获得了两万多条回复，卡梅伦团队从中挑选出5个问题：从访华目的到卡梅伦和妻子如何分配家务，还包括网友拜托卡梅伦催问英剧《夏洛克》等。卡梅伦认真回答了这些问题，该视频传播广泛，微博工具的统计显示，有6 900万的微博用户页面上显示了这条视频。①

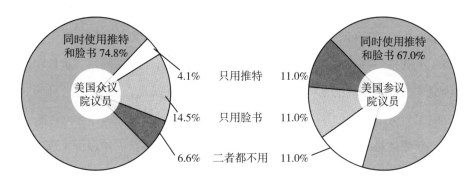

图4-16　截至2012年1月24日，美国国会议员使用推特及脸书情况概览

第三，部分国家的政治人物十分热衷自拍，以吸引更多粉丝关注。很多智能设备都具有自拍功能，与网民的他拍不同，自拍代表着政治人物对所传图片的认可，也代表着政治人物希望积极与网民互动的主观意愿。自拍中的人头像都比较大，即使使用自拍杆，也会放大面部表情，因此是吸引粉丝的利器。例如，印度总理莫迪的推特粉丝有1 200万人。这位领导人十分偏爱自拍，不仅在大选时晒出自己的自拍照，还经常晒出与其他国家领导人的合拍照。2015年出访中国时，就在天坛与李克强总理自拍并发至推特，《华尔街日报》称，这张自拍可能是"有史以来最有实力（人物）自拍"。②

第四，几乎所有的政治人物都会关注新媒体上的消息，包括那些对新媒体持有戒心的政治人物。例如，德国总理默克尔就曾公开表示"我不发推文"，但是对于感兴趣的一些话题，还是会偶尔看看推特网站，默克尔还说，"我有时候看看推特，比如在推特

---

①　秦轩.卡梅伦：中国微博上的英国首相［N/OL］.网易，2013-12-12［2017-10-23］.http://money.163.com/13/1213/22/9G0OI0KO00253B0H.html#from=relevant#xwwzy_35_bottomnewskwd.

②　陈秋生.莫迪和李克强的自拍照可能是史上最有实力自拍［N/OL］.澎湃新闻,2015-05-16［2018-01-17］.http://www.thepaper.cn/newsDetail_forward_1332065.

上看看特朗普"。①事实上，作为基民盟主席，默克尔总理在脸谱上拥有自己的账号，但由他人代为打理。虽然没有推特账号，但却通过政府发言人赛贝特在推特上发声，2013年时，"赛贝特的推特已经发送推文三千多条，内容包括默克尔的正式活动，讲话链接，转发各部委官员的重大活动、重要的时事评论文章，等等"。②

二、国外政治人物运用新媒体的积极经验

近年来，随着互联网平台及各种网络社交工具的迅速发展，传统媒体的影响力呈现下降趋势，"由于互联网广告成本比报纸广告成本要低得多，广告商近年大举转战互联网市场，尤其是一些提供低成本甚至免费刊登分类广告服务的网站，重挫美国报业盈利"。③因此，当前国外政治人物日趋依赖新媒体，在大选、宣传、信息公开、获取民众信任等方面尤为突出。

第一，新媒体是赢得大选的利器。目前，国外成功运用新媒体赢得大选的例子有很多，最著名的案例是2008年奥巴马据此成功赢得美国总统大选。作为初出茅庐的年轻政治家，奥巴马参选之前只有4年联邦参议员和数年州议员的从政经验，且没有财力背景，但通过运用新媒体，奥巴马团队筹集了超过5.2亿美元的竞选经费，超过85%来自互联网，其中绝大部分是不足200美元的小额捐款，考虑到正值金融危机期间，"这几乎可以称得上是个奇迹……彰显出网络媒体的巨大威力"。④在4年后的2012年大选中，推特等社交媒体更是成为选民讨论各参选人的重要平台，在支持奥巴马的选民中，25%的人通过社交媒体表达了其态度。奥巴马团队在这些社交媒体上十分活跃，例如，一项为期两周的调查发现，调查期间奥巴马团队在各类社交媒体上发布了614条信息，其中推特发布频率平均每天29条；而竞争对手罗姆尼团队仅发布168条，每天只有1条推文。某种意义上可以说，没有新媒体的助力，就没有奥巴马的成功当选，因此，有人称奥巴马是"互联网总统"，也有人称他是"新媒体总统"，学术化的描述也把奥巴马称为

---

① 德国总理默克尔：我不用Twitter 但常看特朗普的帖子［N/OL］.腾讯科技，2017-06-27［2017-07-03］. http://tech.qq.com/a/20170627/009372.htm.

② 刘向.默克尔：只通过发言人与粉丝互动［N/OL］.国际先驱导报，2013-02-25.［2017-12-01］. http://ihl.cankaoxiaoxi.com/2013/0225/169433.shtml.

③ 张熙锦.美国百年老报停刊的启示［J］.新闻爱好者，2009（13）.

④ 任孟山."新媒体总统"奥巴马的政治传播学分析［J］.国际新闻界，2008（12）.

"第一位利用社交媒体力量的参选人，也是将各种最新传播手段集大成者"。[①]

第二，新媒体是政治宣传的好帮手。新媒体的政治宣传作用既包括对新政策的解读，也包括对政治人物良好形象的树立，还包括重大突发事件发生时领导人声音的传递。以后者为例，在2013年美国"波士顿爆炸案"发生后30分钟，总统奥巴马就发出推文："美国人民与波士顿同在"，很快获得超过3万次转发、9 000余条点赞（见图4-17）。有研究者认为，政治人物在特殊事件发生时发出的推文，既可以即时发布讯息，也能表达政治人物的立场、还能表明政治人物对事件的关注，促进政治人物与民众的沟通交流。[②]事实上，奥巴马政府经常通过发布推文进行政策宣传，表达自己的政治立场和观点，树立了政治人物的良好形象。因此，充分运用新媒体，可以有效提升政治宣传的质量。即使在卸任总统后，奥巴马推文的影响力依然不可小觑。2017年8月13日，奥巴马就美国此前发生的白人种族主义暴力事件发表推文，引述反对种族隔离的前南非总统曼德拉的名言："没有人生来就仇恨他人，无论是因为对方的肤色、背景，还是所信仰的宗教。人们的仇恨是学来的。如果人们可以学习仇恨，那么，他们也可以被教导去爱，因为爱更自然反映人心。"这条推文获得超过300万个点赞和120万次转发，是有史以来点赞数最高的一则推特。[③]

图4-17　波士顿爆炸案后奥巴马的推特[④]

第三，新媒体是最有效的沟通手段，能够快速传递正能量。政治人物通过推文或脸书传递的图片，主要目的是分享，分享快乐，分享美好，甚至分享某种精神感受。这与政治人物的口头说教完全不同，不仅能产生更好的效果，而且能拉近政治人物与民众的心理距离。2014年，在南京青奥会开幕式上，国际奥委会主席巴赫在致辞时突发惊人之举，邀请参赛运动员代表上台与自己一起自拍，并鼓励在场的所有人将自拍作品上传到

① 翟峥.对2012年美国总统大选的政治传播学探讨［J］.国际论坛，2013（6）.

②④ 琚砚函.浅析奥巴马的政务微博营销——以波士顿爆炸案为例［J］.文化与传播，2013（4）.

③ 奥巴马引曼德拉名言评美种族暴力冲突　三百万点赞破推特记录［N/OL］.澎湃新闻，2017-08-16［2018-01-15］.http://m.thepaper.cn/newsDetail_forward_1765401.

社交媒体。"也许有人会把巴赫此举视为心血来潮、兴之所至,实际上这又何尝不是巴赫拉近与运动员关系、凸显青奥会主旨的深谋远虑。因为从客观效果观察,巴赫的惊人之举,传递的恰是分享青春、分享快乐、分享盛会的鲜明指向。"①事实证明,巴赫此举获得了网民的广泛认可,"我从来没想过自拍能够引起这么多人关注,我们在开幕式上的自拍行为引起中国 4.5 亿人的关注与共鸣,这超出了我们的想象,"对于自己在开幕式上引领的自拍热潮,巴赫认为"这是非常愉快的经历"。②

第四,新媒体可以超越国界,搭建国际交往的友谊之桥。近年来,国外政治人物到中国访问经常会开通微博,并在访问期间配发多条博文,分享自己的所见、所闻。即使没有开通微博的政治领袖,也通常会通过推特或脸书表达自己的所思、所感。例如,2018年伊始,法国总统马克龙访华,在一天时间里,他就在个人推特上更新了31条帖文,在脸书上更新了9条帖文,还附上了幕后的小视频。其中一个帖文是"因为气候问题与每个人都相关,所以'让地球再次伟大'要用中文说出来",下面晒出了马克龙学习"让地球再次伟大"这句汉语的过程。有趣的是,这个小视频居然被点击逾10万次(见图4-18)。③可见,短小精悍的新媒体语言结合小视频能够充分表达政治人物的友好、善意和尊重,是国际交往的友谊之桥。

图4-18　2018年1月8日马克龙访华推文

---

①　钟文.分享与锦标哪个更重要(金陵夜话·青奥会畅想③)[N/OL].人民网,2014-08-18[2017-12-28].http://sports.people.com.cn/n/2014/0818/c14820-25481703.html.

②　朱凯.巴赫:南京青奥会特别成功特别精彩[N].南京日报,2014-08-29(A1).

③　马克龙访华一天发推31条还附幕后视频说了啥?[N/OL].中国青年网,2018-01-10[2018-01-18].http://news.youth.cn/gj/201801/t20180110_11265252.htm.

三、国外政治人物用网不当的教训

互联网是一把双刃剑，既能迅速聚集人气，也能迅速传播不当言论，造成无法挽回的恶劣影响；网络邮箱虽然方便快捷，亦存在高泄密风险；我们日常生活高度依赖的电脑既可以储存海量信息，也存在严重安全隐患，需要采取特别保护措施才能确保安全等。上述问题都曾成为国外政治人物用网不当的教训。

第一，政治人物的"冲动帖文"会制造政治麻烦，在网络媒体上发表言论时需谨记"政治正确"原则。"政治正确"通常指不能涉嫌性别歧视、种族歧视、阶层及职业歧视等，在美国，"政治正确"代表的是公民社会共识，而不是国家政治权力意志。谁要是有严重的政治不正确行为（如把某黑人称作猩猩），那他可能会丢掉工作，因为雇主往往会遵守自己的道德原则或迫于社会压力。"政治正确"是一种有关公共行为的道德习惯，同时具有"道德自律"和"害怕惩罚"这两种约束因素。[1]推文通常使用简短语言，有时只有两句话，没有深度解释，因此，一旦表述不当很容易被网友过度解读，产生相反的影响，使原本为了平息事态的言论，瞬间点燃网络舆情。例如，2016年7月，美国达拉斯5名警察遭枪手伏击死亡，事件引发包括美国总统在内的很多人关注，发布了大量推文或网帖，但西雅图市警察工会主席荣恩·史密斯却因此被迫辞职。其帖文发表在西雅图市警察工会的官方脸书账号上，他这样写道："由少数族裔运动引发的对执法机构的憎恨是恶心的……我们应该克服"，帖子很快在社交媒体上引来了愤怒。史密斯事后承认，他是在"一时过激之下"发出了那篇帖子，在删除有争议的帖子后，西雅图市警察工会还关闭了其脸书和推特账号，荣恩·史密斯也辞去了工会主席的职务。[2]

案例4-6：特朗普上任497天共发了超过三千条"不靠谱"声明[3]

据《华盛顿邮报》2018年6月1日报道，特朗普平均每天会发出超过6.5条声明。在其成为美国总统的前100天内，每天只有4.9条，但是随着其成为总统接近500天，每天

---

① 徐贲.美国的"政治正确"［N］.南方周末，2009-03-12（E30）.

② 社交网站发表不当言论 西雅图市警察工会主席辞职［N/OL］.西雅图在线，2016-07-13［2017-07-25］. http://sea.uschinapress.com/2016/0713/1071318.shtml.

③ 张霓.特朗普上任497天共发了超过三千条"不靠谱"声明［N/OL］.澎湃新闻网,2018-06-02［2018-05-30］. https://www.thepaper.cn/newsDetail_forward_2169567.

的声明数量也在不断攀升。"事实核查者"数据库在针对特朗普所有"可疑"声明展开分析、分类并追踪后发现，他自宣誓就职后的497天内，已经发出了3 251次虚假或具有误导性的声明。

2018年5月，特朗普平均每天要就各种事情发表8次声明，而5月29日在纳什维尔举行的集会上，这一数字更是达到了惊人的35次。当天，特朗普谈到了他通过了美国历史上最大的减税计划（实际上仅排在历史第8位）夸大了与墨西哥之间的贸易逆差，就移民问题也作出了不少的虚假陈述。此外，他也曲解了民主党人的言论，把对无证移民的同情视作支持MS-13黑帮成员。

据了解，在特朗普的这些断言中，有近三分之一涉及经济议题、贸易协定和就业。特朗普喜欢引用失业数据，但他在竞选期间曾多次表示相关的失业率是虚假的，完全不可信。而在就业增长方面，他曾称这是"令人难以置信的成功"，但特朗普在担任总统期间的年度就业增长速度，却比奥巴马任期内的最后五年还要慢。特朗普误导性声明的另一个来源则是关于移民。例如在过去3个月内，他曾19次错误地声称美国与墨西哥间的边界墙正在建造，尽管国会已经否认会为此提供资金。而除了关注特朗普这些虚假或有误导性的内容，《华盛顿邮报》还发现这位美国总统有一种一再重复其错误言论的倾向。文章表示，其中的122条声明被这位美国总统至少提及了3次，其中一些被反复提及的频率堪称惊人。

第二，谨记严格区分公务邮箱与私人邮箱，杜绝通过私人邮箱传递公务信息。安全与便捷是一对矛盾体，在互联网时代，最方便、最高效、最低成本的工具往往也是最危险的，邮箱就是最典型的例子。简单的常识是免费的邮箱通常更容易被盗，而VIP邮箱由于是收费的，因此会获得企业更多的安全保护，被盗的概率明显降低。但对涉密业务而言，这样的收费邮箱依然是不安全的。因此，几乎所有的公共部门都会建立自己的公务邮箱系统，政府部门更是如此。对于邮箱的使用者而言，安全与便捷似乎永远无法兼得。私人邮箱使用过程中没有太多限制，因此更方便却同时更少安全性，公务邮箱则正好相反。以美国国务院为例，其公务邮箱有层层加密的多重安全防护措施，同时对登录地点、设备、人员均有特别限制，且严格禁止通过私人邮箱处理公务。但是，对每天要收发大量邮件的公务人员而言，这样的安全公务邮箱使用起来实在很麻烦。因此，只要有可能，其实公务人员更倾向于使用私人邮箱处理公务，这就是美国前国务卿希拉里陷入"邮件门"的根本原因。所不同的是，希拉里其实知道这样做的风险，因此专门在家中设置了私人服务器。但是，她显然低估了黑客的攻击能力，邮箱被攻破后，媒体很快闻风而动，联邦调查局多次启动调查，最终导致其在2016年美国总统大选中一败涂地，教训不可谓不深刻。

案例4-7：希拉里的"邮件门"事件始末 ①

2015年3月，《纽约时报》率先披露，希拉里在担任国务卿（2009年1月—2013年2月）期间，从未使用域名为"@state.gov"的政府电子邮箱，而是使用域名为"@clintonemail.com"的私人电子邮箱和位于家中的私人服务器收发公务邮件。2015年3月10日，希拉里召开记者会首度公开承认自己在任国务卿期间，为图方便而使用私人邮件处理公务，同时坚称并未违反相关法规。这一事件被称为"邮件门"。事实查证网站"factcheck.org"报道称：希拉里在担任纽约州参议员（2001年1月—2009年1月）和参加2008年美国总统竞选期间，也使用了私人邮箱处理公务。

2015年7月，政府调查员称他们在来自希拉里私人服务器的邮件中发现了机密信息，但当时邮件并未被标注机密，同时也不确定希拉里是否知道该信息涉及机密。调查员将此案移送司法部。不久，联邦调查局（FBI）展开调查。

2016年1月，美国国务院首次承认22封包含绝密信息的邮件曾通过希拉里的私人账户传递。这些文件当时并未被标注为机密，但是国务院正在审核这些信息在通过希拉里的私人电邮服务器收发时是否属于机密。希拉里竞选阵营指责奥巴马政府对秘密的"机密等级定得过高"，呼吁公布相关邮件。

2016年5月，美国国务院一份措辞严厉的报告称，希拉里并没有就利用其安装在纽约家里的服务器处理公务寻求法律批准。报告还称，希拉里在担任国务卿期间使用个人电子邮件账户和私人电子邮件服务器的行为，引发了"安全风险"，这件事可能在紧张的总统竞选中困扰她。

2016年6月28日，美国国会众议院班加西事件特别委员会公布了美国驻班加西领事馆遇袭事件调查报告。报告指责美国国防部、中央情报局和国务院在内的奥巴马政府部门没有在袭击发生前正确评估班加西的严峻安全局势，同时，也没有解决班加西领事馆存在的安全隐患。另外，报告还指出奥巴马政府在事后阻碍特别委员会的调查，但并没

---

① 笔者根据多家媒体报道整理。

有对时任国务卿的希拉里在此事中的过失提出更多指控。

2016年7月，联邦调查局局长詹姆斯·科米表示，希拉里担任国务卿期间在处理最高机密电子邮件方面"极为粗心"，但没有证据显示她"有意违反法律"，建议不对这位民主党总统候选人提起公诉。

2016年10月28日，美国联邦调查局宣布重启"邮件门"调查。原因是发现了新邮件。美国媒体称，新邮件是FBI在调查纽约州前联邦众议员韦纳性丑闻事件时发现的。[①]韦纳是希拉里阵营的重要幕僚、希拉里的长期亲密助手阿贝丁的前夫，2016年8月，韦纳爆出与一名未成年女子互发色情短讯的丑闻后，阿贝丁宣布与他分手。

2016年11月6日，联邦调查局称维持其7月首次调查后的结论不变，即没有证据显示民主党总统候选人希拉里·克林顿及其助手有意违反法律，不向美国司法部建议就"邮件门"事件起诉希拉里。但是此时，距离大选最后投票只有2天时间。两天后，特朗普大败希拉里，成为美国第45任总统。

第三，牢记公务电脑的保护、使用、销毁都必须严格遵守规定。一是存储公务信息的电脑需要物理隔离，废弃的涉密公务电脑应该按照规定程序销毁。在韩国前总统朴槿惠"闺蜜干政"事件中，朴槿惠的重大过错之一就是事先向闺蜜分享演讲稿，2016年10月，据韩国JTBC电视台爆料称，崔顺实"最大爱好是审阅总统演讲稿"，此后，这家电视台挖出了总统"闺蜜"修改演讲稿的大新闻。[②]总统演讲稿未公开前即使不是定密信息，也属于不能公开的"受控非密"信息。[③]因此，朴槿惠此举肯定涉嫌定密信息或者"受控非密"信息的不当分享。而崔顺实似乎并不知道此类信息的保管常识，"这些讲稿的文档存储在崔顺实办公室一台被弃置的电脑中"并被JTBC电视台截获公开，因为这些文档的打开时间在朴槿惠发表演讲前。[④]因此，成为崔顺实审阅并修改讲稿的直接证据，事件由此迅速发酵导致朴槿惠被弹劾下台并锒铛入狱。

---

① 王传军.FBI重启希拉里"邮件门"调查［N］.光明日报，2016-10-30（5）.

② 朴槿惠闺蜜今接受检察官传唤首度露面　案情牵出一神秘帅哥［N/OL］.央视新闻客户端，2016-10-31［2017-05-12］.http://m.news.cctv.com/2016/10/31/ARTIS3WxUdxYxJzeMq3eFaB3161031.shtml.

③ 孙宝云.美国"受控非密"信息注册登记制度透视［J］.保密工作，2017（6）.

④ 郭倩.朴槿惠就亲信审阅总统演讲稿一事向国民道歉［N/OL］.新华网，2016-10-27［2017-05-02］.http://news.xinhuanet.com/world/2016/10/27/c_129338581.htm.

链接：美国的"受控非密信息"[1]

　　美国的"受控非密信息"的英文是Controlled Unclassified Information（CUI），是介于保密信息与公开信息之间的特殊信息，这类信息虽然不属于国家秘密，不能按照国家秘密的形式进行保护，但是一旦公开却会给个人、公司或政府部门造成损害或潜在损害，因此可以依法不公开。在2010年奥巴马总统发布的"受控非密信息"13556号总统令中，对"受控非密信息"的定义是，根据相关法律、法规以及政府范围内的政策，需要进行保护或限制传播的信息，但不包括13526号总统令规定的定密信息，也不包括原子能法及其修正案覆盖的信息。总体而言，美国的"受控非密信息"类似国内的"敏感信息"，但范围覆盖个人隐私、商业秘密等多个方面，因此外延大于国内的"敏感信息"。美国的"受控非密信息"管理曾有长达十年的混乱时期，奥巴马政府历时6年实现了规范管理。目前23个类别、85个子类别已全部在美国信息安全监督局的官网公开，积累了很多成熟的管理经验。

　　二是要谨记私人电脑与公务电脑交叉使用的隐患十分严重。这是导致美国联邦调查局在大选前重启"邮件门"调查的根本原因。事件缘起于希拉里助手阿贝丁的丈夫安东尼·韦纳的色情短信调查。当美国联邦调查局对韦纳笔记本电脑中65万封邮件筛选调查中，发现有数千封邮件可能来自希拉里的私人服务器。联邦调查局指出："显然阿贝丁与丈夫共用电脑，最后将调查对象转移到阿贝丁的邮件。据调查，阿贝丁像希拉里一样，使用除了工作账户之外的其他私人电子邮件账户，其中包括雅虎账户和希拉里的私人服务器。"[2]但是据《华盛顿邮报》报道，阿贝丁自己也不知道为什么希拉里的邮件会跑到韦纳的电脑里，而且她还声明自己很少使用她丈夫的电脑。[3]无论如何，阿贝丁显然未能妥善保管好希拉里的邮件信息，授人以柄导致时任联邦调查局长的科米宣布大选前重启"邮件门"调查。

　　三是要牢记借助专业化工具，电脑中被删除的信息是可以恢复的，包括电脑被格式化后，被处理的信息也是可以恢复的。要真正删除信息需要借助专业删除工具，但即便如此，那些看似已经永久删除的信息依然可能隐身于网络之中。例如，为了平息"邮件

　　① 孙宝云.政府信息公开视角下保密管理机制研究［M］.北京：中国社会科学出版社，2017：283-302.

　　② 希拉里遇上黑客　未公开邮件本周将曝光［N/OL］.环球网，2016-11-03［2017-05-12］.http://news.china.com.cn/rollnews/jiaodian/live/2016-11/03/content_37274272.htm.

　　③ 王骁.头号女助手涉邮件门或被FBI调查　希拉里保不保？［N/OL］.观察者网，2016-11-01［2017-06-10］.http://news.dahe.cn/2016/11-01/107697063.html.

门"事件，希拉里公开了数万封邮件，但是同时也删除了大量涉及私人生活或者不愿意公开的邮件，但是，这些希拉里团队认为已经永久删除的邮件最后被黑客找到并公开，彻底摧毁了希拉里的总统梦，详见案例4-8。

案例4-8：当希拉里遇上黑客 [①]

据《每日邮报》2016年11月2日报道，文件分享网站Megaupload的创始人、超级黑客金·多特康姆近日向希拉里发出警告，称本周维基揭秘将会曝光未公开的33 000封私人邮件。周一晚上，他发推特写道：还有未公开的资料，现在尚未爆出来，希拉里将有大麻烦。此前他还暗示，维基揭秘已经获得了全部电子邮件。而此前希拉里声称这些邮件与工作无关，并称不会在退休之前交给国务院。

多特康姆曾多次发推嘲讽希拉里。10月27日前，他在推特中写道：我知道希拉里删除的电子邮件在哪里，以及如何合法地获得这些邮件。随后10月27日当天，他再次发推，明确指出被删除的邮件在犹他州的美国国家安全局（NSA）的spy cloud上，并附上了获取步骤，同时@国会众议院班加西调查委员会主席高迪、特朗普的好友福克斯新闻频道肖恩·汉尼提以及特朗普，表示该指南百分百靠谱。

国会参议院通过美国国家安全局直接访问希拉里过去7年发送或接收的所有电子邮件。在此之前，希拉里丢失的电子邮件曾被认为已经永久删除无法恢复。据《纽约邮报》报道，美国联邦调查局最近表明，被删除的电子邮件仍然存在于某些地方，包括谷歌服务器上。

早在2015年，一位与维基揭秘创始人朱利安·阿桑奇保持密切联系的德国企业家就表示，阿桑奇将成为希拉里2016年的噩梦，因为他已经获取了这些邮件。而现在这一切都已成真。维基揭秘网站在大选前几周公布了黑客获得的被删除的电子邮件。最新的民意调查显示，在离选举只有七天前，共和党候选人特朗普自五月以来第一次领先希拉里。特朗普成功把握住了十月给他带来的惊喜，而民主党人则对联邦调查局局长科米违反政策和协议重启"邮件门"事件表达了强烈不满。

---

① 王琪.当希拉里遇上黑客 未公开邮件本周将曝光［N/OL］.人民网，2016-11-03［2017-8-12］. http://usa.people.com.cn/n1/2016/1103/c241376-28831490.html.

第三节　提升领导干部网络安全素养的新思路

一、加强信息公开的保密审查，正确处理公开与保密的关系

2014年10月，新华社发布了《中共中央关于全面推进依法治国若干重大问题的决定》，明确提出"全面推进政务公开，坚持以公开为常态、不公开为例外原则"，要求"推进政务公开信息化，加强互联网政务信息数据服务平台和便民服务平台建设"。我国政务管理信息化由此迎来新的发展契机。2015年12月，国务院办公厅通报了第一次全国政府网站普查情况：截至2015年11月，各地区、各部门共开设政府网站84 094个。其中，普查发现存在严重问题并关停上移的16 049个，正在整改的1 592个。正常运行的66 453个政府网站中，地方网站64 158个，国务院部门及其内设、垂直管理机构网站2 295个。经抽查，全国政府网站总体合格率为90.8%。[①]此后，为了进一步规范政府网站建设，国务院通过普查、抽查等方式加大了监督管理力度，仅在2016年就进行了四次抽查，并发布各级政府网站建设情况，一些不合格网站的相关负责人被问责。最新的抽查是2017年5月，从政府网站总体数量看，随着整改力度的加大，政府网站的数量下降趋势明显，由2015年8月的84 094个减少到2017年5月的43 143个（见图4-19）。[②]

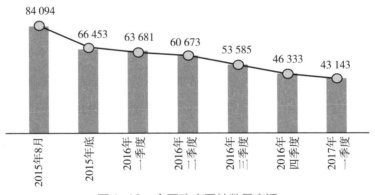

图4-19　全国政府网站数量变迁

---

① 国务院办公厅关于第一次全国政府网站普查情况的通报［EB/OL］，中央人民政府网站，2015-12-15［2017-06-14］. http://www.gov.cn/zhengce/content/2015-12/15/content_10421.htm?from=groupmessage&isappinstalled=0.

② 沙璐.全国政府网站抽查42个网站不合格19人被问责［N］.新京报，2017-05-25（A1）.

到2017年第一季度，全国正在运行的政府网站43 143家。其中，国务院部门及其内设、垂直管理机构政府网站2 229家，省级政府门户网站32家，省级政府部门网站2 591家，市级政府门户网站496家，市级政府部门网站17 211家，县级政府门户网站2 773家，县级以下政府网站17 811家。从抽样情况看，国务院办公厅政府信息与政务公开办公室随机人工抽查各地区和国务院部门政府网站469个，总体合格率91%。其中，北京等11个地区政府网站抽查合格率达100%。各地区和71个国务院部门共抽查本地区、本部门政府网站7 768个，占运行政府网站总数的18%，总体合格率92%。[①]我国政务管理信息化建设取得显著成绩。

但是，政府信息公开快速推进的同时，网站泄密事件也大幅上升，公开与保密的矛盾开始凸显，"一些地区和部门政府信息公开保密审查制度不落实、机制不健全，保密审查不严格、不规范，泄漏国家秘密案件时有发生，严重危害国家秘密安全"。[②]公开报道的案例包括：2014年5月，某区教育信息网刊登1份机密级国家秘密；2014年12月某市工商局刊登1份机密级国家秘密；2015年1月，某市安监局网站刊登2份机密级国家秘密；2015年5月，某县人民政府门户网站泄露国家秘密[③]等。在这些网站泄密事件中，大多涉及违反信息公开的保密审查规定、违规发布信息问题。

案例4-9：门户网站泄露国家秘密案例

（1）该县政府办公室信息管理中心信息管理员黄某，用个人U盘从县政府办综合科文印室刘某使用的涉密计算机上拷贝1份秘密级文件，并在未履行信息公开保密审查程序的情况下，擅自将该文件上传至县人民政府门户网站，造成泄密。事件发生后，有关部门给予黄某行政警告处分；对刘某、信息管理中心副主任任某进行通报批评；责令县政府办主任高某、副主任朱某、信息管理中心主任粟某在县政府办全体会议上作深刻检查。[④]

（2）2015年1月，有关部门发现，某市安监局网站刊登2份机密级国家秘密。经查，2010年12月31日下午，该局收到2份通知（各带1份机密级附件）。由于临近元旦，相关

① 2017年第一季度全国政府网站抽查情况的通报［N/OL］. 中央人民政府网站，2017–05–24. http://www.gov.cn/zhengce/content/2017–05/24/content_5196348.htm.

② 国务院办公厅关于进一步做好政府信息公开保密审查工作的通知［EB/OL］. http://www.quzhou.gov.cn/xxgk/jcms_files/jcms1/web1/site/art/2015/8/25/art_7617_20.html.

③④ 某县人民政府门户网站泄露国家秘密［J］. 保密工作，2015（12）.

单位已放假，书面转发不能及时发放到位，该局安全生产预警救援指挥中心主任李某按照局长王某批示，安排中心技术科副科长祁某通过网站转发文件。祁某仅核实通知未标注密级，未核对附件是否涉密，直接将通知刊登在单位网站上，造成泄密。事件发生后，有关部门给予李某党内严重警告处分，王某行政记大过处分，祁某行政记过处分并调离原岗位。①

　　信息公开保密审查是指行政机关根据《中华人民共和国政府信息公开条例》（以下简称《政府信息公开条例》）的规定，在信息公开前，依照《中华人民共和国保守国家秘密法》（以下简称《保密法》）以及其他法律、法规的规定，对拟公开的信息是否涉密进行甄别鉴定，以确认信息是否应该公开的整个行政活动过程。②保密审查的目的是确保所公开的信息不涉及国家秘密、商业秘密、个人隐私方面的内容，《保密法》第四条规定，"法律、行政法规规定公开的事项，应当依法公开"。按照国家保密局编写的《保密法释义》的解释，这里的"依法公开"包括三层含义：一是指法律法规要求公开的必须公开，不得以保密为由不予公开或拒绝公开；二是指公开前必须依法进行保密审查，公开事项不得涉及国家秘密；三是指公开的程序和方式必须符合法律规定。③也是说，信息公开前必须进行保密审查，"行政机关应建立健全政府信息发布保密审查机制，明确保密审查的程序和责任。……行政机关不得公开涉及国家秘密、商业秘密、个人隐私的政府信息"。④严格执行保密审查制度是处理好公开与保密关系的关键。

　　第一，正确处理公开与保密的关系，要坚持"先审查、后公开"和"一事一审"原则。根据《国务院办公厅关于进一步做好政府信息公开保密审查工作的通知》，"各机关、单位对拟公开政府信息进行保密审查，应由承办单位提出具体意见，经机关、单位指定的保密审查机构审查后，报机关、单位有关负责同志审批。未经审查和批准，不得对外公开发布政府信息"。⑤

　　第二，正确处理公开与保密的关系，要始终牢记"密码电报、标有密级的文件等属

　　①　邵年生.信息公开须重视保密审查［J］.保密工作，2016（12）.
　　②　本书编写组编.信息公开保密审查工作手册［M］.北京：金城出版社，2009：29.
　　③　国家保密局编写组.中华人民共和国保守国家秘密法释义［M］.北京：金城出版社，2010:31.
　　④　曹康泰.中华人民共和国政府信息公开条例读本（修订版）［M］.北京：人民出版社，2009.
　　⑤　国务院办公厅关于进一步做好政府信息公开保密审查工作的通知［EB/OL］.http://www.quzhou.gov.cn/xxgk/jcms_files/jcms1/web1/site/art/2015/8/25/art_7617_20.html.

于国家秘密且尚未解密的政府信息，一律不得公开。密码电报确需公开的，经发电单位批准和保密审查后只公开电报内容，不得公开报头等电报格式"。[①]同时，要严格遵守《保密法》的相关规定，如《保密法》第二十四条规定："严禁将涉密计算机、涉密存储设备接入互联网及其他公共信息网络、严禁在未采取防护措施的情况下，在涉密信息系统与互联网及其他公共信息网络之间进行信息交换、严禁使用非涉密计算机、非涉密存储设备存储、处理国家秘密信息。"近年来，很多网站泄密案件都因违反上述规定，教训十分深刻。

此外，在国内，基于网络环境的泄密事件近年来也呈高发态势，网络安全意识淡薄、工作中粗心大意、违背保密审查程序是主因，而随着微信的普及，信息传播更便捷的同时也带来了更高的安全风险。案例4-10中就涉及未经保密审查将涉密文件上传至政府网站、过失泄密及微信泄密三种情景，相关责任人因此受到了党纪、政纪处分，部分人员还涉及刑责，教训十分深刻。

案例 4-10：网络泄密的三种典型情况

（1）2014年12月，有关部门发现，某市工商局刊登1份机密级国家秘密。经查，2013年7月，该市工商局办公室文书王某收到省工商局发来的1份机密级紧急通知后，按程序报主管副局长杨某、办公室主任张某阅处，并根据领导批示交企业科办理。企业科科长史某提出"转发并限时上报"的处理意见，该科工作人员张某在拟制转发通知时，没有按规定定密，亦未附省工商局通知原文。转发通知签发后，张某擅自对省局通知原文拍照，作为转发通知的电子附件一并上传至局办公内网。此后，该局建成门户网站，为丰富网站内容，聘用人员任某擅自将办公内网的相关信息上传至门户网站相关栏目内，其中就包括上述涉密文件，造成泄密。事件发生后，有关部门对任某作出辞退处理，给予张某行政警告处分，对史某、杨某通报批评、诫勉谈话。[②]

（2）2015年6月，某市人民政府网站被发现违规发布1份未标密通知，该通知附件为秘密级文件扫描件。经查，2011年8月，该市卫生局收到上述秘密级文件，由时任卫生监督科科长王某起草转发通知。王某在起草过程中，将此秘密级文件扫描后作为通知附件，

---

① 国务院办公厅关于进一步做好政府信息公开保密审查工作的通知［EB/OL］. http://www.quzhou.gov.cn/xxgk/jcms_files/jcms1/web1/site/art/2015/8/25/art_7617_20.html.

② 邵年生. 信息公开须重视保密审查［J］. 保密工作，2016（12）.

报办公室主任汪某审核、分管副局长陈某签发后，与转发通知一并上传至该市人民政府网站，造成泄密。事件发生后，有关部门给予王某行政警告处分；责令汪某、陈某作出书面检查。①

（3）2015年12月，H市指挥部下发了1份机密级文件。为抓好贯彻落实工作，H市妇幼保健院党委书记、院长杨某从市委政法委领取文件后，当日下午转交人事科科长徐某，要求写出方案上报，徐某立即安排人事科科员周某撰写方案。当日下午，该院党办工作人员王某到人事科办公室，看到周某正在处理该文件，趁其不备，用手机偷拍了该文件，并通过微信发送给好友余某。余某又转发给李某，李某将照片提供给苏某翻拍。12月8日，某境外网站刊登了该文件照片造成泄密。事件发生后，王某、余某、李某被公安机关刑事拘留，苏某取保候审。有关部门对杨某进行了约谈；责令徐某作出深刻书面检查，并取消年度评优资格，扣罚当月职务津贴；责令周某作出深刻检查，取消年度评优资格并内部通报批评。②

第三，正确处理公开与保密的关系，谨记个人隐私属于不公开信息。行政机关及其工作人员在行政管理过程中根据需要有权调查、了解、收集个人的有关秘密和隐私信息，按照《政府信息公开条例》第十四条的规定："行政机关不得公开涉及国家秘密、商业秘密、个人隐私的政府信息。"但是，随着政府信息公开力度的加大，泄露公民个人隐私的情况也屡见报端，甚至有部门将学生的姓名、身份证号、电话等信息发布至官网。例如，江西省景德镇市政府信息公开网2017年10月31日发布了《第二批大学生一次性创业补贴公示》，文件中公布了学生姓名、完整身份证号以及联系电话等。此外，江西省宜春市财政局2017年10月10日发布的《关于公布2017年会计专业技术初级资格无纸化考试宜春考区合格人员名单的通知》中，公布了910名合格考生的证书编号、准考证号、身份证号码、姓名等信息。③此外，还有多所高校被媒体曝光发生此类问题，部分教师及学生的个人信息被泄露。④为此，2017年11月21日，教育部网站发布《全

① 某市人民政府网站泄露国家秘密［J］.保密工作，2015（12）.

② 周淑芳，王象琨.微信泄密触目惊心［J］.保密工作，2016（7）.

③ 魏文彪.信息公开不能变成隐私公开［N］.中华工商时报，2017－11－14（4）.

④ 长春两所高校泄露职工、贫困生身份证号等信息，均当天整改［N/OL］. http://baijiahao.baidu.com/s?id=1584305429039699945&wfr=spider&for=pc.

国学生资助管理中心发布第9号预警》，强调保护学生个人信息和隐私，要求资助工作者要"拧紧这根弦"。①当然，个人隐私并非绝对不能公开，但是有严格的前提条件，只能依法公开，其中《政府信息公开条例》第十四条对个人隐私的公开作出了明确的限制规定，即需要"经权利人同意或者行政机关认为不公开可能对公共利益造成重大影响的个人隐私信息"，只有在这种情况下，个人隐私才能予以公开。

链接：保护学生个人信息和隐私，资助工作者要"拧紧这根弦" ②

近日，有媒体报道个别省份和高校在公示受助学生信息时，含身份证号码、银行卡号等个人信息，这种做法是错误的。为保证国家学生资助政策落实落细，防止资助过程中泄露学生个人信息和隐私，全国学生资助管理中心向全体学生资助工作者发出预警：保护学生个人信息和隐私，资助工作者要"拧紧这根弦"。

严禁公示"个人敏感信息"。严格遵循国家有关个人信息保护的相关法规制度，在奖助学金等评定环节，不能将学生身份证件号码、家庭住址、电话号码、出生日期等个人敏感信息进行公示。

尊重保护"学生个人隐私"。在评定学生家庭经济状况时，不能让学生当众诉苦、互相比困；在公示学生受助情况时，不能涉及学生个人及家庭隐私；在宣传学生励志典型时，应征得学生本人同意；在发放资助物品时，鼓励采用隐性资助方式。

全体学生资助工作者务必要拧紧"保护学生个人信息和隐私"这根弦，让资助工作更合规、更有爱、更有温度。

第四，正确处理公开与保密的关系，要加快建立和完善政务公开的负面清单。2016年2月，中共中央办公厅、国务院办公厅印发了《关于全面推进政务公开工作的意见》，要求"各省（自治区、直辖市）政府和国务院各部门要依法积极稳妥制定政务公开负面清单，细化明确不予公开范围，对公开后危及国家安全、经济安全、公共安全、社会稳定等方面的事项纳入负面清单管理，及时进行调整更新。负面清单要详细具体，便于

---

①②　全国学生资助管理中心发布第9号预警：保护学生个人信息和隐私，资助工作者要"拧紧这根弦"［N/OL］. 教育部网站，2017–11–21［2017–12–20］. http://www.moe.edu.cn/jyb_xwfb/gzdt_gzdt/s5987/201711/t20171121_319626.html.

③　中共中央办公厅国务院办公厅印发《关于全面推进政务公开工作的意见》［N/OL］.2016–02–17新华网，［2017–07–13］.http://news.xinhuanet.com/politics/2016–02/17/c_1118075366.htm.

检查监督，负面清单外的事项原则上都要依法依规予以公开"。③同年11月，国务院办公厅发布了《关于全面推进政务公开工作的意见》实施细则，明确"对公开内容进行动态扩展和定期审查"，要求"各级行政机关要对照'五公开'要求，每年对本单位不予公开的信息以及依申请公开较为集中的信息进行全面自查，发现应公开未公开的信息应当公开，可转为主动公开的应当主动公开，自查整改情况应及时报送本级政府办公厅（室）。各级政府办公厅（室）要定期抽查，对发现的应公开未公开等问题及时督促整改。严格落实公开前保密审查机制，妥善处理好政务公开与保守国家秘密的关系"。①政务公开负面清单的提出是妥善处理公开与保密关系的制度创新，尤其是实施细则的规定，十分全面细致，如果能够确实得到落实，将有助于解决李克强总理提出的"目前我国信息数据资源80%以上掌握在各级政府部门手里，'深藏闺中'是极大浪费"②的问题，对正确处理公开与保密关系具有十分重要的意义。

二、牢记安全与便捷无法兼得，树立网络安全风险防范意识

第一，互联网技术的发展对人类生活的影响十分深远，无现金社会、实时信息传送、便捷的沟通交流、几乎无处不在的多元化服务资源等，智能手机+Wi-Fi变身万能小助手，可以满足一个人日常生活的绝大部分需求。但是这种便捷性也要付出巨大的代价，那就是数据资源的安全性。当我们使用免费导航系统时，所有行走的数据都被互联网忠实记录下来；当我们携带智能手机行走、消费、看视频、搜新闻、打游戏的时候，每一天的生活轨迹也被永远留存下来；当我们方便地把大量生活数据在云端共享的时候，等于把大量个人隐私存入公共空间。而用于保护隐私的密码更多像门锁，防君子难防小人，我们自认为已经复杂到难以记忆的密码，在技术高超的黑客面前其实不堪一击。在互联网时代，对于我们高度依赖的网络工具，谨记无处不在的安全风险，将有助于提高网络安全风险防范能力。此外，在国内，近年来通过私人邮箱传递公务信息或涉密信息的事件亦屡有发生（详见案例4-11），每起事件都有多人被处分，领导干部应从中吸取教训。

---

① 国务院办公厅印发《关于全面推进政务公开工作的意见》实施细则的通知［EB/OL］.中央人民政府网，2016-11-10［2017-07-10］.http://www.gov.cn/zhengce/content/2016-11/15/content_5132852.htm.

② 张砥.在信息公开问题上政府的"说"就是"做"［N］.北京日报，2016-05-13（3）.

案例 4-11：利用邮箱传递涉密信息导致泄密案例 [①]

（1）2011年3月2日，由于大雪封山，无法及时传达落实县维稳工作会议精神，某县一乡党委书记扎某指示副乡长索某、乡干部樊某，将属于机密级的工作方案以及属于秘密级的有关领导同志讲话材料，通过QQ邮箱发送给乡干部次某，造成泄密。事件发生后，有关部门给予索某行政记过处分；给予扎某、樊某、次某行政警告处分。

（2）2012年1月，某县教育局边某在打印文件资料时，发现涉密计算机（使用责任人为柳某）连接的打印机已损坏，无法打印。边某为及时完成领导交办的工作，违规将涉密文件下载至U盘中，并通过互联网上传至本人的电子邮箱，然后再下载到其他计算机上进行打印，导致泄密。事件发生后，有关部门给予边某党内警告处分，给予柳某通报批评。

上述案例的发生虽事出有因，但是均凸显了当事人保密基本知识的匮乏和网络安全意识的淡漠。案例4-11-（1）中当事人樊某违反了《保密法》第二十六条规定："禁止在互联网及其他公共信息网络或者未采取保密措施的有线和无线通讯中传递国家秘密。禁止在私人交往和通讯中传递国家秘密。"案例4-11-（2）中当事人边某违反了《保密法》第二十四条规定："严禁在未采取防护措施的情况下，在涉密信息系统与互联网及其他公共信息网络之间进行信息交换、严禁使用非涉密计算机、非涉密存储设备存储、处理国家秘密信息。"因此，要牢记安全与便捷是一对矛盾体，在互联网时代，最方便、最高效、最低成本的工具往往是最危险的，即使是付费的私人邮箱，安全性依然是很大问题。

第二，安全与便捷是一对矛盾体，谨记无线Wi-Fi蕴藏着巨大安全风险，要时刻警惕个人信息、重要账号、密码的泄露。腾讯安全Wi-Fi联盟的数据显示，全球约10%的人口正在使用Wi-Fi，在中国，公共场所提供免费的Wi-Fi热点服务几乎已成为标配，覆盖面超过千万个。腾讯手机管家报告显示，在Android联网用户中，虽然有49.14%的人担心Wi-Fi的安全问题，但是依然有高达49.75%的人用Wi-Fi联网，86.03%的用户最爱用Wi-Fi聊天，67.23%的人认为Wi-Fi联网的最大问题是速度慢，62.05%的人

---

① 吴瑞.电子邮件泄密（违规）案件面面观［J］.保密工作，2017（3）.

吐槽 Wi-Fi 连接麻烦需要密码。[①]2015年3月15日，中央电视台的"3·15"晚会现场演示了黑客如何利用虚假Wi-Fi盗取晚会现场观众信息的过程，包括观众的手机系统、自拍照片、邮箱账号密码等各类隐私数据全部被发布到现场大屏幕上，为手机用户在公共Wi-Fi的上网安全敲响警钟。[②]猎豹免费 Wi-Fi 2014 年发布的《中国公共 Wi-Fi 安全报告》称，全国近 21% 的公共 Wi-Fi 热点存在安全隐患，由此引发的网银被盗、个人信息泄露、网络诈骗等案例已呈爆发性上升趋势。而《2015 中国 Wi-Fi 安全绿皮书》披露的数据则显示，国内 80% 的 Wi-Fi 能在 15 分钟内被轻易破解，平均每天有约3.06%Wi-Fi 遭遇 DNS 劫持攻击，4.97% 的 Wi-Fi 会遭遇 ARP 攻击。[③]其中，虚假 Wi-Fi 钓鱼就是主要安全风险之一，在2015年"3·15"晚会现场，黑客使用的就是虚假 Wi-Fi 钓鱼的手法。虚假 Wi-Fi 钓鱼是指犯罪分子通过架设一个与某公共 Wi-Fi 热点同名的 Wi-Fi 网络，吸引用户通过移动设备接入该网络，然后就可以通过分析软件窃取这些接入虚假 Wi-Fi 热点用户的资料，包括 Wi-Fi 登录密码，从而成功破译。通过这一手段，还能窃取到用户的银行账户、网络支付账户密码，从而实施资金的盗刷。[④]因此，在 Wi-Fi 环境下需要谨记基本安全常识，如不登录未知网络，远离无密码Wi-Fi，不在公共网络环境下网购、登录网银以及第三方支付平台等。总之，要谨记无线Wi-Fi蕴藏着巨大安全风险，要警惕个人信息、重要账号、密码的泄露，这是一个网民可以给自己的最好保护。

第三，安全与便捷是一对矛盾体，谨记电脑上涉及公务信息的存储、流转、删除及交叉使用均存在较高安全风险。在无纸化办公时代，很多领导干部都会通过涉密网络或办公内网处理公务，几乎每位领导者的公务电脑中都会保存大量公务信息，但是由于部分领导者网络安全意识淡薄，在此类信息的保管、流转、分享、删除过程中经常出现各种疏忽，导致过失泄密事件发生。在案例4-12中，就有多人因此受到处分，教训十分深刻。

案例 4-12：某省城乡规划设计院多人违规存储涉密测绘成果[⑤]

2013年，有关部门在检查中发现，某省城乡规划设计院设计八所副主任工程师潘某，

① 叶丹.315晚会曝Wi-Fi窃隐私 安全专家提示四招严防［N/OL］.南方网，2015-03-15［2017-07-21］.http://news.southcn.com/community/content/2015-03/15/content_120071788.htm..

② 吴辰光."3·15"曝光的信息安全痛点［N］.北京商报，2015-03-18（B4）.

③ 朱晓航.警惕隐藏在公共Wi-Fi里的"定时炸弹"［N］.人民邮电，2015-06-19（6）.

④ 吴辰光."3·15"曝光的信息安全痛点［N］.北京商报，2015-03-18（B4）.

⑤ 张新忠.涉密地理信息管理应当慎之又慎［J］.保密工作，2017（9）.

助理工程师李某、李某某，设计九所副主任工程师胡某4人，分别违规在连接互联网计算机中存储、处理涉密测绘成果。经查，潘某存储、处理的涉密测绘成果是从该所副主任工程师陈某、葛某处拷贝；李某、李某某的涉密测绘成果亦是从陈某处拷贝；胡某存储、处理的涉密测绘成果，则分别来自有关测绘成果所涉及的市、县城乡规划局。有关部门根据违规情节对涉案人员及负有领导责任的相关人员共12人，给予党内警告、通报批评、约谈等处理，并给予相应的经济处罚。

三、增强网络监控防范意识，提升网络安全风险的感知能力

第一，牢记网络监控无处不在，"五眼联盟"已让人类无处可藏。第二次世界大战之后，美国、英国、澳大利亚、新西兰及加拿大组成"五眼联盟"，以美国为轴心、打着维护国家安全的名义，该联盟的监控、监听活动长期处于野蛮生长状态。尤其在"9·11"事件发生后，随着监控技术的快速发展，"五眼联盟"的监控能力也迅速提升。第一时间采访斯诺登的英国卫报记者格林沃尔德在《无处可藏》一书中这样写道："总体来讲，从斯诺登的材料里可以得出一个基本定论：美国政府建立了一个旨在全世界范围内消除网络隐私的体系。毫不夸张地说，监控计划最直接的目标就是：保证国安局可以收集、储存、监视并分析全球范围内人们进行的电子通信信息。国安局工作的首要任务就是全面掌握所有的电子通信信息。"[1]

虽然早在2010年，《华盛顿邮报》就曾报道称："国安局的数据收集系统每天都会拦截并储存17亿份美国人民的邮件、电话以及其他形式的通信信息。"2012年，曾在国安局任职30年的数学家威廉·宾尼在接受采访时，也指出："他们已经收集了大约20万亿份美国公民间的通信信息。"[2]但是，直到2013年5月斯诺登爆料后，美国为首的"五眼联盟"监听全世界尤其是网络世界的丑闻才得以彻底揭开，而美国秘密监控系统规模之庞大令人瞠目结舌。事实上，斯诺登收集的文档资料数量非常多、涉及的范围也相当广泛，包含数千个监控项目：有从世界上最大的互联网公司的服务器收集信息的大规模"棱镜"计划；有国安局和它的英国同行合作努力破解保障网上行为最常见加密技术的"奔牛"计划；有针对能提供网络匿名浏览的洋葱浏览器的"任性长颈鹿"计划；有可

————————

①② ［美］格伦·格林沃尔德.无处可藏——斯诺登、美国国安局与全球监控［M］.北京：中信出版社，2014：88–93.

以入侵谷歌和雅虎私人网络的"肌肉发达"计划；还有加拿大对巴西能源部实施的监控的"奥林匹亚"项目。①大部分文件标有"绝密"字样，其中有些文件仅限美国内部，大多数可以在"五眼联盟"内分享。

以"无界线人"项目为例，一幅将各国以不同颜色标注以反映其受监控程度的全球地图表明（见图4-20），自2013年3月8日起的一个月内，国安局的下属部门之一就收集了超过30亿份通过美国电信系统的电子邮件数据，并从世界各国收集到多达970亿封电子邮件和1 240亿个电话。还有一份"无界线人"文件详细记录了30天内收集到的全球范围内的数据，其中包括来自德国的数据5亿份、巴西23亿份、印度13.5亿份。另一些文件夹还包含了与其他国家合作收集到的元数据，其中法国7 000万份，西班牙6 000万份，意大利4 700万份，荷兰180万份，挪威3 300万份，丹麦2 300万份。②

图4-20　无界线人全球监控地图③

第二，牢记智能手机、智能电视、网络摄像头等均可被远程操控，变身窃照、窃听装备。2014年5月，斯诺登接受美国全国广播公司记者采访时爆料：美国国家安全局与英国政府通讯总部联合开发了一种技术，能够在用户不知情的情况下通过手机麦克风进行监听，他说："他们绝对可以在手机关机的情况下开展监听活动。"随后英国媒体援引

①② 【美】格伦·格林沃尔德.无处可藏——斯诺登、美国国安局与全球监控［M］.北京：中信出版社，2014：87-88.

③　斯诺登称iPhone关机也能被监听　专家证实其说法［N/OL］.中国新闻网，2014-06-11［2017-07-12］.http://www.chinanews.com/gj/2014/06-11/6269999.shtml#0-qzone-1-46055-d020d2d2a4e8d1a374a433f596ad1440.

专家的话证实了这一观点，美国洛杉矶硬件工程师埃里克麦克唐纳说，当手机关机时，虽然看似电源已经切断，但实际上手机只是进入了低能耗模式，关键的通信芯片仍处于活跃状态。这种"假死"状态使手机仍然可以接收指令，包括激活麦克风的指令。安全顾问罗伯特大卫格雷厄姆称，斯诺登提到是一种名为"植入"的技术。所谓"植入"，是指美国国家安全局（NSA）监听手机，并在手机上安装硬件或软件。一旦NSA在用户的手机上安装了"植入"，他们就能远程"启动"手机。而尽管手机看起来关机了，但其实并没有断电。^①事实上，正是由于对智能手机、电脑安全的担心，国内外均有重要会议禁止携带任何电子设备入内的规定，并在"斯诺登事件"后被强化，例如，2013年11月，英国内阁会议禁止大臣们使用iPad，情报机构要求在首相卡梅伦和内阁成员进行敏感问题讨论之前，将一切平板电脑从房间里拿走，以防内阁成员随后的谈话内容可能被监听。他们担心平板电脑被一些外国势力用作监听设备。^②

黑客工具可以秘密入侵各种智能设备，因此，包括智能电视在内的各种智能设备均存在安全风险。2017年3月，"维基揭秘"网站发布了近9 000份据称属于美国中央情报局的机密文件，显示中情局网络情报中心拥有超过5 000名员工，总共设计了超过1 000个黑客工具。这些工具可秘密侵入手机、电脑乃至智能电视等众多智能设备，如三星的智能电视被攻击后可以变成用于录音的窃听器，中情局的黑客软件可以让电视呈现假关机状态，并转为录音模式，然后通过互联网上传到中情局的秘密服务器上。^③在此次发布会上，"维基揭秘"网站创始人阿桑奇通过视频直播强调了入侵智能设备的后果，认为可以与此前美国国家安全局大规模监听互联网相提并论，而随着各种便携式智能设备的广泛应用，此次入侵事件的影响甚至更为恶劣和严重。他进一步解释说："美国中情局开发了一个巨大的网络攻击武器库，拥有大量的木马和病毒，用来攻击全球用户使用的电子设备，攻击对象包括各国的政府首脑、公司高管、新闻记者以及普通民众。这些木马和病毒通过电子设备，不断渗透到普通人的生活中，其

---

① 斯诺登称iPhone关机也能被监听 专家证实其说法［N/OL］.中国新闻网，2014-06-11［2017-07-12］. http://www.chinanews.com/gj/2014/06-11/6269999.shtml#0-qzone-1-46055-d020d2d2a4e8d1a374a433f596ad1440.

② 英国内阁禁iPad "防中俄"［N/OL］.环球网，2013-11-06［2017-06-05］. http://world.huanqiu.com/depth_report/2013-11/4533876.html.

③ "维基揭秘"：中情局可让三星智能电视变身窃听器［N/OL］.央视网，CCTV-2财经频道，2017-03-08［2017-07-31］. http://tv.cctv.com/2017/03/08/VIDE8FpvmXRnGiQ7Xh4p1je5170308.shtml.

中有一部分已经失控。多年来，中情局通过各种技术手段，在美国国内和国外，展开了大规模的网络攻击行为。"①

同时，慎用网络摄像头，要高度警惕其安全风险。安装网络摄像头可以通过手机进行远程观察，这给网民带来很多方便。例如，一些饲养宠物的网民，上班时就通过网络摄像头观察家中宠物的状况。但是这类摄像头安全风险很高，容易遭到黑客攻击，需要高度警惕。例如，吴女士为照顾家中的小猫，团购了一个摄像头安装在卧室，结果遭遇黑客入侵。直到某晚监视器突然出现怪声，登入手机监看画面才发现，在线观看人数居然有2个人，吴小姐闪躲镜头，镜头竟然也跟着转，她吓得直接拔掉电源线。吴女士与一起团购的14名买家联系，发现有3人都遭遇类似情形，甚至有人听到监视器对她说"hello"。②《2016年中国互联网安全报告》指出，智能摄像头已被广泛使用并带来大量安全风险，"主要是用户隐私泄露、传输未进行加密、未存在人机识别机制、多数智能设备可横向控制、未对客户端进行安全加固、代码逻辑设计存在缺陷、硬件存在调试接口、未对启动程序进行保护、没有远程更新机制九大安全风险"。③规避此类安全风险，要牢记前文述及的安全性与便捷性无法兼得，对于网络产品，越是智能就越要提高警惕，使用时应该采取必要的安全措施，如不能把摄像头安装在卧室等隐私度高的地方，在家的时候断开电源关闭摄像头等。

第三，运用网络安全的基本知识进行自我保护。网络安全基本知识包括三点：一是要按照正确方式设置密码，实用的技巧包括使用任何电子设备如路由器、Wi-Fi、智能设备，或使用微信、支付宝、QQ等常用软件都要设置密码；切记不同设备、软件绝不可使用相同密码；一定要设置高强度、复杂密码且最好能定期更换。在纪录片《第四公民》中，有一个镜头是斯诺登蒙着一块红布输入自己电脑的密码，时间长达40秒，足见斯诺登设置密码的复杂。斯诺登还在采访时告诉记者格林沃尔德，其电脑只设置4位密码的方式很不安全，至少应设置10位以上密码，因为这样即使是美国国家安全局来

① "维基揭秘"曝光中情局入侵全球智能装备［N/OL］.央视网，2017-03-10［2017-07-23］. http://news.cctv.com/2017/03/10/ARTIjHrMek9w232dI0gfDLpB170310.shtml.

② 女子家中网络摄像头遭黑客入侵全裸洗澡被直播（组图）［N/OL］.网易，2015-07-17［2017-8-1］. http://news.163.com/15/0717/16/AUO68VSF00014AED.html.

③ 360互联网安全中心.2016年中国互联网安全报告［R］.2017-02-12［2017-8-10］. http://zt.360.cn/1101061855.php?dtid=1101062514&did=490278985.

破译，也需要花费几天的时间。可见，设置复杂密码是一种有效的自我保护方法。二是要警惕笔记本电脑上的摄像头，与前面述及的网络摄像头一样，一旦电脑被木马控制或遭遇黑客攻击，摄像头就会完全被控制，所以最好像脸书创始人扎克伯格那样，采取措施对电脑摄像头进行遮挡。据报道，为庆祝Instagram的月活跃用户达到了5亿人次，扎克伯格特意在网上传了一张庆祝照片，但细心的网友发现，在照片中，扎克伯格身旁的笔记本有点特别，原来前置摄像头和音频插孔都用胶带封了起来。[①]三是要高度警惕手机及各种手机软件的定位功能。当前智能手机都有精准的定位功能，要养成只在必须的情况下才开启定位功能的习惯在可能的情况下，主动关闭定位功能是对个人隐私的有效保护。以共享单车为例，在手机APP的后台位置中通常会出现三个选项：永不、使用应用期间、始终，如果不是经常使用单车就可以选择"永不"，到使用单车时再打开即可；如果经常使用则可以选择使用应用期间；最好不选择"始终"。

总之，越是方便使用的电子工具，越可能造成个人隐私泄露，手机带给我们极大方便的同时，其实也是对个人信息安全的最大威胁。用互联网之父、美国加州大学洛杉矶分校特聘教授伦纳德·克兰罗克的话说，当"你拿着手机到处转转，他们就知道你在哪里，说了什么。你的隐私没有了，也许是在无意之间，但隐私就是没了"。[②]记住这一点，对互联网中的安全风险保持警惕，是提升网络安全素养的必由之路。

---

① 扎克伯格封上笔记本摄像头防偷窥 5年保护费上亿［N/OL］，中国青年网，2016-06-22［2017-08-02］，http://d.youth.cn/shrgch/201606/t20160622_8170889.htm.

② 中央电视台大型纪录片《互联网时代》主创团队.互联网时代［M］.北京：北京联合出版公司，2015:219.

第五章　网络安全专业人才培养

第一节　我国网络安全专业人才培养的现状与问题

当今时代网络安全牵一发而动全身，网络安全不仅仅是信息安全，更是国家安全、社会安全等更广泛意义上的安全。2017年以来，全球范围内的重大网络安全事件层出不穷，无论是海莲花攻击还是WannaCry勒索病毒肆虐全球，每一次威胁网络安全的事件都为我们敲响了警钟。2016年4月，在网络安全与信息化工作座谈会上的讲话中，习近平总书记指出："网络安全的本质在对抗，对抗的本质在攻防两端能力较量。"而攻防两端能力较量的核心就是攻防双方人员的对决，网络安全既需要进攻型人才，也需要防守型人才。缺少网络安全人才，就没有网络安全可言，人才是网络安全的基石。

当前，我国的网络安全学科建设及人才培养存在网络安全创新人才培养机制尚不健全、专业人才培养缺乏国家标准、人才实战技能不足、学科师资队伍尚不强大等问题。我国网络安全人才培养远远不能满足实施"网络强国战略"的需求。国家应加紧网络安全专业人才的培养工作，尽快实现从网络大国变为网络强国，这是提升我国网络安全保障的重要基础。

一、我国网络空间安全专业人才培养的现状

（一）高校网络安全专业学科建设情况

2001年，武汉大学设置国内第一个信息安全本科专业，这标志着我国进入了网络安全人才培养的起步阶段。2002年，国务院学位委员会、教育部下发了《关于做好博士学位授予一级学科范围内自主设置学科、专业工作的几点意见》。2003年，《国家信息化领导小组关于加强信息安全保障工作的意见》出台，该意见针对我国信息安全保障

工作存在网络与信息系统的保护水平不高、信息安全管理和技术人才缺乏、全社会的信息安全意识不强等问题，提出加强信息安全保障工作，必须有一批高素质的信息安全管理和技术人才，要加强信息安全学科、专业建设，加快信息安全人才培养。在这个背景下，信息安全学科得以迅速发展。北京理工大学、武汉大学等43所院校，分别挂靠在信息与通信工程、计算科学与技术、数学等一级学科，自主设立了信息安全相关二级学科，其中设置信息安全二级学科的18个，设置网络信息安全二级学科的6个，设置信息对抗二级学科的5个，其他14个。①

2005年，教育部对我国信息安全学科、专业建设提出了明确要求，各高校据此文件，在不同学科下设置信息安全研究方向，开展了博士、硕士和本科生的培养。2007年，教育部批准成立高等学校信息安全类专业教学指导委员会，负责对我国高等学校信息安全类专业建设进行指导。同年底，教育部批准了15所学校的信息安全类专业为"国家特色专业建设点"。2012年，教育部进一步明确，要大力支持信息安全学科师资队伍、专业院系、学科体系、重点实验室建设，为高校信息安全学科专业建设给予政策支持，为信息安全学科发展创造新的契机。至2013年底，全国共有93所高校设置了103个信息安全类本科专业，其中信息安全专业86个，信息对抗技术专业17个。②

2014年2月，在中央网络安全和信息化领导小组召开的第一次会议上，习近平总书记指出，没有网络安全就没有国家安全，没有信息化就没有现代化，并特别强调"千军易得，一将难求，要培养造就世界水平的科学家、网络科技领军人才、卓越工程师、高水平创新团队"。③在此基础上，2015年6月，国务院学位委员会、教育部决定在"工学"门类下增设"网络空间安全"一级学科，学科代码为"0839"，授予"工学"学位。至此，网络空间安全一级学科正式设立。四川大学、西安电子科技大学、北京邮电大学、武汉大学、北京航空航天大学等20多所高校整合资源新设立网络安全学院，加大经费投入，扩大招生规模。2015年10月，国务院学位委员会发布通知，决定组织开展网络空间安全一级学科博士学位授权点申报，清华大学、北京交通大学、北京航空航天大学

---

① 崔光耀，冯雪竹.强力推进网络空间安全一级学科建设——访沈昌祥院士［J］.中国信息安全，2015（11）.

② 封化民.人才培养：网络空间安全保障体系的关键环节［J］.信息安全与通信保密，2014（5）.

③ 习近平主持召开中央网络安全和信息化领导小组第一次会议［N］.人民日报，2014-02-28（1）.

等27所高校获批新增网络空间安全一级学科博士学位授权点，解放军电子工程学院和空军工程大学获批对应调整网络空间安全一级学科博士学位授权点，共计29所高校获得首批网络空间安全一级学科博士学位授权点资格（见表5-1）。[1]这标志着高校网络安全学科专业和院系建设工作有了很大的发展。

表5-1 首批网络空间安全一级学科博士学位授权点

序号	学校名称	序号	学校名称	序号	学校名称
1	清华大学	11	南京理工大学	21	西南交通大学
2	北京交通大学	12	浙江大学	22	西北大学
3	北京航空航天大学	13	中国科技大学	23	西安电子科技大学
4	北京理工大学	14	山东大学	24	中国科技大学
5	北京邮电大学	15	武汉大学	25	国防科学技术大学
6	哈尔滨工业大学	16	华中科技大学	26	解放军信息工程大学
7	上海交通大学	17	中山大学	27	解放军理工大学
8	南京大学	18	华南理工大学	28	解放军电子工程学院
9	东南大学	19	四川大学	29	空军工程大学
10	南京航空航天大学	20	电子科技大学		

2016年4月，在网络安全和信息化工作座谈会上，习近平总书记指出："网络空间的竞争，归根结底是人才竞争。建设网络强国，没有一支优秀的人才队伍，没有人才创造力迸发、活力涌流，是难以成功的。"[2]为落实习近平总书记重要指示，实现网络强国建设、应对网络空间复杂形势的迫切需要，经中央网络安全和信息化领导小组同意，2016年6月，中央网信办、发改委、教育部等六部门联合印发了《关于加强网络安全学科建设和人才培养的意见》，提出加快网络安全学科专业和院系建设，创新网络安全人才培养机制，强化网络安全师资队伍建设，推动高等院校与行业企业合作育人、协同创新，完善网络安全人才培养配套措施。[3]许多高校积极响应国家号召，设立网络安全学

① 29所高校获首批网络空间安全一级学科博士学位授权资格［EB/OL］.国家网信办官网，2016-04-24［2017-08-17］. http://www.cac.gov.cn/2016-04/24/c_1118718009.htm.

② 习近平. 在网络安全和信息化工作座谈会上的讲话［N］.人民日报，2016-04-26（2）.

③ 万玉凤.六部门联合发文加强网络安全学科建设人才培养［N］.中国教育报,2016-07-09（4）.

院，开办网络安全相关专业，截至2017年7月，全国有146所高校设立网络安全相关专业165个，设立网络安全学院20余所。

2017年8月，为贯彻落实党中央和习近平总书记关于建设一流网络安全学院的指示精神，落实《网络安全法》《关于加强网络安全学科建设和人才培养的意见》明确的工作任务，中央网络安全和信息化领导小组办公室和教育部办公厅联合出台了《一流网络安全学院建设示范项目管理办法》，决定在2017—2027年间实施一流网络安全学院建设示范项目，[①]西安电子科技大学、东南大学、武汉大学、北京航空航天大学、四川大学、中国科学技术大学、战略支援部队信息工程大学共7家获批为首批建设示范单位。[②]从网络安全学院的设立，再到建设一流网络安全学院，我国网络空间安全专业人才培养到了一个新的历史时期。

（二）职业技术学院网络安全人才培养情况

保障信息安全，需要多样化、多层次的人才，因此，信息安全专业人才的培养目标应不尽相同，既要在研究生和本科生教育中培养能从事整个网络信息安全系统规划、设计的高层次人才，也要在职业教育中培养能进行网络安全系统某个环节建设的技能型人才。2016年出台的《网络安全法》多处涉及网络安全人才工作，其中第二十条提出："国家支持企业和高等学校、职业学校等教育培训机构开展网络安全相关教育与培训，采取多种方式培养网络安全人才，促进网络安全人才交流。"

职业技术学院可以补充网络安全技术人才的岗位缺口。目前，全国共有177所高等职业学校设置了信息安全与管理等相关专业，每年信息安全招生近7 000人，在校生1.6万多人。[③]在职教指导委员会举办的全国职业院校技能大赛中，增加了信息安全类赛项以加强技能型信息安全人才实践能力的培养。通过举办职业院校技能大赛等举措为人才成长提供了良好的环境和实践平台，必将推动网络空间安全人才的脱颖而出。

---

① 关于印发《一流网络安全学院建设示范项目管理办法》的通知［EB/OL］.中国网信网，2017–08–14［2017–08–17］. http://www.cac.gov.cn/2017–08/14/c_1121477715.htm.

② 首批一流网络安全学院建设示范项目高校名单公布［EB/OL］.新华网，http://news.xinhuanet.com/2017–09/16/c_1121675194.htm.

③ 崔宁宁.职业教育成就网络空间安全人才培养创新之路［EB/OL］.中国青年网，2016–12–27［2017–08–17］.http://edu.youth.cn/jyzx/jyxw/201612/t20161227_8988501.htm.

（三）网络安全从业人员职业培训基本情况

职业培训是以培养信息安全岗位技能型人才为目的的，包括技术和技能的学习与提升。由于信息技术的飞速发展，网络空间安全面临的问题变化多端，网络安全从业人员的知识需要及时更新。因此，网络安全的职业培训与认证成为我国网络安全人才建设的重要组成部分。相比网络空间安全的学历教育，网络空间安全职业培训周期短，能够应对网络空间安全领域不断涌现的新知识、新技术和新产品。这些特点决定了开展职业培训能够快速壮大网络安全人才队伍，持续提升网络空间安全人才的技术水平和实践能力。

目前，针对网络安全从业人员的职业培训主要有网络安全管理人员教育培训和信息安全保障从业人员认证培训两种形式。

第一种形式是网络安全管理人员教育培训。作为网络安全管理人员，应了解网络安全的基础理论和专门知识，了解网络安全领域的发展现状，并能熟练运用网络安全学科的方法、技术与工具。通过系统的网络安全技能培训，可以达到学习技术知识、提升管理能力和了解行业态势的目的。按照《公安部办公厅、人事部办公厅关于开展信息网络安全专业技术人员继续教育工作的通知》的要求及标准，全国许多地区都开展了信息网络安全员培训工作。有些地区还开办了党政机关信息安全员专业技术培训，旨在提升信息安全员的安全意识与安全技能，培训涵盖信息安全理论与攻防技术，并介绍国内外信息安全风险评估、国外信息系统安全管理人员的技术要求等内容。

第二种形式是网络空间安全从业人员认证培训。在过去20余年的信息化进程和发展中，我国的网络和信息安全人才培养已奠定了一定基础，在网络空间安全从业人员认证培训方面基本建立了以"注册信息安全专业人员（CISP）"为主体的认证培训体系，为国家重要网络和关键信息系统安全防护领域培养了一大批急需的骨干人才。CISP是国家对信息安全人员资质的最高认可，由中国信息安全测评中心实施国家认证，建立了完善的专业能力培养体系，包含安全技术（CISE）、安全管理（CISO）、灾难恢复（DRP）、系统审计（CISP-A）以及安全开发（CISD）等专业方向。此外，工信部下属的教育与考试中心开展"全国信息技术人才培养工程网络信息安全工程师高级职业教育项目"（以下简称NSACE）对网络信息安全工程师进行认证培训，是全国信息技术人才培养工程的重要组成部分。NSACE项目设置了三个能力级：初级（网络信息安全员）、中级

（网络信息安全工程师）、高级（网络信息安全高级工程师），每个级别在网络信息安全组织能力、信息安全管理能力、信息安全技术能力上都有相应的要求，以适应不同的网络信息安全工作岗位要求。各地方也开办了一些认证培训，例如深圳市举办的信息安全保障从业人员认证（CISAW）培训，为信息安全保障从业人员提供认证与培训服务，包括面向在校学生开展的预备级认证、在职人员的基础级（Ⅰ级）认证和专业人员的专业水平认证（包括专业级Ⅱ级和专业高级Ⅲ级）共四个级别。

二、我国网络安全专业人才匮乏制约网络安全发展

我国拥有7.51亿网民，是名副其实的网络大国，但还不是网络强国。木马和僵尸网络、移动互联网恶意程序、拒绝服务攻击、安全漏洞、网页钓鱼、网页篡改等网络安全事件多有发生，网络安全专业人才培养与日趋严峻的网络安全形势仍不相适应，网络安全专业人才数量难以满足国家网络安全的需求。

（一）我国网络安全专业人才数量严重不足

根据全国高校网络安全相关人才培养调研报告，我国高校每年培养的信息安全专业人才不足1万人，而网络安全人才的总需求量则超过70万人。不仅如此，报告还指出，未来我国相关行业的信息安全人才需求还将以每年1.5万人的速度递增，预计2020年相关人才需求将增长到140万。[①] 高等院校是网络安全专业人才培养的主阵地，自2001年以来，我国有百余所高等院校陆续开设了网络安全相关专业，如信息安全、密码学、信息对抗等，培养了一批网络安全专业人才，但学生实际动手能力不强，毕业生中还有很大比例出国留学或进入国外安全企业工作。据不完全统计，全国146所高校培养网络安全专业人才，近三年网络安全相关专业年均招生数11 182人，其中本科生5 587人，研究生2 881人。[②] 仅从数量上看，目前我国安全专业人才培养远远无法满足国家网络安全发展的需要。

（二）网络安全专业人才的质量不能满足国家网络安全的发展需求

网络安全是一门综合性的交叉学科，涉及数学、信息与通信工程、计算机科学与技

---

① 腾讯安全. 2017年上半年互联网安全报告［EB/OL］.腾讯安全联合实验室官网，2017-08-08［2017-08-29］. http://slab.qq.com/uploads/file/20170808/20170808103359_28533.pdf.

② 封化民.创意人才培养模式　建设高素质的网络安全队伍［J］.北京电子科技学院学报,2016（3）.

术、电子科学与技术、软件工程、控制科学与工程、管理学、法学等诸多学科，我国高校在网络安全专业人才的培养过程中，还无法准确把握各学科之间的比重关系，表现在各高校在该专业的课程设置上比较随意，培养目标不明确，培养方案滞后于社会需求；教学基础条件落后，尤其缺乏创新性实验所需的相关基础实验设备及教学资源；教师在教学过程中普遍存在重理论轻实践现象，不能很好地解决现实的网络安全问题。而且，目前国内尚未完全建立起行之有效的网络安全高层次人才培养体制，也没有完全形成助推高水平网络安全专家、网络科技领域的领军人才脱颖而出的机制。高端人才是学科发展的重要催化剂，由于信息安全专业的特殊性，全球范围内的网络安全高端人才来华工作的并不多，主要靠国内自主培养及引入少量的国际知名华人专家。网络安全领域的院士、长江学者、千人计划等高层次人才更是少之又少。如何加快网络安全高端人才建设不仅关系着学科发展，更关系着国家的安全和根本利益。

（三）网络安全专业实践教学体系尚不完善

中国高校的网络安全专业教育与实际人才需求存在较大的鸿沟，尚未形成适合于实践教学的体系化培养环节。在国内高校网络安全相关专业的教学中，很多网络安全专业主要学习内容是密码学，这对网络安全工作是远远不够的。国外网络安全专业的学习比较注重理论和实践的结合，注重学生实践能力的培养，在学习过程中，通常会通过很多的实际案例，结合相关学科进行分析，而这恰恰是中国高校网络安全专业教学所缺失的。此外，目前我国还没有建立常态化的网络安全培训认证制度，缺乏像美国（ISC）这样有国际影响力的认证培训机构，没有形成类似CISSP、CISA这样的知名认证品牌。

国内目前缺少网络安全"人才+产业"平台建设。美国硅谷是全球公认的网络安全创新创业集聚区，在斯坦福等大学周边集聚了一大批知名网络安全企业和初创企业，高校毕业生到这些企业工作或在本区域内创业，高校对企业员工进行培训，与企业合建实验室、合作办学、合作科研等，实现了人才培养与技术创新、产业发展的密切融合，相互促进、良性循环。我国虽然有一定数量的网络安全相关专业院校，也有科技园区，但网络安全产业基地却很少，没有形成以一流高校为龙头的教育、科研、产业融合发展的网络安全"人才+产业"高地，无法有效吸引优秀人才、集聚产业。

（四）网络安全专业人才的继续教育有待完善

网络安全行业的就业前景虽然可以用供不应求来形容，但网络安全从业者的晋升空间却因专业教育发展时间较短而相对滞后。网络安全专业培养的人才在供不应求的同时，需要较长时间才能符合岗位专业性与熟练度的需要。即使从事了网络安全相关岗位，应届生也将遭遇一个非常尴尬的境况，由于网络安全工作的技术含量较高，再加上实践经验的不足，这个熟练过程比别的行业要长，主要原因在于高校培养的人才与市场所需求的不一样，人才的知识结构、层次与用人单位不吻合，亟须通过各种职业培训来帮助从业人员学习掌握前沿知识、持续提升安全技能。

而目前来看，我国网络安全专业人才继续教育体系还不完善，没有建立常态化的在职培训制度。社会上的网络安全培训机构缺乏规范和监管，普遍存在规模小、师资缺、教材乱等问题，缺乏像国际信息系统安全认证协会这样有国际影响力的认证培训机构，没有形成类似CISSP、CISA这样的知名认证品牌。亟须通过营造有利于网络安全培训产业的政策环境，培育品牌网络安全认证培训机构，提升师资力量和培训教材水平，开展多层次的网络安全职业培训，做到多出人才、快出人才。

三、实现网络安全战略迫切需要加强网络安全人才培养

（一）网络空间的竞争归根结底是人才竞争

当今世界，网络空间是大国战略博弈的主战场，网络空间安全是国家安全的重要基石。网络空间在某种程度上已成为继陆、海、空、天之后的第五大主权空间，国际上围绕网络空间安全的斗争愈演愈烈，争夺网络空间安全控制权是战略制高点。没有网络安全就没有国家安全，没有信息化就没有现代化。维护网络空间安全，必须加快培养壮大高素质网络安全人才队伍。从1994年首次接入互联网以来，经过20多年的发展，我国网民数量已位居世界第一，网站访问量仅次于美国，在新发布的互联网趋势报告中，全球市值最高公司前20名中，中国企业占了7个席位，[①]我国已经发展成为世界上名副其实的"网络大国"。然而"网络大国"并不等于"网络强国"。我们既要看到已有的成就，也要看到与网络强国的巨大差距。正是基于上述认识，为了让互联网发展成果惠及13亿中国人民，习近平总书记提出了"努力把我国建设成为网络强国"的战略目标，为了实现网络强国的目标，习近平总书记还特别强调了网络人才培养的重要性，他指出："网络空间的

---

① "互联网女皇"发布2017互联网趋势报告，全球市值最高公司前20名中，中国企业占7席［EB/OL］.搜狐网,2017–06–05［2018–05–21］.http://www.sohu.com/a/146317629_731366.

竞争，归根结底是人才竞争。"加强网络安全人才队伍建设、吸引和用好网络安全专业人才的问题迫在眉睫。

（二）严峻的网络安全形势呼唤网络安全人才

我国是世界上拥有网民数量最多的国家，同时也是遭受网络攻击最多的国家，网络安全事件始终处于高发态势，网络空间安全形势非常严峻。仅以2015年为例，从360互联网中心的报告看，2015年全年，该中心就截获PC端新增恶意程序样本3.56亿个；其网站安全检测平台共扫描各类网站231.2万个，扫出存在漏洞的网站101.5万个，占比达43.9%，其中存在高危漏洞的网站30.8万个，占扫描网站总数的13.3%。[1]中国互联网络信息中心对互联网接入环境的分析也表明，2015年有42.7%的网民遭遇过网络安全问题，其中有22.9%的网民发生过账号或密码被盗事件，有24.2%的网民出现过电脑或手机中病毒或木马情况，是最为严重的网络安全事件。[2]以苹果手机的恶意代码为例，2015年9月，国家互联网应急中心《关于使用非苹果官方XCODE开发APP会植入恶意代码的情况通报》显示：国内诸多知名公司由于使用非官方XCODE发布的APP，导致官方APP被植入恶意代码，全国感染该恶意程序的用户有2 140万，被植入恶意程序的苹果APP可以在App Store正常下载并安装使用，该恶意代码具有信息窃取行为，并具有进行恶意远程控制的功能，进而造成严重的安全风险。[3]经确认，包括微信、网易云音乐、高德地图、滴滴出行、铁路12306，甚至一些银行的手机应用均受影响，App Store上有超过3 000个应用被感染。[4]可见，作为网络大国，我们距离网络强国还有很远的距离，全面加强网络空间安全管理已迫在眉睫，而网络安全专业人才的培养显然是最为关键的环节。

（三）建设网络强国需要一支优秀的网络安全人才队伍

网络安全是技术性和专业性非常强的新型领域，并且网络技术的更新发展极其迅速，网络安全人才匮乏、网民安全意识和技能不足已经成为影响网络安全的重要因素。

---

① 360互联网安全中心.2015年中国互联网安全报告［R］.2016-02-29.

② 中国互联网络信息中心.中国互联网络发展状况统计报告［R］.2016-01-22.

③ 国家互联网应急中心.关于使用非苹果官方XCODE开发APP会植入恶意代码的情况通报［EB/OL］.国家互联网应急中心，2015-09-24［2017-08-17］.http://www.cert.org.cn/publish/main/10/2015/201509241502241149623
05/20150924150224114962305_.html.

④ 刘畅.2015年全球网络安全行业面面观［N］.人民邮电，2016-01-11（6）.

2016年10月22日凌晨，美国域名服务器管理服务供应商Dyn宣布，该公司遭遇DDoS（分布式拒绝服务）攻击，导致大量用户无法访问类似于推特、Spotify、Etsy、Netfilx和代码管理服务GitHub等知名网站，整个时间持续超过2个小时，影响范围覆盖美国东部和部分欧洲地区。这类事件也警醒我们认识到网络人才的极端重要性。要尊重知识，尊重人才，完善人才激励机制，组建一支政治素质高、业务能力强、作风形象好的复合型网络安全专业人才队伍，形成专家人才、核心人才、骨干人才、普通网民相衔接，核心力量、基本力量与后备力量相配合的网络安全队伍格局。特别是要创新思路办法，采取超常措施，改革创新高校网络安全人才培养机制和办学模式，网络安全专业开展"本、硕、博"连读，缩短学制，选拔有专长的学生进大学"网络安全专业实验班"，实行"未来科学家"计划，培养国家急需的网络空间安全人才。

第二节　国外网络安全人才培养的经验

一、整体规划网络安全人才建设工作

从世界范围看，美国和英国网络安全的人才培养规划较早、发展较快，规划也较为成熟；俄罗斯、日本、韩国等国的网络安全人才培养方式相对灵活，这几个国家对网络安全人才培养进行整体规划。通过一系列政策对人才培养进行全过程引导，规范网络空间安全的人才素质要求，在这方面英国和美国的做法略有不同，英国主要通过人才认证的方式来实现，美国则主要通过制定具体标准的方式来实现。2011年3月，英国政府通信总部下属国家信息安全保障技术管理局发布了《信息安全保障专业人员认证》规定，明确了政府部门及其合作厂商的信息保障专业人员的职责和技术能力要求，以及信息保障专业人员招聘、遴选、培训和管理的要求。2015年2月发布的最新版本《信息安全保障专业人员认证》，将信息保障专业人员分为七个类别：认可人员、信息保障审计人员、信息保障架构人员、安全和信息风险咨询人员、信息技术安全人员、通信安全人员以及渗透测试人员。由国家信息安全保障技术管理局指定的认证机构对安全保障人员进行能力评估，判定其是否具备相应资质。[①]

---

① 王星.英国网络安全人才队伍建设体制研究［J］.中国信息安全，2015（11）.

美国对信息安全人才培养工作非常重视，早在1995年美国国家安全局就成立了信息安全学术人才中心，并在1999年制定了《国家信息安全战略框架》，启动了国家网络安全教育培训计划。2000年，美国发布了《信息系统保护国家计划》，启动了联邦计算机服务（FCS）、服务奖学金（SFS）等一系列激励网络安全人才培养的教育计划。2008年，美国发布了《国家网络空间安全全面规划》，强调"虽然在保护美国政府网络空间安全的新技术上花费了数十亿美元，但成功与否的关键因素在于具备过硬知识、技能和能够实现这些技术的人，"[①]因此建议制定专门战略，扩大人员培训，吸引专门人才。2010年，美国启动"国家网络空间安全教育计划（NICE）"项目，并于2012年公布了《NICE战略规划》和《NICE网络空间安全人才队伍框架》（以下简称人才框架），确立了网络空间安全工作及其人员的分类方法及各种标准等。

NICE计划是由美国国家标准和技术研究院（NIST）牵头，国土安全部（DHS）、国防部（DOD）、教育部（ED）、美国国家科学基金会（NSF）等机构共同制定的网络空间安全教育计划。NICE计划目标分为以下四个部分：第一部分是国家网络空间安全意识普及；第二部分是正规网络空间安全教育工作；第三部分是网络空间安全人才框架；第四部分是网络空间安全人才培训和职业发展。其中，除了第一部分属于全民网络安全意识普及之外，其他三个部分都与人才培养直接相关（见图5-1）。

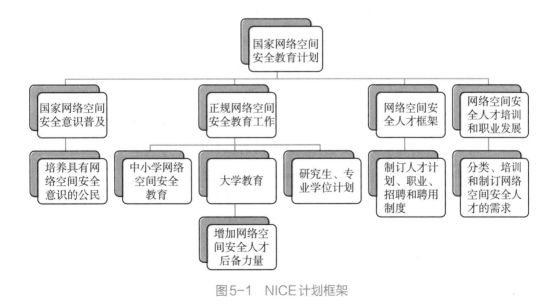

图5-1 NICE计划框架

---

① 张文贵，彭博，潘卓.《国家网络安全综合计划（CNCI）》综述［J］.信息网络安全,2010（9）.

美国教育部和美国国家自然科学基金负责正规网络安全教育工作的统一协调领导，为确保目标有效实施，美国通过开设课程，组织和制定网络空间安全领域的培训计划、夏令营计划、奖学金计划等多种手段开展美国的网络空间安全教育工作。国土安全部和人力资源管理办公室负责牵头评估网络空间安全专业人才的专业化水平，为预测未来网络空间安全需求推荐最佳的实践活动，以及为招募和挽留人才制定国家策略。DHS、DOD、ODNI共同领导，联合教育机构、企业和各级地方政府，分析国家网络空间安全人才培训及职业发展的具体需求，提出建设一支拥有全球竞争力的网络空间安全专业人才队伍的目标。

为了有效开展NICE计划，NICE-NIST内部管理委员会于2012年发布了《NICE战略规划》和《国家网络空间人员人才框架》（以下简称人才框架），战略规划将NICE计划的目标分解成3个目标9个项目26个战略任务。人才框架将网络空间安全专业划分为7大类共31个具体领域，并详细列出了每个具体领域对应的任务及应具备的知识、技能和能力。此后，根据形势发展的需要，该框架不断调整完善，最新的网络空间安全领域包括监督与发展、运行与维护、保护与防卫、调查、收集与运营、分析、安全供给七个方面。①人才框架围绕上述七大领域，美国国家技术研究院（NIST）进一步明确了网络空间安全所涉及的岗位及人才培养标准，不仅详细列出了每个领域的具体职位、工作任务，而且对每一种任务及其所需要的知识、技术及能力进行了明确的陈述和具体列举。以监督及发展为例，总计涉及31种网络安全工作类型，被归纳为五个方面：教育与培训、信息系统安全运行、法律咨询与倡导、安全项目管理、战略规划和政策研究。对每一个方面，不仅详细介绍了具体含义、涉及的工作岗位，而且还明确列出了具体任务及需要的知识、技术与能力。例如，信息系统安全运行方面，包括信息系统安全管理者、信息项目安全管理者在内的8种岗位，涉及21项具体工作任务，如"在安全评估批准过程中参与信息安全风险评估"，需要31种知识、技术及能力，如"关键信息技术采购需求方面的知识"。②人才框架内容规定非常严谨、细腻、精致，值得国内学习借鉴。

---

① Interactive National Cybersecurity Workforce Framework，https://niccs.us-cert.gov/training/tc/framework.

② Information Systems Security Operations（Information Systems Security Officer），https://niccs.us-cert.gov/training/tc/framework/spec-area-detail/28.

二、借力高等学校培养高端网络安全专业人才

高等学校在网络安全高端人才培养方面有着得天独厚的优势，尤其是美国和英国。在知名网络安全研究机构Ponemon的全球大学网络安全专业排行榜中，位列前10位的均为美国和英国的大学，其中美国有7所、英国有3所。[①] 目前，世界各国都采取各种措施通过高校培养网络安全专业人才。2014年8月，英国政府通信总部宣布，授权6所英国大学提供网络安全专业的硕士文凭，这一特殊学位是英国政府2011年公布的"网络安全战略"的一部分，旨在通过网络安全教育提升英国防范黑客和网络欺诈的能力，同时为政府或商业部门提供未来的网络安全专家。英国内阁办公室大臣弗朗西斯·莫德说，英国政府通信部与企业和院校合作推出的这一项目是英国经济长期发展计划的"关键部分"，它将帮助英国成为网络交易最安全的国家之一。[②] 目前全英共有12个网络安全硕士专业，包括爱丁堡龙比亚大学先进安全和数字取证硕士专业、兰卡斯特大学网络空间安全硕士专业、牛津大学软件和系统安全硕士专业、伦敦大学皇家霍洛威学院信息安全硕士专业、约克大学网络安全硕士专业等。[③]

美国则下大力气加强高校大型网络安全实验室建设，例如卡内基梅隆大学成立的CyLab实验室，是全美规模最大的网络安全研究和教育中心之一，该实验室整合了自身在信息技术领域的全部优势，在信息保障、网络安全技术等领域处于全球领先地位。而海军研究生院成立的信息系统安全学习和研究中心，是全美信息保障专业研究生人数最多的研究中心，每年有超过400名研究生在这里学习和工作。[④] 根据U.S.News公布的2018年美国大学计算机工程领域研究生专业的最新排名，前50名的高校中，均设有网络安全实验室或者研究中心。[⑤] 例如，麻省理工学院的林肯实验室、卡内基梅隆

① 郑小小.谁在培养顶尖"安全人" 全球网络安全专业实力最强大学TOP10［J］.信息安全与通信保密，2016（3）.

② 英国情报机构推出"网络间谍"硕士专业［N/OL］.新华网，2014–08–04［2017–07–21］.http://www.xinhuanet.com/world/2014–08/04/c_126827610.htm.

③ 王星.英国网络安全人才队伍建设体制研究［J］.中国信息安全，2015（11）.

④ 刘金芳.国外网络安全人才建设的经验及启示［EB/OL］.搜狐网，2014–11–27［2017–04–18］.http://gov.163.com/14/1127/16/AC2RGTK600234IG8.html.

⑤ 2018U.S.News美国大学计算机工程排名［EB/OL］.搜狐网，2017–03–17［2017–04–11］.http://mt.sohu.com/20170317/n483708009.shtml.

大学的网络空间安全实验室（Cylabs）、加州大学伯克利分校的互联网科学与技术中心（ISTC）、伊利诺伊大学香槟分校的创新系统实验室（ISL）等，这些大学借助实验室与政府部门、企业、协会合作进行网络安全科研及人才培养工作（见表5-2）。

表5-2　美国排名前10的高校网络空间安全实验室（研究中心）建设情况[①]

排名	学校名称	实验室	网络安全教育特色
1	麻省理工学院	林肯实验室	由国防部资助，重点进行原型组件和系统的研究、开发、评估和部署工作
2	卡内基梅隆大学	网络空间安全实验室	进行公私合作，在信息保障、安全技术以及专业教育方面处于世界领先
3	加州大学伯克利分校	互联网科学与技术中心	与英特尔公司合作，侧重于保护计算机方面的科学研究
4	伊利诺伊大学香槟分校	创新系统实验室	支持计算机和网络空间安全领域的研究，承担国家超级计算机应用中心（NCSA）项目
5	佐治亚理工学院	网络空间安全、信息保护和硬件评估实验室	侧重于网络威胁及应对措施的研究和实践
6	密歇根大学安娜堡分校	软件系统实验室	由多学科的研究小组组成，系统软件技术的实验设计、实现和评估
7	康奈尔大学	计算机系统实验室	侧重研究全球关键计算基础设施的可信基础问题，开设计算和信息科学相关的课程
8	得克萨斯大学奥斯汀分校	信息保障和安全中心	进行最新的信息保障和安全研究，组织更多的信息保障专业培训
9	加州理工学院	高级计算研究中心	高性能计算集群技术
10	普林斯顿大学	信息技术策略中心	侧重于浏览器安全、浏览器隐私保护、网页合作安全等方面研究

与此同时，美国情报部门如国家安全局、中央情报局、联邦调查局以及国防部等政府机构，近年对网络安全的人才招聘力度也在不断加大，尤其是对美国东海岸知名高校以及开设有优秀网络安全教育项目的大学。美国网络安全专家、防泄密信息应用程序创始人斯塔迪卡认为，这代表网络安全行业的就业趋势变化。斯塔迪卡还发现，一些政府和私人安保机构甚至开始面向高中学生开放实习机会，着眼于向他们培养兴趣并展示网

---

① 2018U.S.News美国大学计算机工程排名［EB/OL］.搜狐网，2017-03-17［2017-04-11］.http://mt.sohu.com/20170317/n483708009.htm.

络安全的就业前景与机会。[①]

三、网络安全大赛助推网络安全人才脱颖而出

为了挖掘网络安全方面的精英，很多国家都举办了各种网络安全挑战赛，其中美国国防部高级研究局计划署举办的网络安全挑战赛（CGC）在世界范围有较大影响力。该赛事始于2014年6月，历时两年，总决赛于2016年在拉斯韦加斯举行，正值世界计算机安全会议DEFCON期间。这是当时世界上持续时间最长的网络安全夺旗赛，由来自学术界、工业界和安全部门的计算机安全专家组成的35个团队参赛。2015年举办第一场赛事，比赛程序与DEF CON黑客大会的夺旗模式相仿，要求参赛者分析和利用其他参赛团队系统中存在的薄弱环节，同时保护好自己的系统。在2016年的比赛中，参赛队伍必须拿出自主创建的网络安全防御，部署补丁和缓解措施，并且监控网络，评估竞争对手的防御机制。最后获胜的前三名依次获得200万、100万、75万美元的奖金。[②]

日本的黑客大赛（SECCON）也比较有名，每年吸引了多个国家的网络安全人员参赛。该赛事由日本网络安全协会主办，由多个政府部门、民营企业、安全机构支持赞助。SECCON大赛系日本国内规模最大的国际性CTF比赛，并于2014年开始引入海外参赛队伍。2014年，有7个国家和地区的90名参赛者进入总决赛；2015年，有18支队伍进入总决赛。SECCON分在线预选赛和线下大赛，采取夺旗赛的形式，题目类型包括计算机取证、网络、编程、Web·Trivia、二进制解析、密码破解6种。[③]大赛执行主席竹坡良范说，黑客大赛在世界各地都很盛行，大赛的目标是在日本不断培养出世界通用的人才。为进一步拓展网络安全领域，比赛还新增了"二进制文件"分析。[④]总决赛期间，参赛队伍在进攻被设防计算机服务器的同时，还要阻止来自其他队伍的攻击，大赛难度可见一斑。通过选拔网络安全人员参加类似SECCON这样的赛事，以赛代练，以赛促学，可以进一步加深国际顶级黑客的交流，能有效推动网络安全人才快速成长。

全球知名企业赞助的世界级黑客大赛（Pwn2Own），也是比较有名的赛事之

---

①③　孙宝云.全球网络部队建设、网络安全人才培养与网络安全教育：2014年新动向［J］.北京电子科技学院学报，2015（1）.

②　小朗.美军方将举办全球首届"黑客大赛"［N］.扬州晚报，2014-06-05（A23）.

④　蔡晓辉.日本最高级别的安全竞技大赛"SECCON 2014"将于6月底开幕［EB/OL］.中国国防科技信息网，2014-06-13［2017-05-03］.http://www.dsti.net/Information/News/88908.

一。Pwn2Own由美国五角大楼网络安全服务商ZDI主办，微软、谷歌、苹果Adobe、VMware等国际巨头官方支持并担纲裁判，所有被攻破的产品都会由相关厂商修复漏洞，从而推动了各大操作系统和软件安全性的提升。2017年，在加拿大进行的Pwn2Own世界黑客大赛，是历届以来奖金最高、项目最多、规模最大的一次赛事，共吸引了来自美国、德国和中国的11支团队参赛。最后，我国的360安全战队成功实现了对Edge+Win10+VMware虚拟机的连环三杀破解，一举创下单项积分27分的历史最高纪录，这也是Pwn2Own举办十年来首次打破VMware的"不败金身"。360安全战队以63分的成绩锁定积分榜首，荣获大赛官方颁发的"Master of Pwn"（世界破解大师）总冠军。①

四、多渠道多措施网罗网络安全人才

为解决网络空间安全人才短缺问题，很多国家都采取各种方法，不拘一格降人才。如为招募更多的信息技术和编程专家来扩大防护力量，法国国防部在雷恩建设了网络防御人员培训中心，将网络防御尖端研究人员的数量增加三倍，并拓展2012年组建的民间网络防御预备役组织。时任国防部长勒德里昂公开表示："我们的目的是动员越来越多有能力并值得信赖的人支持国家网络危机管理工作。"②俄罗斯通过招募"白客"来应对网络攻击。俄罗斯联邦委员会在2014年提出计划，希望把那些无犯罪前科、能发现系统漏洞、经验丰富的网络专家组成俄罗斯特殊的"网络部队"，对政府机构网站的防护能力进行定期检查，保护包括政府及企业信息资源在内的信息系统，建立预防计算机攻击的检测系统。③英国则主要通过设立专门项目及培训计划发现网络安全人才。2015年3月，英国内阁大臣弗朗西斯·莫德宣布了一项新项目"网络状元"（Cyber First），旨在发现网络安全方面的奇才，培养下一代网络安全方面的专家。该项目既网罗那些在校园网络安全挑战赛及国家级的数学竞赛中崭露头角的顶尖人才，也直接提供资金，支持本科生学习与网络空间安全相关的科学、技术、工程和数学课程，还为本科生提供在

---

① 史上最高难度破解！360荣获Pwn2Own 2017世界黑客大赛总冠军！［EB/OL］.搜狐网，2017-03-18［2017-04-18］. http://www.sohu.com/a/129259454_116034.

② 法国"很忙"：扩编网络部队订购攻击核潜艇新型加油机［EB/OL］.深圳广电集团，2014-02-23［2015-01-03］.http://www.s1979.com/a/20140223/23114675923.shtml.

③ 俄联邦委员会拟利用"白色黑客"应对网络攻击［N］.环球时报，2014-01-26.

国家安全领域有关的政府部门或私营部门实习的机会。[①]韩国主要通过组建网络安全专家团队来维护网络空间安全。该团队成立于2014年3月，由从事保护信息工作5年以上以及大赛获奖者等具有信息通信网络安全相关知识的人才组成，总计约300人，隶属韩国互联网振兴院。韩国政府计划将他们培养成网络安全方面的顶尖人才，以防范有关部门和单位发生的个人信息泄露、遭黑客攻击和感染病毒等。[②]

案例5-1：韩国通过"白客大赛"招募网军高手[③]

如同现实生活中破门而入的小偷，利用技术漏洞或植入木马病毒，在网络世界里远程潜入电脑、窃取他人信息或进行攻击的人称为黑客。相对应地，在网络世界里抗击黑客，保护用户信息安全的专业人员，则被称为"白客"。有鉴于此，许多国家开始着手招揽"白客"人才，与黑客对战。韩国政府就是通过积极培养网络"白客"来保护韩国网络安全。韩国知识经济部和信息技术研究院早在2012年7月就对外宣布，投资19亿韩元在2013年3月选拔6名"顶尖中的顶尖"白客。据称当时收到韩国237名网络安全高手的简历，通过审查和面试最终选拔了6名。这些被选中的"白客"每人能获得2 000万韩元的奖学金，并会得到在海外接受进一步教育培养的机会。这些"白客"毕业后，将优先被推荐到韩军网络司令部、国情院、警察厅等国家机关工作。2014年9月，韩国政府举办了第一届"白客"大赛，把成绩优异的高水平"白客"直接送入韩军网络战队伍。韩国未来创造科学部对外宣布，2017年之前将培养出3 000名"白客"。高水平的"白客"眼下实在是一将难求。不过，利用"白客"反制黑客，已经成为很多国家应对网络安全的普遍做法。

各国注重通过各种实战演练来提升网络安全人员应对网络空间安全问题的能力。为提升政府、军方和私营企业对网络安全事件的应对能力，强化信息共享理念，美国国土安全部、网络司令部，以及各军种，从国家最高层到普通企业，自上而下，组织了一系列大规模、模块化、多类别的演练。目前，美国的网络练习主要有"网

---

① Cyber First: improving cyber skills in the UK, Cabinet Office.24 March 2015. https://www.gov.uk/government/news/cyber-first-improving-cyber-skills-in-the-uk.

② 徐悦，李小飞.韩拟建一支300人网络安全队伍防黑防毒防诈骗［N/OL］.环球网，2014-02-26. http://world.huanqiu.com/exclusive/2014-02/4861201.html.

③ 宋豪新.黑客的克星或叫"白客"［N］.人民日报，2016-06-28（22）.

络风暴"演练、"网络旗帜"演练、"网络防御"演练、"网络卫士"演练、"红旗"演练等。

案例 5-2：美国网络司令部与 NSA 职业黑客举办网络安全防御演练 [①]

从 2002 年开始，美国国家安全局（NSA）每年都会定期举办"网络安全防御演练"（CDX），目的是让众多经验丰富的网络安全人才投入模拟战争演练环境中，要求学生监控、识别并最终防御大量远程计算机入侵。通过举办 CDX，有助于美国培养网络安全人才，应对未来网络安全威胁。

2017 年的网络安全防御演练，由美国国家安全局联合美国网络司令部和外国军方的专业黑客共同开展了一系列模拟网络攻击，旨在为美国海军、陆军、海岸警卫队、美国商船学院和加拿大皇家军事学院的学生进行演练培训。为了实现至少让参与者了解如何防御这些攻击，主办方在入侵演练中设计了开源"商品化"漏洞利用和其他黑客工具。CDX 技术负责人詹姆斯-提特科博表示，该演习不会使用本国工具，也不会以国家攻击者的水平攻击这些参与者。而是让参加演练的每所院校之间相互角逐，对比哪所院校能最佳捍卫各自的网络，同时确保网络对认证用户具有弹性和可靠性。

演练包含了 4 个"元素"：攻击者用红色表示，防御者为蓝色，裁判为白色，灰色则代表这些学生保护的积极中立的网络用户。在真实场景中，灰色可能代表使用通信通道（可能会被入侵）的军事单位。裁判负责密切监控竞争情况，并负责给分或处罚犯规的小组。

2017 年 CDX 演练共有超过 70 名研究生和本科军校生参与其中。该竞赛每年会从更大的红队/蓝队演习中分出一套独立的挑战。该挑战包括完成进攻性入侵、恶意软件分析、主机取证和防止无人机被攻击等相关任务。该挑战主要由研究生参加完成，其目的是测试参赛者保护计算机、无人驾驶地面车辆和小型航天卫星之间传输数据的能力。通过参加演练以及与 NSA 专家对话交流，学生应对网络安全问题的能力都有一定程度的提升。

日本也非常重视网络安全演练，近年举办的网络安全演练主要有"应对网络空间攻击的响应"演练、"关键基础设施应对网络攻击"演练、"3·18 网络空间攻击应对"训

---

① 美国网络司令部与 NSA 职业黑客举办网络安全防御演习新增无人机挑战项目［N/OL］. E 安全，https://www.easyaq.com/news/1226380295.shtml.

练、"日美指挥所联合"演习等。通过各种演练活动，能迅速提升日本对网络攻击的响应能力，加快培养网络安全专业人才。与此同时，日本官方还联合企业开展了"实践性网络防御"演练，提高政府和民间局域网管理人员的事件响应能力，以应对日益增加的网络攻击。[①]

第三节　完善我国网络安全人才培养的途径

相比国外多样化的人才培养方式，目前我国网络安全人才培养模式相对比较单一，不利于高端人才的挖掘和培养，无法有效满足网络安全形势的发展需求。因此，应该借鉴国外的成熟经验，全面落实六部委《关于加强网络安全学科建设和人才培养的意见》，结合我国网络安全工作的具体实际，创新体制机制，建立多元化人才培养平台，助推高素质网络空间安全人才的脱颖而出。

一、统一制定网络安全人才规划

（一）统一制定网络安全人才规划，包括网络空间安全人才应该具备的知识、能力和技术等在内的相关标准

可以借鉴美国的方法，在划分网络安全相关领域的基础上，建立我国网络安全人才培养的任务清单、相关岗位及其所需要的知识、技术、能力清单，为网络安全人才培养明确方向。同时，借鉴英国模式，对网络安全专业人员进行认证，建立统一的认证体系，这有利于人才培养质量的提升。

（二）统一制定网络安全人才规划，要立足于正规学历教育

从培养重点来看，美国的经验是将与网络安全相关的知识渗透到其他专业，并且从幼儿园开始进行安全教育，致力于发现年轻的网络安全人才；英国、日本、新西兰等国几乎将网络安全教育普及到所有大学，有的大学甚至设立了计算机黑客学位，且这些国家也相当重视研究生阶段的培养。反观我国，在高等教育阶段，我国将培养的重点都放

---

① 余洋.世界主要国家网络空间发展年度报告［M］.北京:国防工业出版社，2015:65.

在了本科生教育上，在硕士生阶段和博士生阶段的教育存在不足，2016年国务院学位委员会仅授权了29所高校为我国首批网络空间安全一级学科博士点。

（三）统一制定网络安全人才培养规划，还需加强教育培训

美国从1998年开始针对信息系统和网络安全制定培训和认证计划，将这类培训教育贯穿在高校、政府部门及行业协会的人才培养、企业相关人员培养和军队人员安全意识培养之中；欧洲各国则是从2014年开始增加网络安全教育项目，主要针对计算机专业学生和相关行业人员的培训。与这些发达国家相比，虽然我国开始关注网络安全培训教育的时间与欧洲各国差不多，且在这方面发展速度很快，培训方式和内容也比较多样化，但是对于网络安全培训教育的管理缺乏统一监管。我国的网络安全培训教育主要集中在较低的层次，对网络安全管理的培训较少，且整体规划不足，这是我国缺乏高素质的网络安全技术人员和管理人员的原因之一。此外，现阶段我国还没有形成相对较完善的网络安全培训和人才培养的国家标准。

二、加强网络安全学科专业建设

维护网络安全，必须加快培养壮大高素质人才队伍。可以说，如何培养靠得住、本领强、打得赢的网络安全专业人才，是维护我国国家安全和发展利益的重大课题。为此，必须深化教育教学改革，着力培养熟练掌握网络安全知识、网络信息对抗知识，具有较强实践能力和创新能力的网络安全人才队伍。

（一）首先要加强学科专业建设

加强网络安全人才培养，一个重要途径是加强学科专业建设。为此，2015年6月国务院学位委员会、教育部联合发出《关于增设网络空间安全一级学科的通知》，旨在全面提升网络空间安全学科建设水平。加强学科专业建设，应统筹规划专业方向设置，扩大招生规模，以满足国家网络安全战略发展对人才的需求。加强学科专业建设，还应加强与之配套的科研项目扶持力度，创办具有权威性、影响力的网络安全领域学术刊物，定期举办学科专业领域的学术会议。

（二）加强师资队伍建设

我国网络安全人才培养工作相对滞后，一个重要原因是师资力量不足。针对一些高校

网络安全专业教师缺乏的情况，可以开设教师"进修班""深造班"等，分阶段、分类制订师资培训计划，使大量非科班出身的教师转向网络安全学科、夯实学科基础理论，掌握学科前沿技术，切实担负起网络安全教学任务。同时，可以公开招聘海外优秀教师，高薪聘请行业内权威专家，建立"专兼结合"的高质量网络安全师资队伍。

（三）加强教材建设

教材是教学的基础，要制定科学合理的网络安全教材规划方案，邀请高水平网络安全学者加入教材编委会，研究教材内容，明确分工，做好教材的编纂和评审工作，确保教材质量，可以开发视频教学资源，推动传统书本教材向多媒体互动式教材转化提升。加强入门性、普及性网络安全培训教材和相关科普读物的编写、出版工作，不断增强公众维护网络安全的意识与能力。

（四）搭建实训平台

网络安全具有很强的实践性。提高学生维护网络安全的实际能力，需要结合课程设计逼真的网络攻防环境，搭建基于网络对抗的仿真模拟演练平台。高校与相关社会组织可以共同举办网络安全攻防对抗赛，以赛促学，以赛促练，查不足、补短板，激发学生的学习热情，增强学习的针对性实效性。高校可与网络安全企业建立长期对口合作关系，允许企业深度参与高校网络安全学科专业课程改革，提高学生实践能力。

（五）创新人才培养模式

六部委《关于加强网络安全学科建设和人才培养的意见》提出"鼓励企业深度参与高等院校网络安全人才培养工作……推动高等院校与科研院所、行业企业协同育人，定向培养网络安全人才，建设协同创新中心。支持高校网络安全相关专业实施'卓越工程师教育培养计划'。鼓励学生在校积极参与创新创业，形成网络安全人才培养、技术创新、产业发展的良性生态链"。[①]要实现这个目标，首批获得网络空间安全一级学科博士学位授权点的院校应充分发挥引领和带动作用，全方位探索专业人才培养模式，要鼓励

---

① 关于加强网络安全学科建设和人才培养的意见［EB/OL］.中国网信网，2016–07–08［2017–07–05］. http://www.cac.gov.cn/2016–07/08/c_1119184879.htm.

校际、院际师资、学生的流动与交流，鼓励学生的跨学校、跨专业选课，以实现不同院校的优势互补，充分利用一切有利资源，建设一流的网络空间安全学科与专业。

三、构建多样化网络安全人才培养机制

构建多样化网络安全人才培养机制，为人才成长提供充足的机会与发展空间。在六部委《关于加强网络安全学科建设和人才培养的意见》中，关于人才培养机制提出了很多具体举措：支持开设网络安全相关专业少年班、特长班；鼓励建设跨门类的网络安全人才综合培养平台；开设网络安全基础公共课程；支持网络安全人才培养基地建设；发挥专家智库作用等。要落实上述举措，高等院校和科研机构不仅要积极探索人才培养的多样化途径，吸引相关专业的优秀生源，还要增加实践动手环节及实习机会，帮助有网络安全潜力的学生尽快成才。同时，还要扩大交流与合作，努力探索出适合中国的网络安全人才培养和发现机制。

（一）拓宽生源渠道，选拔有特长的网络安全人才

国家主管部门可以通过多种途径，选拔有特长的中学生、本科生、研究生，将他们培养成网络安全人才。对于中学生，可以通过"少年班"等方式对有专长的中学生保送进入本科学习，或者制定特殊的自主招生政策，对拥有网络安全特长的中学生降分录取创办"实验班"；对于本科生，可以从各专业在校学生中选拔有志于网络安全的优秀学生进行培养，也可以推荐有网络安全特长的学生进入网络安全人才培养能力强的学校；针对研究生选拔，可以根据学生在网络安全领域的特长，制订特殊的免试推荐标准，比如在各类网络安全竞赛获得高级别奖励的学生可以获得免试推荐，在研究生考试时设置多种专业课吸引不同专业背景的学生等。

（二）借助竞赛演练，有利于培养网络安全人才快速成长

从国外的成功经验看，通过举办各种网络安全赛是培养人才的一个重要途径。目前，我国举办的比较有影响力的网络安全技能大赛，包括CNCERT中国网络安全技术对抗赛、首都网络安全日暨北京网络安全技术大赛、上海市大学生网络安全技能大赛、广东省"强网杯"网络安全大赛等。据不完全统计，2017年，全国各地共举办了近百场网络安全技能大赛，而很多大中型企业内部的赛事更是数不胜数。利用竞赛的人才培养模

式，可以让学习者更快掌握安全技术，增长安全实战经验。同时，网络安全人才通过线上线下的各类竞技平台也将能够做到"持续充电"，让理论知识和技术能力都实现真正的与时俱进。我们可以通过加强国际交流与合作，通过不断完善竞赛过程及规则，提升竞赛质量，达到"以赛促学，以赛促练，学用相彰"的目的。除竞赛外，还可以通过建立网络平台，统筹国内的优质资源，包括在军民融合背景下，利用军地网络安全资源，实现军民优势互补、融合发展。

（三）积极鼓励产学研合作，为人才成长提供充足空间

产业、学校、科研机构等应该相互配合，发挥各自优势，形成强大的研究、开发、生产一体化的先进系统并在运行过程中体现出综合优势。例如，在市场经济的前提下，企业寻找更加适合企业发展的合作方式，以科研机构，高校人才，研究成果输出作为企业发展原动力，同时也为高校、科研机构提供研究和人才开发的资源，这就是一种典型的优势互补、互惠互利的合作方式。让相关企业深度参与高校的网络安全人才培养工作，使人才培养能够切实满足社会的安全需求，还应积极发挥科研院所、行业协会在网络安全人才培养方面的积极作用，促进其与高校的协同合作，建立创新发展中心、培训中心、研究中心，为人才成长提供充足空间。

四、推进人才培养的激励措施

（一）对特殊人才要有特殊政策

习近平总书记指出："互联网领域的人才，不少是怪才、奇才，他们往往不走一般套路，有很多奇思妙想。对待特殊人才要有特殊政策，不要求全责备，不要论资排辈，不要都用一把尺子衡量。"[①]

网络安全人才培养既包括对从事相关专业在职人员的再教育，也包括发现挖掘新人尤其是年轻人，对这两类人员的培养方式应该有所差别。对于从事网络空间安全的在职人员，开展培训及继续教育是最重要的手段，同时要建立有效的激励机制，例如设立千人培养计划、万人培养工程等。同时，还可以通过各种评比活动、表彰奖励活动激发在职人员的学习网络安全知识技能的热情。但对于初出茅庐的年轻人，吸引他们的最好方

---

① 习近平.在网络安全和信息化工作座谈会上的讲话［N］.人民日报，2016-04-26（2）.

法是激发他们的学习和研究兴趣。谷歌在创立之初通过一道非常复杂的数学题，吸引了成千上万的专门人才敲开了公司招聘的大门，这些人甚至都不知道这是一则招聘广告，仅仅凭着对数学题的浓厚兴趣齐聚谷歌麾下，从而成就了谷歌的辉煌。2016年3月，美国国防部发起了一项"攻击五角大楼网络"活动，邀请经过审查的外部黑客对国防部的一些公开网址进行测试，有数千名合格的人员参加此次活动。[①] 特别需要强调的是，对待年轻人的成长，宽松包容的环境非常重要，如2015年日本黑客大赛SECCON 2015的总决赛，有一组选手男扮女装，全程以动漫形象参赛受到了组委会的包容。虽然最终在18支队伍中仅排名第7位，不过却是所有队伍中唯一成功侵入服务器3的队伍，并因此获得日本文部科学大臣奖。[②]

（二）可以通过开展学科竞赛来激励年轻人加入网络空间人才队伍

开展相关竞赛的目的在于激发少年儿童对网络空间安全的兴趣，从而增加我国中小学阶段网络空间人才的储备。在题目设置上，难度应该相应降低，使普通青少年都能参与进来，达到激发兴趣的目的。同时，通过加大网络空间安全有关竞赛的奖励力度，以防止青少年人才的流失。设立网络安全青少年发展基金，通过基金资助网络安全青少年天才的发现和培养，相关资助项目包括学科竞赛的举办、黑客技术培训，以及对于在竞赛中和培训里凸显出来的网络安全青少年天才的奖学金。

（三）通过增设网络安全科研项目促进网络安全优秀人才的培养

作为美国重要的国家级科研力量，美国国家标准和技术研究院每年的科研经费接近10亿美元。而美国国家科学基金会通过拨款、合同和合作协议三种机制负责资助一系列与网络安全有关的项目，通过几年时间的积累，取得了不错的研究成果。例如，确保卫生医疗网络系统可信、重新思考云计算时代的安全问题、从多学科的角度公布和选择有效的Web隐私等。在推动了一系列相关研究发展的同时，还为美国培养了大量优秀的网络安全人才。

相比较之下，我国在网络安全领域的相关科研项目较少，教师网络安全能力提升

---

① 美国防部邀请黑客攻击五角大楼网站［N/OL］. 2016–03–03. http://www.guancha.cn/america/2016–03–03_352813.shtml.

② SECCON 2015: 黑客大赛友利奈绪队获得文部科学大臣奖［N/OL］. 2016–02–03. http://www.donghua5.com/news/html/2016–2/3714.html.

动力不足，解决实际网络安全问题能力就不足，这对网络安全人才的培养是不利的。因此，我国也应该增加更多与网络安全有关的项目，国家部委也可以设立网络安全领域的重大专项，国家自然科学基金委员会也可以设立网络安全专项，鼓励高校教师和博士研究生积极参与申报等。同时，我国还可以借鉴美国经验，鼓励除政府之外的机构加大对网络安全领域的科研投入，不断扩充科研经费来源渠道。

总之，网络安全事关国家安全，而人才培养是网络安全保障体系的关键环节。我们要把握住时代赋予的发展机遇，凝聚各方共识，群策群力，按照习近平总书记的指示，把人才资源汇聚起来，建设一支政治强、业务精、作风好的强大队伍，为建设网络强国而努力奋斗。

第六章　网络安全宣传教育

第一节　我国网络安全宣传教育的现状

党的十八大以来，特别是中央网络安全和信息化领导小组成立以后，我国把加强网络安全宣传教育、提升网络安全意识和基本技能作为国家网络安全保障体系建设的重要方面。2016年12月，国家互联网信息办公室发布了《国家网络空间安全战略》，提出要"推动网络安全教育进教材、进学校、进课堂，提高网络媒介素养，增强全社会网络安全意识和防护技能，提高广大网民对网络违法有害信息、网络欺诈等违法犯罪活动的辨识和抵御能力"。这为我国网络安全宣传教育提供了根本遵循。

当前，网络暴力、诈骗信息、个人信息泄露等网络安全问题越来越严重，根据中国互联网协会2016年6月发布的《中国网民权益保护调查报告2016》，54%的网民认为个人信息泄露严重，从2015年下半年到2016年上半年的一年间，我国网民因垃圾信息、诈骗信息、个人信息泄露等遭受的经济损失高达915亿元。[①]因此，急需加大力度推广网络安全意识教育，普及网络安全知识和技能，提升全民网络安全意识和能力。

一、完成网络安全宣传教育的顶层设计

党的十八大以来，新一届中央领导集体敏锐地洞察到互联网建设与发展的重要性，网络安全被提升到前所未有的高度。习近平总书记亲自担任中央网络安全和信息化委员会主任，提出一系列重要思想和重大举措。在2016年4月的网络安全和信息化工作座谈

[①]　中国互联网协会.《中国网民权益保护调查报告2016》：54%的网民认为个人信息泄露严重［EB/OL］.中国互联网协会官网，2016-06-26［2017-03-12］. http://www.isc.org.cn/zxzx/xhdt/listinfo-33759.html.

会上，习近平总书记对网络安全和信息化工作进行战略性部署，其中特别强调了"网络安全为人民，网络安全靠人民，维护网络安全是全社会共同责任，需要政府、企业、社会组织、广大网民共同参与，共筑网络安全防线"。[①]民众依法上网，需要增强网络安全防范意识，提升网络安全防护技能。目前，我国已从国家安全战略、法律法规、政策三个层面对网络安全宣传教育工作进行了总体设计。

（一）从国家安全战略层面明确培养全民网络安全意识

《国家网络空间安全战略》提出网络空间"和平、安全、开放、合作、有序"的发展战略目标，并把培养网络安全意识纳入"安全"的战略目标下，具体内容为："网络安全人才满足需求，全社会的网络安全意识、基本防护技能和利用网络的信心大幅提升。"[②]其中，"夯实网络安全基础"又细化为实现战略目标的具体任务，提出要办好网络安全宣传周活动，大力开展全民网络安全宣传教育。对于网络安全宣传教育工作，提出要"推动网络安全教育进教材、进学校、进课堂，提高网络媒介素养，增强全社会网络安全意识和防护技能，提高广大网民对网络违法有害信息、网络欺诈等违法犯罪活动的辨识和抵御能力"。[③]《国家网络空间安全战略》为全面强化网络安全宣传教育，提升全社会网络安全意识和防护技能指明了方向。

（二）通过法律对网络安全宣传教育工作进行具体规定

《网络安全法》规定了网络安全宣传教育的目标、主管机构以及主要任务。该法第六条规定，国家要采取措施提高全社会的网络安全意识和水平，形成全社会共同参与促进网络安全的良好环境；第十九条明确各级人民政府及其有关部门负责网络安全宣传教育工作的落实，指导、督促有关单位做好网络安全宣传教育工作，并重点提出大众传播媒介在网络安全宣传教育工作中应发挥的重要作用；第二十条提出政府支持企业、高等学校、职业学校开展网络安全相关教育与培训，这有助于加强合作与交流；第三十四条对关键信息基础设施的运营者提出特别要求，需要定期对从业人员进行网络安全教育、技术培训。

---

① 张家然.习近平指路网信大战略，凝聚共识捍卫亿万民众共同精神家园［EB/OL］.澎湃新闻网，2016-04-27［2017-03-12］.http://www.thepaper.cn/newsDetail_forward_1461834.

②③ 国家互联网信息办公室.国家网络空间安全战略［EB/OL］.新华网，2016-12-27［2017-05-27］.http://news.xinhuanet.com/politics/2016/12/27/c_1120196479.html.

（三）通过制定相应政策对网络安全宣传教育工作进行部署

2012年6月，国务院发布了《国务院关于大力推进信息化发展和切实保障信息安全的若干意见》，提出要开展面向全社会的信息化应用和信息安全宣传教育培训，要加强大中小学信息技术、信息安全和网络道德教育，在政府机关和涉密单位定期开展信息安全教育培训。为提升全社会的网络安全意识和安全防护技能，中央网信办会同中央机构编制委员会办公室、教育部、科技部、工业和信息化部、公安部等部门，从2014年开始启动了网络安全宣传周活动，并于2016年3月出台了《国家网络安全宣传周活动方案》，决定每年9月第三周开展国家网络安全宣传周活动。全国"扫黄打非"工作小组办公室、国家互联网信息办公室、工业和信息化部、公安部等部门还开展了"净网""护苗""秋风"等专项行动，在整治网络环境的同时针对中小学生进行网络安全宣传教育，2017年的"护苗2017"行动一手抓中小学周边文化环境专项整治，一手抓"绿书签2017"正面宣传引导，深入推动"绿书签"系列宣传活动走进校园。

二、构建网络安全宣传教育的组织体系

近年来，我国不断完善网络信息安全管理体制和跨部门协调机制，已初步建立起国家统一协调、各职能部门分工负责的组织体系。目前，我国网络安全宣传教育的组织机构包括领导机构、政府职能部门、事业单位、社会团体、科研院所、学校以及企业等（见表6-1）。

表6-1 中国网络安全宣传教育组织机构及主要职能

机构性质	机构名称	主要职能
领导机构	中央网络安全和信息化委员会，下设办公室	统一协调网络安全宣传教育的各项工作，制定战略、政策
政府职能部门	国家网信办、工业和信息化部、教育部、公安部、国家安全部、外交部、科技部、中国人民银行、国家广播电视总局、国家保密局等	执行中央网络安全和信息化领导小组的政策、制定具体的网络安全教育培训政策、计划
事业单位	中国互联网举报中心、中国信息安全测评中心等	经政府部门授权进行网络安全教育、开展网络安全技术教育培训

续表

机构性质	机构名称	主要职能
社会团体	中国互联网协会、国家互联网应急中心、中国科学技术协会、互联网治理研究中心等	网络安全知识普及、发布报告及预警信息
其他机构	国家信息技术安全研究中心、中国科学院、高校、中小学校、企业等	网络安全意识培养、网络安全技能提升

（一）领导机构

中央网络安全和信息化委员会作为网络安全工作的领导机构，对网络安全宣传教育工作负有整体规划、协调、推动的责任，负责制定网络安全宣传教育的战略、宏观规划和重大政策，部署网络安全宣传教育工作。目前，在中央网信办的统一协调下，教育部、工业和信息化部、公安部、国家广播电视总局、共青团中央等多部门联合启动国家网络安全宣传周活动，在全国开展网络安全公众体验、公益短片展播、网络安全知识讲座、网络安全技能竞赛、制发网络安全手册等系列活动。地方各省市党委设立网络安全和信息化领导小组，负责中央网信办相关网络安全教育政策的落实，开展多种形式的网络安全宣传教育工作。

（二）政府职能部门

根据《网络安全法》第十九条的规定，各级人民政府及其有关部门应当组织开展经常性的网络安全宣传教育，并指导、督促有关单位做好网络安全宣传教育工作。目前，主要由工信部、教育部、公安部、国家安全部、外交部、科技部、中国人民银行、国家广播电视总局、国家保密局等职能部门开展相应的网络安全宣传教育工作。其中，工信部是推动我国网络安全教育建设的重要机构。2013年，在《工业和信息化部关于印发防范治理黑客地下产业链专项行动方案的通知》及通知所附的《防范治理黑客地下产业链专项行动方案》中，工信部要求各部门、单位开展用户教育，编制网络安全知识手册，组织开展网络安全宣传周活动。方案中还提出要利用电视、网站、微博、微信平台等多种途径，面向社会公众广泛开展网络安全知识宣传教育。2014年，在《加强电信和互联网行业网络安全工作的指导意见》中提到，要充分发挥行业组织在网络安全宣传教育中起到的支撑政府、服务行业的桥梁纽带作用，开展面向行业的网络安全法规、政策、标准的宣传贯彻和知识技能培训、竞赛，开展广泛的网络安全宣传教育活动以提高用户的网络安全风险意识和自我保护能力。

（三）事业单位

经政府职能部门批准成立，开展网络与信息化相关工作的事业单位主要有中国互联网举报中心、中国信息安全测评中心、中国信息安全认证中心等。这些单位在承担监督、管理等职能外，还同时肩负着网络安全宣传教育的职能。中国互联网举报中心，作为中央网信办的直属事业单位，在网络安全宣传教育方面开展了大量工作，包括在动员网民举报有害信息的同时积极进行网络安全宣传教育工作，面向社会公众招募网络义务监督员，负责举报网上违法、不良信息，向公众宣传文明、依法、安全上网的知识，为我国网络安全宣传教育发挥了一定的作用。中国信息安全测评中心通过建设国家信息安全漏洞库网站，定期发布漏洞信息、补丁信息，并通过该网站的"网安时情"板块公布典型案例，起到了很好的宣传教育效果。

（四）社会团体及其他机构

中国互联网协会、国家互联网应急中心、中国科学技术协会、互联网治理研究中心等社会团体也参与了网络安全宣传教育的具体工作。中国互联网协会由国内从事互联网行业的网络运营商、服务提供商、设备制造商、系统集成商以及科研、教育机构等70多家互联网从业者共同发起成立，在主管单位工业和信息化部的领导下，落实并执行工信部有关网络安全宣传教育的政策，受工信部委托举办网络安全宣传周。国家互联网应急中心，也是工信部领导下的非政府非营利机构，作为网络安全技术协调组织，依托对丰富数据资源的综合分析和多渠道的信息获取实现网络安全威胁的分析预警、网络安全事件的情况通报，有助于网络用户了解网络安全动态，提高保密意识。

除了以上单位，各地区、行业、企业（特别是金融、能源、国防等核心企业）、学校、科研院所等也依据有关法律和政策开展了网络安全宣传教育工作，形成了以政府为主，社会团体、企业以及科研院所参与治理的格局。

三、开展覆盖全民的网络安全宣传教育

2016年6月，《我国公众网络安全意识调查报告（2015）》对外发布，报告揭示了当前我国公众网络安全意识教育存在的五大问题：一是网络安全基础技能不足；二是网络应用状况堪忧；三是个人信息保护存在隐患；四是法律知识薄弱、缺乏事件处理能力；

五是网络安全意识技能提升渠道匮乏。特别是青少年网络安全基础技能、网络应用安全等意识亟待加强，老年人安全事件处理能力和法律法规了解程度急需提升。[①]在这个背景下，当前对全民普及网络安全知识的同时，还需重点加强对青少年网络安全的宣传教育。

（一）公民网络安全知识普及教育

一是开展了覆盖全民的网络安全知识普及教育。对人们进行网络安全教育，就必须让人们了解什么是网络安全，网络安全所涉及的内容有哪些，影响网络安全的环境因素以及危害网络安全会造成的损失和潜在危害有哪些，这是进行网络安全教育的基础，也是极其重要的安全对策。例如，在首届国家网络安全宣传周活动期间，为普及防范电信诈骗、安全使用移动应用、防范网上金融交易风险等相关知识，主办单位重点面向机关、企业、社区、学校发放了《网络安全知识手册》《电信网络安全知识手册》《金融网络安全知识手册》等网络安全知识普及读本。[②]二是动员社会各方面力量制作一些网络安全相关案例的视频，通过展示、分析相关案例，让网民了解网络安全问题的相应处理方法。"网络安全在我身边"网络安全公益短片征集展映活动是"首届国家网络安全宣传周"的重点活动之一，经宣传周专家评审委员会评审，选出了49部优秀公益短片。[③]这些公益短片通过电视台、各大门户网站进行传播，起到了很好的宣传教育作用。三是随着网络技术的不断进步，新的网络安全问题也随之增多，应充分利用互联网进行网络安全教育，对网络上出现的新的安全问题进行总结、分析进而解决，并及时在网络上公布，帮助网民应对新出现的网络安全问题。

（二）针对大学生的特点加强网络安全教育

大学生作为网络最大的用户群体，加强其网络安全教育意义重大。虽然目前各高校都有对网络基础知识的教育，但主要集中在网络使用、信息获取、资源共享等方面，对

---

① 《我国公众网络安全意识调查报告（2015）》首次发布　网络安全意识教育急需加大普及力度〔EB/OL〕.中国网信网，2015-06-01〔2017-04-28〕. http://www.cac.gov.cn/2015-06/01/c_1115476638. htm.

② "网络安全知识进万家"知识普及活动〔EB/OL〕.新华网，2014-11-15〔2017-04-28〕. http://news.xinhuanet.com/politics/2014-11/15/c_1113261928.htm.

③ 首届国家网络安全宣传周优秀公益短片名单公布〔EB/OL〕.新华网，2014-12-01〔2017-04-28〕. http://news.xinhuanet.com/politics/2014-12/01/c_1113473603.htm.

大学生的网络安全教育远远落后于时代的需要。基于目前大学生网络安全意识普遍不高的情况，各高校也加强了对网络安全的宣传教育。例如，北京大学联合北京市公安局建设大学生"新青年网络素养教育基地"，依托未名BBS等网络媒体普及网络安全知识，举办防范网络诈骗系列巡回展与话剧展演活动，以图片展示、实际操作、话剧观看等丰富多彩的活动方式强化大学生的网络安全意识。[①]清华大学结合实际课程和网络课程，对广大师生进行网络安全主题培训，并且积极利用网页、微信公众号等新媒体渠道进行宣传，"清华大学藤影荷声""清华研读间"等在校内具有影响力的微信公众号编辑并发布以网络安全为主题的多图文消息，收效良好。[②]湖南大学则是将网络安全教育纳入新生入学教育，湖南大学利用网络迎新平台"新生宝典"给新生支招防骗技巧——"六个一律"＋"八个凡是"，在线上传授基本防范知识，线下以案支招防诈骗，筑牢网络安全防线。[③]

（三）全面提升中小学生网络安全技能

中小学生的是非辨别能力、自我控制能力和选择能力都比较弱，难以抵挡不良信息的负面影响，因此，中小学校都开展了有效的网络安全教育活动。例如，北京市将网络安全教育内容纳入中小学安全教育课程中，安全课程作为新学期的第一堂课来讲授；上海市通过举办公开课、校园知识赛、机器人互动演示等进行多种方式的学习活动，2016年，由国内著名安全专家"黑客"姚威给上海市长宁区愚园路第一小学上了一堂名为"黑客叔叔讲故事"的网络安全公开课，深深地吸引了小学生们的注意力；[④]广州市教育局与共青团广州市委合作，自2012年起分三个层次逐步推进青少年媒介素养教育：一是通过少年宫开设媒介素养兴趣班，以课题实验的方式启动，然后在全市17所学校进行首批试点；二是逐步扩大试点，研究成立专门的课程，设立教育基地，向中小学全面铺开；

---

① 北京大学网教办.校园网络文化节精彩纷呈 警校企携手共话用网安全［EB/OL］.北京大学新闻网，2016-10-29［2017-04-28］.http://pkunews.pku.edu.cn/xwzh/2016/10/29/content_295548.htm.

② 兰洁，赵鑫.清华大学网络安全宣传教育实践［J］.中国教育网络，2016（10）.

③ 刘怡斌，李妍蓉.湖南大学：防骗教育成新生第一课［EB/OL］.红网，2016-10-29［2017-05-10］.http://pkunews.pku.edu.cn/xwzh/2016/10/29/content_295548.htmhttp://hn.rednet.cn/c/2016/08/31/4074007.htm.

④ 上海："网络安全进校园"公益活动启动［EB/OL］.中国网，2017-02-28［2017-05-10］.http://gongyi.china.com.cn/2017-02/28/content_9362781.htm.

三是政策推动，提出媒介素养教育进程，分阶段对青少年进行教育。[①] 通过媒介素养教育帮助青少年学会辨别与使用无处不在的媒介信息，从而增强网络安全意识。

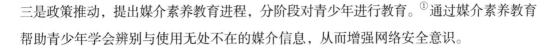

> **链接：北京网络安全教育体验基地**[②]
>
> 2014年4月27日，北京市首个网络安全主题教育基地——"北京网络安全教育体验基地"正式启动。该体验基地主要面向北京市中小学生，设置了网络安全发展展示、网络安全知识授课、网络安全技巧互动三大专门区域。旨在通过卡通动漫展示、游戏体验、情景模拟等多项寓教于乐的体验活动，增强青少年了解学习网络安全知识的热情。基地由北京市公安局、共青团北京市委主办，网络安全企业360公司承办。该基地设在北京奇虎科技有限公司内部，长期面向群众开放。基地分为展示区和互动区，在展示区中，包括前沿科技介绍、网络安全防范知识和普及等展示内容；而互动区则以日常系统应用情景模拟、网络安全知识闯关、网络趣味互动游戏等内容为主，体验者可以通过游戏闯关、游戏触摸屏等形式掌握网络安全知识。通过身临其境的体验，可以让青少年近距离感受到网络安全离自己的生活并不遥远，有助于提高青少年的网络安全防范意识，达到了提升青少年应对网络安全问题及防范技巧的教育目的。

四、采用多种方式进行网络安全教育培训

我国的网络安全宣传教育以开展主题宣传活动、举办各类信息（网络）安全知识竞赛、进行网络安全演练等方式进行。其中，开展主题活动是目前最主要的方式，目前官方举办的主题活动包括国家网络安全宣传周活动、护苗网上行动、家庭护卫行动等。

（一）开展主题宣传活动

1. 网络安全宣传周

国家网络安全宣传周是每年9月第三周在全国范围内集中开展的宣传教育活动，由政府主导，多方参与，目的是通过广泛开展网络安全宣传教育，增强全社会网络安全意识，提升广大网民的安全防护技能，营造健康文明的网络环境。活动方式主要有设立主题日、开展公众体验展、青少年网络安全知识竞赛、全国网络安全宣传作品大赛、网

---

① 谢苗枫. 媒介素养教育：让少年儿童远离网络伤害［EB/OL］.南方网，2015-06-25［2017-05-15］. http://news.southcn.com/sd/content/2015-06/05/content_125710896.htm.

② "北京网络安全教育体验基地"正式启动［EB/OL］.搜狐网，2014-04-27［2017-05-15］. http://news.sohu.com/20140427/n398875913.shtml.

络安全技术展示、打击网络违法犯罪专题讲座等活动。国家网络安全宣传周自2014年启动以来，已经举办了四届。2014年11月24日—30日，在北京举办了第一届网络安全周活动，主题是"共建网络安全，共享网络文明"，并在全国开展了网络安全公众体验、公益短片展播、网络安全知识讲座、网络安全技能竞赛、制发网络安全手册等系列活动。①第二届举办时间是2015年6月1日—7日，沿用第一届的主题，重点突出了青少年网络安全教育。②2016年9月19日—25日，在湖北武汉举办了第三届网络安全周活动，这一届以"网络安全为人民，网络安全靠人民"作为主题，并首次表彰了网络安全先进典型。③2017年9月16日—24日，在上海举办了第四届网络安全周活动，活动期间还举办了"提升网民网络素养 共建清朗网络空间"分论坛，该论坛旨在探讨深入开展网民网络素养教育工作的有效途径。④各届网络安全宣传周期间都会开展丰富多彩的活动，以第一届为例，共安排7项活动（见表6-2）。

表6-2　第一届中国网络安全宣传周国家活动

活动时间	活动内容	活动地点
2014年11月24日	首届网络安全宣传周启动仪式（刘云山发表讲话）	北京中华世纪坛
2014年11月25日	"网络安全知识进万家"知识手册发放	机关、学校、企业、社区
2014年11月24日—30日	网络安全公众体验展	北京中华世纪坛
2014年11月24日—30日	网络安全公益短片展映	重点网站
2014年11月24日—30日	"网络安全专家30谈"专家访谈	各类媒体
2014年11月24日—30日	网络安全知识竞赛	人民网、新华网、央视网
2014年11月24日—30日	"网络安全大讲堂"知识讲座	北京中华世纪坛

---

① 中国首届国家网络安全宣传周24日启动［EB/OL］.新华网，2014-11-24［2017-04-11］. http://news.xinhuanet.com/politics/2014-11/24/c_1113372358.htm.

② 第二届国家网络安全宣传周启动 突出青少年网络安全教育［EB/OL］.新华网，2014-06-01［2017-04-11］.http://news.xinhuanet.com/newmedia/2015-06/01/c_1115471163.htm.

③ 蒋子文，卢梦君.第三届国家网络安全宣传周今起开幕：网络安全为人民、靠人民［EB/OL］.澎湃新闻网，2016-09-19［2017-03-12］.http://www.thepaper.cn/newsDetail_forward_1530540.

④ 2017国家网络安全宣传周"提升网民网络素养 共建清朗网络空间"分论坛成功举办［EB/OL］.中国网信网，2017-09-19［2017-09-28］.http://www.cac.gov.cn/2017-09/19/c_1121689542.htm.

国家网络安全宣传周期间，各地方的活动比较丰富，兼具知识性、互动性、体验性以及趣味性，深受各地市民的喜爱，起到了很好的宣传教育效果。例如，上海在网络安全宣传周期间举办信息安全活动周，举行全民网络安全知识赛、ISG信息安全技能竞赛、反电信诈骗研讨会等一系列活动，在2016年宣传周期间，有3万多市民参加了ISG全民知识赛，成绩80分以上人数达到49.5%，同比增长4.6%，市民网络安全意识不断提高。[1]广东省在网络安全周期间举办"网络安全技术及成果展示会"，安排最新的VR、互动游戏体验等，为普通大众提供了一个轻松、愉悦地接触高端网络安全技术和产品的平台，向民众打开了高端网络安全技术的大门，更好地提升了社会参与网络安全普及活动的积极性和关注度。[2]

2.护苗网上行动

护苗网上行动是国家净网行动的深入和拓展，是专门针对青少年的网络专项行动。为依法打击传播损害少年儿童身心健康信息的行为，保障少年儿童免受网络不良信息的侵害，提高青少年网络安全意识，国家互联网信息办公室从2015年5月20日—6月7日正式启动了"网络扫黄打非·护苗2015"专项行动，此后又开展了"护苗2016网上行动""护苗2017网上行动"，统一称为护苗网上行动（见表6-3）。护苗网上行动由国家互联网信息办公室负责，在全国范围内通过各种形式开展活动，旨在推动网络安全进校园、进课堂、进教材、进头脑，保障青少年免遭不良信息的侵害，营造有利于少年儿童健康成长的网络环境，提高青少年网络安全意识。

表6-3　护苗网上行动

届次	行动时间	行动主题	行动主要内容
"护苗2015·网上行动"[3]	2015年5月—6月	营造有利于青少年健康成长的网络环境，提高青少年网络安全意识	开展以少年儿童为主要用户的重点网站、重点应用和重点环节的集中治理，坚持实际工作和新闻宣传联动、举报工作和整治工作联动、新兴媒体和传统媒体联动，有效净化网络环境

① 第三届国家网络安全宣传周（上海地区）暨第六届上海市信息安全活动周闭幕［EB/OL］.东方网，2016-09-25［2017-03-12］. http://sh.eastday.com/m/20160925/u1ai9764300.html.

② 第三届广东省网络安全宣传周活动完美落幕［EB/OL］.金羊网，2016-09-26［2017-03-12］. http://news.ycwb.com/2016-09/26/content_23121758.htm.

③ 周围围，杨月.加强"原住民"网络安全教育 "护苗行动"还网络一片晴空［EB/OL］.中国青年网，2015-06-01 [2017-03-20]. http://news.youth.cn/wztt/201506/t20150601_6700513.htm.

续表

届次	行动时间	行动主题	行动主要内容
"护苗2016·网上行动"①	2016年3月—10月	"护助少年儿童健康成长","绿书签"系列宣传教育活动	集中整治危害未成年身心健康的网络游戏、小说、视频以及通过社交软件传播不良信息的网络社交群组,严厉打击违法网站和相关应用程序,加大力度对青少年进行网络安全宣传教育
"护苗2017·网上行动"②	2017年3月—11月	涉未成年人网络环境整治,"绿书签2017"正面宣传引导	全国"扫黄打非"办公室联合腾讯公司,专门设计研发了儿童网络安全课程,在今年"绿书签"系列宣传活动中向各地推广开展"网络安全进课堂"

3.家庭护卫行动

家庭护卫行动是网络关爱青少年系列行动之一。为了给青少年营造一个绿色、安全、文明的网络环境,2013年9月,国家互联网信息办、教育部、团中央、全国妇联四部委联合在全国范围开展了"绿色网络 助飞梦想"网络关爱青少年行动。家庭护卫行动,深入社区,动员亿万家庭,利用多种工作手段和途径,开展网络监督、家庭教育指导服务、亲子教育实践活动、家庭护卫网络文化活动等工作,提高和优化了青少年上网环境,提高了家长适应网络时代的应变能力,教育指导孩子文明上网,在家庭中筑起网络安全的防线。

为了增强网络关爱青少年行动的实效,各地妇联把提高网络媒介素养作为家庭教育的新内容,指导帮助孩子成为网络的受益者。例如,北京市妇联与市教委、首都文明办等单位共同主办"新蕊计划——北京家庭教育公益大讲堂",面向基层和社区宣讲家教知识;在社区和学校免费发放"儿童安全上网小贴士",引导家长注重培养青少年的新媒体媒介素养。③广东省充分利用家长学校、妇女之家、留守儿童之家、妇女儿童之家、友好儿童社区等主要阵地开展家庭教育服务活动,通过开家长会、举办知识讲座、发放宣传资料、电视媒体公益广告等形式,面向家长、学生普及网络知识,教育青少年和儿

---

① 中国扫黄打非办公室.迎"六一"各地"绿书签"活动丰富多彩〔EB/OL〕.中国扫黄打非网,2016-05-31〔2017-03-20〕.http://www.shdf.gov.cn/shdf/contents/767/297849.html.

② 全国"扫黄打非"办部署"净网2017""护苗2017""秋风2017"专项行动〔EB/OL〕.新华网,2017-03-22〔2017-08-20〕.http://news.xinhuanet.com/legal/2017-03/22/c_129515444.htm.

③ 王春霞.全国妇联家庭护卫行动综述〔EB/OL〕.人民网,2014-01-15〔2017-03-12〕.http://acwf.people.com.cn/n/2014/0115/c99013-24129312.html.

童正确认识网络的性质与功能，自觉抵制网络上的有害信息，引导他们健康文明上网，并提高家长媒介素养，增强网络防范技能。[①]

（二）举办各种网络安全知识竞赛

1.全国大学生信息安全竞赛

为了宣传信息安全知识，培养大学生的创新意识、团队合作精神，提高大学生的信息安全技术水平和综合设计能力，在教育部高等教育司、工业和信息化部信息安全协调司的指导下，教育部高等学校信息安全类专业教学指导委员会决定开展全国大学生信息安全竞赛。自2008年起，每年举行一届，每届历时四个月，分初赛和决赛。全国大学生信息安全竞赛是一项公益性大学生科技活动，目的在于宣传信息安全知识。培养大学生的创新精神、团队合作意识，扩大大学生的科学视野，提高大学生的创新设计能力、综合设计能力和信息安全意识。竞赛侧重考察参赛学生的创新能力，内容既有理论性，也有工程实用性，可以全面检验和促进学生的信息安全理论素养和实际动手能力。

2.全国大学生网络安全知识竞赛

为全面深入学习贯彻习近平总书记重要讲话精神，增强高校师生网络安全意识，提升广大师生网络安全基本技能，倡导依法文明上网，在国家互联网信息办公室、教育部的指导下，全国高校校园网站联盟、中国大学生在线于2014年11月联合举办了全国大学生网络安全知识竞赛（现已举办三届竞赛）。按照《国家网络安全宣传周活动方案》的要求，竞赛以"网络安全为人民，网络安全靠人民"为主题，鼓励高校大学生积极参与竞赛活动，参加网上答题，激发学生学习网络安全知识的兴趣，提升网络安全防护能力。活动采用网络知识竞赛的方式普及网络安全知识，题目包括计算机基础知识、信息安全普及和相关法律法规等。[②]

3.通信网络安全知识技能竞赛

通信网络安全知识技能竞赛，由工信部指导，中国通信企业协会举办，自2012年开始截至目前已经举行了四届。通过该竞赛激励电信运营商加强网络安全队伍的培养、

---

① 央视网.在家庭中筑起网络文明的防线 广东省开展家庭护卫行动［EB/OL］.央视网，2014-01-16［2017-03-12］. http://news.cntv.cn/2014/01/16/ARTI1389872478702930.shtml.

② 全国高校网络安全知识竞赛简介［EB/OL］.中国大学生在线，http://v.univs.cn/easyask_five/home.jsp.

提高网络安全防护和对抗能力以应对日益复杂的网络安全威胁，在一定程度上有助于普及网络安全知识、提高网络安全技能、增强网络安全意识。第四届通信网络安全知识技能竞赛于2016年10月举行，设立了基础运营企业赛场和综合赛场，该届竞赛有三大亮点：一是参赛规模扩大，由基础电信运营企业、安全企业共165名选手组成；二是竞赛形式多样，采用笔试、个人挑战、网络靶场以及团队混战四种方式；三是比赛奖励丰富，基础赛场和综合赛场分别设立团队奖和个人奖。①

（三）进行网络安全演练

近年来，由于网络安全问题日益凸显，国内政府机关、企事业单位无不加大了信息安全保障的投入力度，除了软硬件技术设备的投入之外，对于网络安全专业人员的培训也成为重中之重。为了解决理论与实践脱节、缺乏实战能力等诸多问题，网络安全攻防演练、网络安全应急演练成为网络安全培训的重要手段。

通过各种形式的演练培训，可以为网络安全人员提供一个理论结合实际的、可上机演练实践的、可放心动手操作、场景真实生动逼真的网络安全攻防实验环境，从而提升受训人员的技术和动手能力，对于进行网络信息安全建设和培养合格的网络信息安全技术人才具有重要的意义。

除上述网络安全宣传教育方式之外，网络安全教育专题培训班、网络安全知识讲座和论坛、网络安全信息主页或网站等网络安全宣传教育方式，也达到了宣传网络安全知识、提升网络安全技能的目的。

案例 6-1：贵阳大数据及网络安全攻防演练 ②

2017年11月21日—28日，2017贵阳大数据及网络安全攻防演练在贵阳经开区举行。本次演练活动以"共建安全生态，共享数据未来"为主题，8天时间里，来自全国各地的21支检测队伍、14支应急响应队伍以及36支防守队伍齐聚贵阳大数据安全产业示范区，各方以代码作刀戟，展开激烈角逐，上演了一场"真枪实战"的网络攻击防卫

---

① 关于开展2016年第四届通信网络安全知识技能竞赛的通知［EB/OL］.中国通信企业协会通信网络安全专业委员会网站，2016-05-18［2017-05-27］. http://www.cace-ns.org.cn/jlypx/jlzx/201605/t20160518_2170728.html.

② 瞿六琴. 2017贵阳大数据及网络安全攻防演练综述［EB/OL］.贵阳网，2017-11-29［2018-05-27］. http://www.gywb.cn/content/2017-11/29/content_5640718.htm.

战役。本次攻防演练是贵阳市举办的第二届大数据及网络安全攻防演练，以大城市为范围、在真实网络环境中针对真实目标开展大数据与网络安全攻防演练。为确保演练取得更多实质性成果，贵阳根据《2017贵阳大数据及网络安全攻防演练工作方案》，对本区域的网站、在线大数据系统、路由器与网络摄像头等进行摸底普查，整理形成本区域"大数据及网络安全"底数，并根据调查摸底情况，形成省、市、区和被测单位联动的应急响应机制。

本届攻防演练在2016年"安全诊断"与"意识唤醒"的基础上，进一步推进攻防演练迭代升级，突出"攻防演练走出去"和"智能攻防"两大特色，重点开展整改复查、大数据、关键信息基础设施、智能攻防、远程攻防、新兴威胁六项检测任务，选择1~2个重点目标场景进行攻防对抗演练，实施拉锯式攻防，验证多种安全产品与防御技术的实际效果。贵阳市新增远程攻防演练监控系统等基础设施环境，新增加不同角度、不同程度的攻防任务，在内容、技术、平台、模式、环境五个方面进行全面升级，确保演练既安全可控，又能对2016年10 000个扫描目标和100个重点目标进行100%复查，提高安全防护能力。2017年的演练还开展了异地攻防，"战场"从贵阳延伸到了六盘水市、黔西南州、合肥市、绵阳市。

演练活动结果显示，攻防队伍对2016年10 000个扫描目标进行复查，发现730个存在高危漏洞的目标，比2016年减少44.4%，整体安全水平明显提升；对100个重点目标的检测结果显示，存在中、高危漏洞的目标占比由2016年的68%下降至24%，安全防护意识明显提高；2017年新增的部分重要目标，在本次演练中成功经受住了考验，特别是市公安局态势感知平台作为本次攻防演练活动的重点攻击检测对象，经受住了高强度、多维度攻击，在其提供防护的29个目标中，没有一个目标被攻陷。

贵阳此次网络安全攻防演练求真务实，各公共系统主动"敞开衣服"，让"医生检查"，安全防护意识得到有效提高。网络安全演练不是一个简单的活动，而是具有实践性、前瞻性的实战演练。通过演练可以找到自身的不足、发现问题、及时弥补漏洞。通过攻防演练活动，贵阳逐步形成资源、平台、技术、成果、市场等方面的整合共享，围绕"建立网络综合治理体系，营造清朗的网络空间"等有关要求，加快大数据及网络安全发展，全力推动国家级大数据安全靶场和贵阳大数据安全产业示范区建设，不断提升攻防演练的知名度和影响力。

第二节　国外网络安全教育培训的经验

一、从国家战略层面规划网络安全教育培训

在国外，网络安全宣传教育一般作为国家网络安全战略的重要内容，并通过国家计划来部署具体的工作。例如，美国历年主要的网络安全战略文件，无一例外囊括"提升网络安全意识、加强网络安全教育"的内容。特别是2008年《国家网络安全综合计划》（CNCI）的第8项计划"扩大网络教育"，明确提出制定一个国家级的网络安全教育战略的内容。CNCI提出制定的这个国家级网络安全教育战略，深刻反映了美国对网络安全全民教育的战略关切。在这个背景下，美国通过各种国家战略、国家计划对网络安全教育进行顶层设计，从克林顿到奥巴马政府的二十余年间，美国先后出台了一系列网络安全战略性文件，其中有很多关于网络安全教育的规定（见表6-4）。

表6-4　美国主要网络安全战略文件关于网络安全宣传教育的内容[①]

时间	国家安全战略的名称	与网络安全教育培训相关的内容
1998年	《国家信息保障技术框架》	明确提出美国需进行信息空间安全的意识培养工作，启动了国家信息保障教育培训计划（NIETP）
2000年	《信息系统保护国家计划2000》	启动中小学拓广计划、联邦范围内的意识培养计划，将联邦政府、高校、企业组织起来共同开展网络空间教育活动
2003年	《保护网络安全国家战略》	确立国家网络空间意识和培训计划是维护网络空间安全的5个重点发展方向之一；授权国土安全部为美国保障网络安全的核心部门和指挥中枢
2008年	《国家网络安全综合计划（CNCI）》（即网络安全的"曼哈顿计划"）	部署网络安全12项重点工程，其中第8项重点工程为扩大网络安全教育
2009年	《网络空间政策评估》	任命白宫网络安全协调官，发起全民网络安全意识教育活动
2010年	《国家网络空间安全教育计划（NICE）》	专门针对网络空间安全教育的国家计划，对美国网络空间安全教育进行总体设计

---

① 笔者根据美国白宫官方网站资料整理，网址是 https://www.whitehouse.gov/.

续表

时间	国家安全战略的名称	与网络安全教育培训相关的内容
2012 年	《NICE 战略规划》	全面阐述网络空间安全需求的范围、改革网络安全教育培训、普及网络安全意识，提出 NICE 计划的三个目标
2016 年	《网络安全国家行动计划》（CNAP）	成立"国家网络安全促进委员会"，制订提高网络安全意识方面的建议；通过"国家网络安全联盟"发起新的国家网络安全宣传行动

英国于 2009 年颁布《网络空间安全战略》，指明由网络安全办公室牵头提高各级政府对网络安全的认识，将网络安全纳入更广泛的政策规划之中。[①]英国政府于 2011 年启动了为期五年的"国家网络安全计划"（NCSP），重点面向终端用户进行宣传教育，关注网络安全意识提升和技能增长，并鼓励公众采取安全的在线行为。通过推广新的技能发展计划，确保参与打击网络犯罪者具备识别、理解和跟踪威胁的相关知识。2011 年，英国发布了新的网络空间安全战略，明确提出鼓励、支持并发展各种层面的网络安全教育，强调提高商业领域网络安全意识和能力。[②]

澳大利亚政府也是较早制定网络安全战略的国家之一，其在 2009 年通过的第一个网络安全战略目标就是让澳大利亚所有公民都意识到网络风险，确保其计算机安全，并采取行动确保其身份信息、隐私和网上金融的安全。[③]2016 年，澳大利亚政府公布了新的网络安全战略，此次安全战略的重点是指导澳大利亚人如何在网络环境中保护自己，以及提高对网络恶意行为的抵抗力。[④]

法国、印度、俄罗斯等国也通过战略性文件规定网络安全宣传教育。2011 年，法国政府发布了《法国信息系统防御与安全战略》，其中第四个战略目标提出了要采取措施面向企业和公民开展宣传和培训。[⑤]2013 年，印度发布《国家网络安全政策》，在该

① Cyber security strategy of the United Kingdom: safety, security and resilience in cyber space [EB/OL]. https://www.gov.uk/government/uploads/system/uploads/attachment_data/file/228841/7642.pdf.

② Cyber Security Strategy [EB/OL].https://www.gov.uk/government/publications/cyber-security-strategy.

③ 尹丽波，刘京娟，张慧敏.紧扎安全篱笆的袋鼠之国——澳大利亚《网络安全战略》解读 [J].中国信息安全，2012（7）.

④ 赵博.综述：从制定战略法规到全民安全教育——澳大利亚重视网络安全[EB/OL].新华网，2017-04-15［2017-05-27］.http://news.xinhuanet.com/world/2017/04/15/c_1120815667.htm.

⑤ 刘权，方琳琳.法国信息系统防御和安全战略［J］.中国信息安全，2011（10）.

文件中提出战略性行动方案，包括开展网络安全教育培训、启动全国性网络安全意识增强项目。2014年，俄罗斯通过了《俄罗斯联邦网络安全战略构想》，将提高公民网络安全意识作为保障国家网络安全的6个优先措施之一。

二、在政府主导下形成多方参与的宣传教育体系

网络安全问题的复杂性、广泛性决定了开展合作的必要性和重要性。各国政府在网络安全管理机构统筹规划的基础上，加强政府各部门与私营机构以及学校之间的合作，全面开展网络安全宣传教育工作。以美国为例，美国进行网络空间安全宣传教育工作的机构主要包括联邦政府、地方政府、学校、企业和其他机构（包括非营利组织、个人等），其中联邦政府负责对美国网络空间安全宣传教育工作进行整体规划、协调，各级地方政府通过开展各种形式的活动予以配合，学校则肩负着传授网络空间安全知识的职责，企业既可以进行内部培训和教育，又可以为网络空间教育工作提供实践的场所。而其他机构，例如美国的各种社会组织也参与到网络空间安全意识教育的各种活动中。最终，在政府主导下建立了跨部门、多层次的网络安全宣传教育体系。

案例6-2：美国国土安全部开展"停止·思考·连接"项目 [①]

2009年10月1日，美国总统奥巴马公开发表关于"国家网络安全意识月"的宣言，呼吁"美国人民认识到网络安全的重要性，通过宣传、教育和培训，增强我们的国家安全"。国土安全部被要求组织一个持续的网络空间意识活动即实施"停止·思考·连接（STOP.THINK.CONNECT）"项目，以帮助美国公众了解其网络行为存在的一些风险。该项目发布于2010年10月，具体包括"国家网络""网络意识联盟""学术联盟""朋友计划"四个子项目，私营部门和非营利机构作为合作伙伴参与到整个活动过程当中。该活动强调网络行为的三个步骤，即Stop、Think和Connect，其中Stop是在使用互联网时，要清楚存在的风险并学会如何识别问题；Think是要求用户了解网络行为会给自己的安全或家庭带来的影响；Connect是用户可以采取正确步骤确保本人及计算机安全的条件下使用互联网。Stop.Think.Connect项目自从2010年开始启动至今，一直是美国每年10月的网络安全意识宣传月的主题之一。这种由政府主办、各方参与的组织模式，既有利

---

① Stop. Think. Connect［EB/OL］.Homeland Security. https://www.dhs.gov/stopthinkconnect.

于确保宣传活动的权威性和可信度，也有利于调动和发挥私营部门在技术、资源方面的力量。

以色列目前是仅次于美国的世界第二大网络产品和服务出口国，作为小国能够迅速崛起成为全球网络安全强国，离不开以色列政府在网络安全教育方面的政策支持和对产业的大力推动。根据《2010国家网络倡议》，以色列将提升全社会的网络意识和加强网络教育作为第一个目标，并建议将政府机构、军情部门、学术界、产业界之间的密切合作作为增强国家网络安全的最佳途径。在此基础上，以国家网络局和国家网络安全局作为主要负责部门，以色列政府在管理工作上强调专职专责，合理地设计了军队机构、安全部门和网络企业来进行网络安全宣传教育，确保了网络安全领域的相关部门都能各显神通、各尽其责。以色列在网络安全教育方面的努力，集中体现于以色列政府在南部城市贝尔谢巴新建"网络星火产业园"。在"网络星火产业园"中，大学、产业、风险投资、政府这四个要素紧密地构成一个整体，形成一个正向循环。具体来说，这个生态系统包含四大要素：良好的教育体系、注重研发的产业力量、活跃的风险投资以及政府的强力支持。[①]

英国、澳大利亚、加拿大、新西兰等国也非常重视政府与高校、企业的合作。在强化跨行业的教育、技能和意识方面，英国政府赞助了学校里的网络安全竞赛、技术学徒和博士生学习，授予多所在网络安全领域处于世界一流水平的英国大学"网络安全研究卓越中心"的嘉奖。[②]2008年开始，澳大利亚政府投入近9 000万澳币，来推广互联网安全计划，帮助有孩子的家庭过滤互联网上的有害内容。与此同时，澳大利亚中小学通过专门的网络安全教育课程来帮助青少年学习如何安全上网，校外的社会机构也积极支持网络安全教育，如SOSO是一家专为青少年提供网络安全保护的公益组织，他们通过互联网告诉青少年如何注意网络安全以及保护个人隐私。[③]加拿大是全球互联网最普及的国家之一，在网络安全治理方面有很多经验，能够依靠市场力量来加强对公众有关网

---

① 洪延青.从"初创国家"到"网络安全国家" 以色列做对了什么［J］.中国经济周刊，2016（28）.

② 英国国家网络安全计划现状［EB/OL］.中国经济网，2015-07-17［2017-05-21］.http://intl.ce.cn/specials/zxgjzh/201507/17/t20150717_5966943.shtml.

③ 超六成青少年网民信任互联网 盘点各国网络安全教育措施［EB/OL］.央广网，2015-06-08［2017-05-21］.http://china.cnr.cn/qqhygbw/20150608/t20150608_518783328.shtml.

络安全的教育和引导。加拿大公共安全部制定了一套包括广告、合作伙伴、网络、社会媒体、议会参与、展览活动和内部沟通计划等方面的方案，用以宣传网络安全。[①]新西兰在2011年颁布的《国家网络安全战略》中提出政府与教育科研机构、培训机构开展合作，开展网络安全资格认证、培训等工作。

三、针对不同对象开展各类宣传教育培训活动

各国都将提高国民网络安全意识和技能作为提升网络安全保障能力和水平的重要基础，部署实施国家级的行动计划，广泛开展各类宣传教育培训。例如，美国通过国家网络空间安全教育计划（NICE）及其战略规划来部署网络安全教育培训的目标、任务，针对不同对象开展全面系统的教育培训。美国联邦政府主要承担政府各部门之间的网络空间教育培训工作。美国多部门合作建设了美国国家卓越学术中心、联邦虚拟训练环境等教育资源。美国国家卓越学术中心（CAE），是美国国土安全部与美国国家安全局联合主办的。通过中心课程的毕业生往往成为网络高手，能够保护国家信息基础设施。这些项目的目标是促进信息保障学科，培养越来越多的受过训练的专业信息保障人员。联邦虚拟训练环境（FedVTE），是国土安全部在国防信息系统局和美国国务院支持下管理的一个免费的在线网络安全培训和学习管理系统，供联邦政府雇员和退伍军人使用。FedVTE提供超过800小时的培训资源，包括道德黑客、监视、风险管理和恶意软件分析等课程，适合从初学者到高水平的不同层次的学员使用，可以帮助联邦政府从事网络空间安全的雇员提高网络安全技能。

美国的学校主要负责培养学生的网络空间安全意识和数字素养。美国比较重视通过学校开展网络空间安全宣传教育，NICE计划的第二个子目标就是强调美国的正规网络空间安全教育工作，即美国的学校网络空间安全教育，并由美国的教育部和美国国家科学基金会共同负责。美国从中小学开始（2013年起从幼儿园开始）就开设网络空间安全课程，在PRE-K12教育（美国从幼儿园到12年级的教育，即基础教育阶段的通称）中增加网络空间安全知识的内容，并通过制定激励计算科学和网络空间安全学习的教育标准，来增加学生对网络空间安全知识的兴趣，为培养具有网络空间安全意识的公民做好准备。除了上述针对中小学生的网络空间安全宣传教育之外，美国高校还通过开设课

---

① 唐小松.加拿大网络安全战略评析［J］.国际问题研究，2014（3）.

程，组织和制订网络空间领域的培训计划、奖学金计划、夏令营计划等多种手段来增加大学生的网络空间安全知识和技能，有些大学还成立了专门的门户网站，为全校师生提供各种网络空间安全科研和教育资料。

案例6-3：美国计算机科学教师协会（CSTA）制定的中小学计算机课程标准 [①]

2011年，美国计算机科学教师协会公布了"CSTA K—12计算机科学标准（2011）"，此标准系统涉及小学（K1—6）、初中（K6—9）、高中阶段（K9—12）三个不同水平阶段，其总体目标为：学生应了解计算机科学的本质及其在现代世界中的地位；学生应理解计算机科学的概念并掌握相关技能；学生能运用计算机科学技能（尤其是计算思维）解决问题；计算机科学标准可作为当前学校中IT和AP课程的补充。课程内容包括"计算思维""合作""计算实践与编程""计算机与通信设备""社区、全球与伦理的影响"五个方面。其中，"计算机与通信设备"的教学帮助学生了解计算机、交流设施和网络的基本组成，以及如何做一个合格的数字公民；"社区、全球与伦理的影响"教会学生学习遵守互联网的道德规范，学习个人隐私、网络安全、软件许可证和版权的基本原则，成为负责任的公民。

2016年8月，美国计算机科学教师协会公布了修订版的"CSTA K—12计算机科学标准（临时）"，该标准对应的高中阶段为水平3，针对高中学生未来发展的可能，分为A、B两个不同阶段。Level 3A（9—10年级）的课程是全体学生在毕业时要达到的基本要求；Level 3B（11—12年级）的课程是为那些对计算机科学表现出兴趣并打算继续深入学习的学生提供的。高中阶段的水平区分能满足高中学生打算在大学继续进行计算机科学专业学习的需求，弥补了老版本的缺陷。此外，课程内容也进行了修改，新的课程内容体系包括五个方面：计算系统、网络与互联网、算法与编程、数据与分析、计算的影响。综合以上课程内容的变化，可以看出美国的计算机科学领域围绕数据、算法、信息系统等计算机科学最基础关键的概念展开，并着重体现"计算思维"。这有助于学生获得数字社会生活需求的必备技能，同时也能帮助学生增强社会责任感，促进学生解决问题能力、信息技术应用能力的提高与高阶思维的形成。

---

① CSTA K—12 Computer Science Standards［EB/OL］. http://www.csteachers.org/ page/standards.

美国的私营企业主要负责内部员工的网络空间安全教育培训工作。2003年，美国发布的《保护网络安全国家战略》提出了五个优先任务，其中第三个优先任务即"启动国家网络空间安全意识和培训计划"，明确指出了私营企业在培养员工网络空间安全意识、实施充足的培训项目、推动网络安全专业认证体系方面的任务。因此，美国私营企业对从事网络空间安全工作的内部人员定期进行宣传教育培训，一些大型公司不仅针对计算机安全、数字隐私和联机安全创建了安全中心，而且还会在其官方网站上发布一些网络空间安全知识，介绍一些网络空间安全防护工具，识别各自网络威胁等，帮助员工提升保护信息安全的能力。例如，微软成立网络犯罪防范中心，打击恶意软件、僵尸网络和黑客的威胁，将相应的案例资料公布在网站上，提供给包括员工、用户在内的人们使用。[①]

在美国，除了联邦政府部门、学校及私营企业以外，社会组织也参与到网络空间安全教育活动中。美国的行业协会负责帮助设定网络空间安全教育与培训的标准，组织持续的教育活动，并向协会和组织内部成员实施培训等。例如，国家超级计算机应用中心（NCSA）主要负责执行互联网方面的公共教育和普及工作，帮助数字时代的公民安全使用网络。NCSA是美国国家网络空间安全意识月的主要发起者和承办方之一，同时还针对大学生开展了网络空间安全意识教育活动。

英国通过一系列网络安全教育活动，培养全民网络安全意识和技能。2015年，英国政府公布网络安全学徒计划，这项计划中英国政府将与多方组织合作提供一定数量的学徒培训机会，帮助公务员提升网络安全技能。[②]为了保护儿童上网安全，英国实施被称为"父母信息"的在线服务，英国550多所学校已经在这一网站上进行了注册，这一在线服务为父母应对网络风险提供建议和支持。[③]此外，英国的商业、创新和技能部（BIS）组织开发了针对中等教育学生的网络安全培训教材，[④]政府还赞助了高等学校的网络安全竞赛，网络安全教育覆盖了儿童到高校学生。英国皇家邮政、英国零售商协会、盖百利、国家反欺诈局、英国商会、高警协会等机构共同建设了"停止身份欺诈"

---

① Microsoft Story Labs［EB/OL］.https://news.microsoft.com/stories/cybercrime/index.html.

② 英国国家网络安全计划现状［EB/OL］.中国经济网，2015-07-17［2017-05-21］.http://intl.ce.cn/specials/zxgjzh/201507/17/t20150717_5966943.shtml.

③ 赵芳.英国在线服务网站保护孩子网络安全［N］.中国教育报，2015-09-30（4）.

④ 如此重视网络安全，看英国如何说？［EB/OL］.搜狐网，2016-12-19［2017-04-15］.http://www.sohu.com/a/122002848_468736.

网站，该网站帮助公众识别身份欺诈行为、提供应对的策略建议，并通过在线资源对用户进行教育培训。

新加坡、法国、日本、澳大利亚等国也采取了针对不同对象的网络安全宣传教育活动。新加坡信息通信发展管理局通过网络安全意识联盟"安全在线"网站，对不同类型的用户如何采取最佳策略防范网络威胁给予指导。法国提出加强面向公众的宣传，同时发布了针对小企业的网络安全培训指南。日本还根据特殊任务的需求进行培训，2013年7月，会津大学开设了面向社会人士的专业讲座，假想黑客非法入侵银行系统提取顾客存款，介绍相关手段和对策等。[①]澳大利亚政府推广互联网安全计划，帮助有子女的家庭过滤互联网上的有害内容。与此同时，澳大利亚中小学通过专门的网络安全教育课程来帮助青少年学习如何安全上网，校外的社会机构也积极支持网络安全教育。[②]

四、通过主题活动提升国民网络安全意识与技能

大力宣传网络安全是国际社会通行的做法。长期以来，美国、英国、澳大利亚、日本等国都曾组织开展过不同形式的网络安全主题宣传教育活动。

美国主要开展了网络安全意识月活动。为确保公众积极参与网络安全意识普及活动，自2010年起，美国总统奥巴马将每年的10月作为国家网络安全意识月。美国国家网络安全意识月由美国国土安全部和国家网络安全联盟，以及跨州信息共享和分析中心联合主办。美国自2004年启动网络安全意识月活动，每年设有特定主题，呼吁美国公众加强安全保护意识，以应对层出不穷的各类网络犯罪活动。自2009年起，一直沿用"我们共同的责任"为主题。美国网络安全意识月活动针对不同对象开展内容丰富多样的活动，包括举办会议论坛、竞赛，成立主题联盟、发放安全材料及开展培训等。此外，国家网络安全联盟主办的"安全在线"网站是开展网络安全意识月活动的最主要窗口，各社会媒体网站也是发布网络安全提示、新闻和相关资料的重要渠道。

美国还举办了数据隐私日活动。为了提高人们对隐私重要性和保护个人信息的意识，2008年1月，美国和加拿大同步开展了数据隐私日活动，作为欧洲数据保护日庆祝

---

① 网络攻击增加 日本大学着力培养安全人才［EB/OL］.中新网，2015-05-10［2017-04-18］. http://www.chinanews.com/gj/2015/05-10/7264929.shtml.

② 超六成青少年网民信任互联网 盘点各国网络安全教育措施［EB/OL］.央广网，2015-06-08［2017-05-21］. http://china.cnr.cn/qqhygbw/20150608/t20150608_518783328.shtml.

活动的延伸。2014年1月，第113届美国国会通过了美国第337号决议，支持将1月28日定为"国家数据隐私日"。国家网络安全联盟担任了数据隐私日的领导，通过"安全在线"网站提供免费的、关于隐私保护的教育资源，致力于帮助用户通过家庭、工作单位以及社区采取行动，形成一种保护数据隐私意识的文化氛围。

根据网络空间安全领域出现的新问题，美国政府不断增加新的国家网络宣传主题活动。2016年2月，奥巴马公布《网络安全国家行动计划》，该计划提出由"国家网络安全联盟"发起新的国家网络安全宣传行动，专注多重认证，以提升、培育信息消费者的网络安全意识。私营企业、非营利组织以及联邦政府共同努力，通过新一轮的宣传活动，重点是广泛采用多重身份验证，以及实施网络空间可信身份国家战略，帮助更多的美国人实现联机安全，数以百万用户更容易保证自己的在线账户安全。这项新的宣传活动将提升公众对个人网络安全角色的认识。①

英国通过参与"欧洲网络安全月"活动，提升全民网络安全意识。该活动以"在线安全需要你的参与"为主题，吸纳私营部门和企业界的参与，活动形式主要包括举办会议、论坛和演讲，通过电台和电视节目、在线游戏和在线交易等渠道进行宣传等。此外，英国自2005年起在每年10月组织开展全国范围的国家防身份欺诈周活动，通过专门网站提供大量资源，帮助公民和企业避免身份盗用犯罪造成的严重后果。该活动由皇家邮政、英国零售商协会、盖百利公司（Experian）、国家反欺诈局、身份证服务公司（IPS）、英国商会（BCC）、高级警官协会（ACPO）等合作举办，帮助公民和企业避免因身份盗用犯罪导致的严重后果。②

澳大利亚自2008年起每年组织国家网络安全宣传周活动，旨在提升家庭用户和小企业的防护措施，避免电子攻击和欺诈。该活动由政府与企业、社团组织、用户群体以及州、地方政府合作开展，教育家庭和小企业用户采取简单步骤保护其在线个人信息和财务信息。每年都会有大量的企业、社会组织与政府机构参与开展活动。③

日本从小学、中学阶段开展增强网络安全意识的活动。日本在《保护国民信息安全

---

① 李灿强.美国《网络安全国家行动计划》述评［J］.电子政务，2016（12）.

② 网络时代全民攻防战［EB/OL］.人民网，2014-11-27［2017-04-15］.http://it.people.com.cn/n/2014/1127/c1009-26103501.html.

③ 原来如此！揭秘国外网络安全主题活动［EB/OL］.央视网，2014-11-24［2017-04-15］.http://news.cntv.cn/2014/11/24/ARTI1416823218080540.shtml.

战略》（2010）中明确提出从2011年开始将每年的2月设立为"日本信息安全月"。具体活动包括地方警察局组织举办的信息安全演讲、内务与通信部（MIC）组织的信息安全支持培训课程、日本教文体科技部（MEXT）组织举办的e-NET大篷车宣传活动，以及由经济、贸易与工业部（METI）组织的网络安全课堂。2014年，日本政府决定将2月的第一个工作日定为"网络安全日"。[①]

以色列、韩国、新加坡、印度等国家也都有年度网络安全宣传周活动。以色列网络安全周多以开展多种网络安全相关会议为主，包括全体大会、主题会议、国家圆桌会议、学术研讨会，会议由多个国家的政府决策人员、网络安全领域的专家等共同出席讨论关于网络安全方面的议题。韩国设立国家"信息保护日"，在小学、初中和高中阶段加强网络安全教育，以便提高公众意识和夯实网络安全领域的基础。新加坡网络安全意识联盟举办网络安全意识日活动，主要目的在于提升网络安全意识及提醒网络安全。印度推动和发起综合性的有关网络空间安全的国家意识项目，通过电子媒体持续开展安全素质意识和宣传运动，帮助公民感知网络安全风险。

第三节　完善我国网络安全宣传教育的途径

《国家网络空间安全战略》明确提出，要"推动网络安全教育进教材、进学校、进课堂，提高网络媒介素养，增强全社会网络安全意识和防护技能，提高广大网民对网络违法有害信息、网络欺诈等违法犯罪活动的辨识和抵御能力"。在借鉴国外网络安全宣传教育经验的基础上，落实国家网络空间安全战略提出的目标和任务，我国网络安全宣传教育可从以下几个方面加以完善。

一、出台专门的网络安全教育政策

我国虽然通过《国家网络空间安全战略》《中华人民共和国网络安全法》及《国家网络安全宣传周活动方案》等一系列国家战略、法律、政策对网络安全宣传教育工作进

[①]　日本政府新设"网络安全日"宣传打击黑客对策［EB/OL］.中新网，2014-01-23［2017-04-15］. http://www.chinanews.com/gj/2014/01-23/5773291.shtml.

行了规定，但是《国家网络空间安全战略》《中华人民共和国网络安全法》中有关网络安全宣传教育的内容却很少，而《国家网络安全宣传周活动方案》也只是对一周的网络安全宣传活动进行规范，既不够全面，也不利于职能部门实施。因此，亟须制定专门的网络安全教育政策，明确网络安全宣传教育的主管部门，确定具体的教育目标、实现手段、具体任务等，为全面开展网络安全宣传教育提供政策支持。通过出台专门的网络安全教育政策，统筹规划我国网络安全宣传教育工作，为我国网络安全知识的普及和全民网络安全意识的培养工作提供全局指导。根据我国的实际情况，出台专门的网络安全教育政策，可从以下几个方面着手。

第一，明确网络安全教育活动的具体领导机构、执行机构、计划中有关目标或任务的负责部门，各机构、部门的职权与分工。因为只有明文规定，需要负责的机构才能认识到自己肩负的责任，积极配合执行各项教育任务，保障政策的落实。

第二，指出未来一段时期内开展全民网络安全宣传教育的具体目标、任务、阶段进展安排及较为具体的实施方案。整个政策应考虑综合性的、长期的网络安全教育项目与短期的、具体的网络安全教育项目相结合。只有更加详细的规划，才能推动政策发挥实效。

第三，制定网络安全教育政策的实施细则。为保证政策的开展和落实，可以对政策进行具体说明，并进一步部署、规划相关工作。另外，要根据政策发布后的实施情况，及时调整政策内容，使网络安全教育政策能够更加有效地指导我国网络安全宣传教育的建设。

二、建立网络安全宣传教育的长效工作机制

（一）完善以政府为主、多部门协作的管理机制

加强网络安全宣传教育，核心在于组织管理。应按照统分结合、相对集中、职责明确、责权一致的原则，进一步调整、理顺管理体制，形成党委统一领导、政府加强管理、企业依法运营、全社会共同参与的新格局。为了能更好地开展网络安全宣传教育活动，需明确网络安全宣传教育的主要管理部门及其职责。目前，在中央网信办的统一协调下，教育部、工业和信息化部、公安部、国家广播电视总局、共青团中央等多部门虽然都承担了网络安全宣传教育的部分职能，但是各部门主要是围绕网络安全宣传周活动

开展工作，而日常的网络安全宣传教育如何开展，各部门有哪些职责及具体的分工，尚不明确。因此，落实《国家网络空间安全战略》《中华人民共和国网络安全法》对网络宣传教育工作的目标和任务，应该重新调整各部门的职权，整合政府、企业、机构和社会力量，以形成整体合力。

要以网络安全宣传周为主要途径，按照《国家网络安全宣传周活动方案》要求，由各省、市、自治区党委网络安全和信息化领导小组办公室会同有关部门组织开展本地网络安全宣传周活动，国家有关行业主管监管部门根据实际举办本行业网络安全宣传教育活动。为了扩大网络安全宣传周的影响力，可以积极鼓励华为、阿里巴巴、腾讯、360等具有较大影响力的互联网私营企业参与到活动中。中国互联网协会、中国科学技术协会等社会团体可以作为网络安全宣传周的主要参与方加入网络安全宣传教育工作中。

（二）借助经典主题活动构建宣传教育运行机制

网络安全宣传周是我国网络安全宣传教育最重要的方式之一，但一周时间的宣传，不能满足社会各界对网络安全知识和防范技能的需求，因此可以考虑将网络宣传周的一些经典活动持续下去。每年网络安全宣传周期间举办的主题活动多达几十项，例如2017年我国网络安全宣传周举办的"网络安全博览会暨网络安全成就展""网络安全技术高峰论坛""网络空间治理私用户数据保护"系列主题活动，全国个人信息保护宣传"12351"计划、"网络安全大讲堂"知识讲座等，这些活动都是在我国网络安全宣传周期间举行的，活动期间宣传效果也很好，但是随着宣传周的闭幕这些活动也结束了，影响了网络宣传教育的持续性。

建议选择网络宣传周期间反响特别好的经典主题活动，例如"网络安全大讲堂"知识讲座，可以在宣传周结束后定期举行，让更多的人有机会学到网络安全知识。我们也可以效仿美国网络安全意识月的主题活动"停止·思考·连接"活动，其四个子项目是一直持续进行的。子项目之一的"朋友计划"，只要你参与了该活动，每月都可以收到关于国家网络安全走向、网络安全知识和网络安全防范技巧的信息，让公众意识到面临的网络安全形势，提醒公众上网要时时保持警惕。

建议在我国建立网络安全宣传教育的常态化机制，举办贯穿全年的网络安全宣传活动，将网络安全知识普及和意识培养作为贯穿全年的工程，让网络安全观念深入人心、网络安全意识植根人心。

（三）建立网络宣传教育的激励机制

我国网民群体数量大，层次参差不齐，对广大网民进行网络安全宣传教育是一项十分浩大的工程，需要政府采取多种激励措施来保障参与的效果。根据《国家网络安全宣传周活动方案》要求，为了激励全民参与网络安全意识活动，可以开展有奖征集和网络安全知识竞赛、表彰奖励先进典型等办法。在学校教育方面，可以通过不同教育阶段举办网络夏令营，设置各类奖学金和资助计划，以激发学生对网络安全的兴趣，由于各个培养阶段的机制可以有效地衔接，使各类学生的兴趣和潜力不断地被激励。许多高校缺少网络安全的专业教师，特别是缺少高水平的相关专业教师，导致一些高校的网络安全课程不能开设，国家相关部门可以开办一些网络安全教师培训班，为高校定向培养一些网络安全专业教师，还可以考虑聘请企业的信息安全专家到高校担任兼职教师。

建议通过举行各种网络安全知识竞赛，调动网民对网络安全技术的积极性，最终达到提升网络安全技能的目的。也可以建立"天才选拔"机制，发现具有天赋的青少年学生，鼓励其从事网络空间安全相关专业的学习、深造。还可以借鉴国外的做法，通过各类项目对企业开展网络安全教育进行激励，例如效仿美国国家科学基金会的"服务奖学金"项目、网络创新项目等，各种激励措施不仅能提升网民的网络安全技能，还能激发个人更好地发挥潜能。

三、不断完善网络安全宣传教育的内容

（一）网络安全形势教育

目前，全球正处在调整和变革网络空间战略的重要时期，欧美发达国家早已在网络空间展开了涉及军事、政治、经济和外交等各个层面的角逐，我国的网络安全形势非常严峻。主要体现在如下三个层面：一是全球网络监控形势严峻。"9·11"事件后，为了"打击恐怖分子"，美国利用自身的信息技术优势，开始对全球的情报进行监控。据美国前中央情报局研究员斯诺登透露，中国是重点监控的国家之一，很多信息不同程度遭到监听，被曝光出来的德国总理默克尔手机监听丑闻，更是在国际间引发轩然大波。二是黑客窃取公众信息强度增加，数据挖掘技术使日常信息变成宝藏，导致公众信息被盗

风险加剧。三是一些机构，比如高校，成为信息泄露重灾区，高校的防护手段薄弱，信息保护意识不强。

网络安全形势教育没有特定的教材，教育形式以口头宣传为主，为了提高公众对网络安全形势的理解，教育的形式很重要。建议今后的宣传活动可以以讲座和研讨会的形式推广开来，利用多媒体播放视频图片，可以使公众对我国网络安全形势有更清晰的认识，有利于唤起公众对于网络安全更高的重视，促进国际合作逐步展开，有利于加快相关立法出台的速度，为信息安全的保护赢得先机。公众也要主动关注这方面的新闻报道，通过网络、电视等学习形式加强对当前网络安全形势的学习。

（二）网络安全意识教育

以个人的网络安全意识教育来说，首先就是重视网络安全。提高网络安全意识，有利于网络安全保护水平的提升。网络安全意识水平高，表现在如下几个方面：一是日常网络习惯好。不打开陌生的网站链接，不下载未经认证的软件和视频，不浏览不健康的网站，信息防御水平高。二是熟悉一些常见的安全软件。掌握系统杀毒、系统重装这些基本技能，当 QQ、微博账号被盗，知道如何找回，去哪里投诉，自己动手能力强。三是具有相应的安全责任感。在网络上看到有人发布违法信息或是发布恶意软件时，第一时间报警或是向网络监察员举报，以避免此类网络伤害进一步扩大。

加强全民网络安全意识教育，政府层面需要将网络安全意识进行全民性普及，使公众更加关注网络安全。在学校教育中，积极开展各类信息安全宣传或者讲座，开设信息安全案例教育课程是大势所趋，使学生提高防范意识，培养良好的计算机使用习惯，遇到黑客的攻击与破坏，能够及时识别和解决，避免因为认识的不足或者不合理的挽救措施造成进一步损害。企业也需要增强网络安全保护意识，努力提高员工的信息安全技能和信息安全素养，除了在日常工作中营造良好的网络安全文化氛围之外，还需要科学系统的网络安全素质培训。

（三）网络安全技能教育

网络安全技能是指在网络安全保护过程中为防止各种伤害而采取的各种技术措施。网络安全技能教育对提高对个人网络安全保护能力有着直接的关系。如今接收信息安全技能教育的形式越来越多样化。一是高校现在开设信息安全课程，向学生传授最前沿的技术、传播最新的安全资讯；二是慕课网（IMOOC）是国内最大的 IT 技能学习平台，可以根据自己的状况，合理安排时间，在线上进行系统学习；三是政府和网络安全行业每年都会举办各种各样的信息安全大会，为行业从业者和公众架起了交流学习的桥梁。

在教育培训中采取重视理论与实践相结合的教育方式，可以使公众掌握基本的防范技能，如安全工具和软件的使用、后台流氓软件的卸载及个人被盗账号密码的找回。只有综合利用这些安全设施和技能，才能使信息得到有效的安全保护，并做到对个人信息安全情况的把握。

四、创新网络安全宣传教育的方法及手段

大数据时代的网络安全教育越来越得到社会的广泛关注，安全防护措施、安全意识教育等方面都取得了长足发展，但是如何提高教育的普及度与提升网络安全教育效果方面的研究却鲜有专家学者涉及，这恰恰是提高公众信息安全保护不可或缺的一环。同时，普通大众并不会时刻关注网络安全教育方面的大事件，缺乏接受系统网络安全教育的机会。因此，创新教育手段，提高教育效果显得尤为重要。

（一）建设网络安全意识教育权威网站

为了普及网络安全教育，建立网络安全意识教育权威网站是一个可行的方式。国家应该根据网络安全宣传教育战略目标、阶段性目标和宣传教育的发展目标，有针对性地培育一批有影响力、辐射力的大型网络安全宣传网站，通过国家层面来扩大这些网站的知名度和吸引力，让更多的人能够认识到网络安全的重要性，并且能够学习到相关的网络安全知识。通过这些权威网站提供网络空间学习的课程、职业发展指导，以及其他有助于提升网络空间安全技能的各种知识，为公众获取网络安全知识提供开放、便捷的环境。还可以借助政府门户网站、微博、微信等新兴媒介普及网络安全常识，拓宽网络安全知识的宣传渠道，让民众能够实时地了解和学习到网络安全知识，加强公众的网络安全自我保护意识。

（二）召开网络安全研讨会

研讨会是进行网络安全教育较为普遍，也较有效的方式之一。要将会议常规化，定

期举办，由专家讲解有关网络安全防护的技术措施和管理要求。如中国互联网协会主办的"移动互联网产业发展与网络信息安全研讨会"，主题侧重网络信息安全，聚焦产业发展过程中需要关注的热点问题和管理思路，还为与会企业讲解产业发展形势、畅谈行业发展、解读行业最新政策。组织研讨会可以使业内企业看清互联网发展趋势，加快自身网络安全和信息化步伐，加强各界的交流与合作，有效提高移动互联网的网络信息安全水平。

（三）开展游戏教学

游戏教学寓教于乐，最近几年颇受关注。发挥计算机优势，开发网络安全教育在线游戏，既能充分调动公众接受网络安全教育的积极性，又能增强教学内容的趣味性和吸引力，因此受到广泛认可。卡内基梅隆大学开发的反钓鱼网络游戏 Anti-Phishing Phil 和 Anti-Phishing Phyllis，教育用户如何辨认钓鱼网站，在浏览器中寻找网站暗示信息，通过搜索引擎找到合法网站，进而避免被黑客钓鱼，趣味性很强，教学效果非常明显。

（四）发放网络技术安全调查问卷

网络技术安全调查问卷的目的在于检测公众的网络安全知识储备，测验结果可以定位公众网络安全知识所处的水平。问卷重点有三个方面：一是网络安全政策的了解状况；二是网络安全的意识水平；三是网络安全技能的掌握情况。通过问卷反馈出的公众网络安全能力水平结果，是制订新一年网络安全教育计划的重要依据。

此外，还可以综合利用上述网络安全教育方式，在课程培训方面，要因人而异、因材施教，针对不同的用户提供不同的网络安全意识基础课程，为进一步提升，可引入网络安全教育优秀院校的培训课程；在学术活动方面，可以举办网络安全知识竞赛，编纂网络安全常见问题集，响应国家网络安全意识月活动；在教学游戏方面，可引入时下最潮流的游戏，激发网民的学习热情。

进行网络安全宣传教育，培养人们的网络安全意识，既是顺应人民群众期盼，也是为了进一步推动营造共建网络安全、共享网络文明的良好环境。守护网络安全，不仅要靠国家来擘画蓝图，要靠企业和社会组织里的每个人携手同心，更要靠广大网友和亿万民众用心尽力当好安全卫士。就像2017年我国开展的网络安全宣传周活动的主题口号一样，"网络安全靠人民"，保障网络安全是全社会共同的责任，更是时代赋予每个人的神圣使命。展望未来，中国特色社会主义正大步进入新时代，大数据、物联网、区块链将与每个人的生活息息相关，网络安全意识与防护技能的提升不仅事关网民福祉，更关系到国家安全与利益。只有技术引航、安全保障、全民同心，我们才能从网络大国迈向网络强国，助力中华民族实现伟大复兴的百年中国梦！

┃附　录┃

附录 1　习近平总书记关于网络安全的系列讲话概览

时间	会议名称	习近平讲话题目
2014 年 2 月 27 日	中央网络安全和信息化领导小组第一次会议	总体布局统筹各方创新发展　努力把我国建设成为网络强国
2014 年 7 月 16 日	习近平在巴西国会发表演讲	弘扬传统友好　共谱合作新篇
2014 年 11 月 19 日	首届世界互联网大会	习近平致首届世界互联网大会贺词全文
2015 年 9 月 24 日	中美互联网论坛　.	中国倡导建设和平、安全、开放、合作的网络空间
2015 年 12 月 16 日	第二届世界互联网大会	在第二届世界互联网大会开幕式上的讲话
2016 年 2 月 20 日	党的新闻舆论工作座谈会	坚持正确方向创新方法手段　提高新闻舆论传播力引导力
2016 年 4 月 25 日	网络安全和信息化工作座谈会	在网络安全和信息化工作座谈会上的讲话
2016 年 10 月 9 日	中共中央政治局就实施网络强国战略进行第三十六次集体学习	加快推进网络信息技术自主创新　朝着建设网络强国目标不懈努力
2016 年 11 月 16 日	第三届世界互联网大会	集思广益增进共识加强合作　让互联网更好造福人类
2017 年 2 月 17 日	国家安全工作座谈会	牢固树立认真贯彻总体国家安全观　开创新形势下国家安全工作新局面
2017 年 12 月 3 日	第四届世界互联网大会	习近平致第四届世界互联网大会的贺信
2017 年 12 月 8 日	中共中央政治局就实施国家大数据战略进行第二次集体学习	习近平强调审时度势精心谋划超前布局　力争主动实施国家大数据战略加快建设数字中国
2018 年 4 月 20 日	全国网络安全和信息化工作会议	敏锐抓住信息化发展历史机遇　自主创新推进网络强国建设

附录 2 我国网络安全治理相关法规概览

序号	法规名称	制定及修订时间	制定目的
1	中华人民共和国无线电管理条例	1993年9月11日发布；2016年11月11日修订	为了加强无线电管理，维护空中电波秩序，有效开发、利用无线电频谱资源，保证各种无线电业务的正常进行，制定本条例
2	中华人民共和国计算机信息系统安全保护条例	1994年2月18日发布；2011年1月8日修订	为了保护计算机信息系统的安全，促进计算机的应用和发展，保障社会主义现代化建设的顺利进行，制定本条例
3	中华人民共和国计算机信息网络国际联网管理暂行规定	1996年2月1日发布；1997年5月20日修正	为了加强对计算机信息网络国际联网的管理，保障国际计算机信息交流的健康发展，制定本规定
4	计算机信息网络国际联网安全保护管理办法	1997年12月11日国务院批准，1997年12月30日公安部令第33号发布，根据2011年1月8日《国务院关于废止和修改部分行政法规的决定》修订	为了加强对计算机信息网络国际联网的安全保护，维护公共秩序和社会稳定，根据《中华人民共和国计算机信息系统安全保护条例》《中华人民共和国计算机信息网络国际联网管理暂行规定》和其他法律、行政法规的规定，制定本办法
5	互联网信息服务管理办法	2000年9月25日公布；2011年1月8日修订，自公布之日起施行	为了规范互联网信息服务活动，促进互联网信息服务健康有序发展，制定本办法
6	中华人民共和国电信条例	2000年9月25日公布；2014年7月29日第一次修订；2016年2月6日第二次修订	为了规范电信市场秩序，维护电信用户和电信业务经营者的合法权益，保障电信网络和信息的安全，促进电信业的健康发展，制定本条例
7	外商投资电信企业管理规定	2001年12月11日公布；2008年9月10日第一次修订；2016年2月6日第二次修订	为了适应电信业对外开放的需要，促进电信业的发展，根据有关外商投资的法律、行政法规和《中华人民共和国电信条例》，制定本规定
8	计算机软件保护条例	2001年12月20日公布；2011年1月8日第一次修订；2013年1月30日第二次修订	为了保护计算机软件著作权人的权益，调整计算机软件在开发、传播和使用中发生的利益关系，鼓励计算机软件的开发与应用，促进软件产业和国民经济信息化的发展，根据《中华人民共和国著作权法》，制定本条例

续表

序号	法规名称	制定及修订时间	制定目的
9	互联网上网服务营业场所管理条例	2002年9月29日公布，根据2011年1月8日第一次修订；2016年2月6日第二次修订	为了加强对互联网上网服务营业场所的管理，规范经营者的经营行为，维护公众和经营者的合法权益，保障互联网上网服务经营活动健康发展，促进社会主义精神文明建设，制定本条例
10	信息网络传播权保护条例	2006年5月18日公布；根据2013年1月30日《国务院关于修改〈信息网络传播权保护条例〉的决定》修订	为保护著作权人、表演者、录音录像制作者的信息网络传播权，鼓励有益于社会主义精神文明、物质文明建设的作品的创作和传播，根据《中华人民共和国著作权法》，制定本条例
11	中华人民共和国政府信息公开条例	2007年1月17日，国务院第165次常务会议通过，2007年4月5日公布，自2008年5月1日起施行	为了保障公民、法人和其他组织依法获取政府信息，提高政府工作的透明度，促进依法行政，充分发挥政府信息对人民群众生产、生活和经济社会活动的服务作用，制定本条例

附录 3　我国网络安全治理其他法规的相应条款概览

序号	法规名称	制定及修订时间	相关条款
1	广播电视管理条例	1997年8月11日发布，9月1日开始施行；2013年12月7日第一次修订；2017年3月1日第二次修订	第十七条　国务院广播电视行政部门应当对全国广播电视传输覆盖网按照国家的统一标准实行统一规划，并实行分级建设和开发。县级以上地方人民政府广播电视行政部门应当按照国家有关规定，组建和管理本行政区域内的广播电视传输覆盖网。组建广播电视传输覆盖网，包括充分利用国家现有的公用通信等各种网络资源，应当确保广播电视节目传输质量和畅通。本条例所称广播电视传输覆盖网，由广播电视发射台、转播台、广播电视卫星、卫星上行站、卫星收转站、微波站、监测台（站）及有线广播电视传输覆盖网等构成

续表

序号	法规名称	制定及修订时间	相关条款
2	出版管理条例	2001年12月25日 颁布；2011年3月16日第一次修订；2013年7月18日第二次修订；2014年7月29日第三次修订；2016年2月6日第四次修订	第三十六条 通过互联网等信息网络从事出版物发行业务的单位或者个体工商户，应当依照本条例规定取得《出版物经营许可证》。提供网络交易平台服务的经营者应当对申请通过网络交易平台从事出版物发行业务的单位或者个体工商户的经营主体身份进行审查，验证其《出版物经营许可证》
3	著作权集体管理条例（摘录）	2004年12月28日 公布；2011年1月8日第一次修订；2013年12月7日第二次修订	第四条 著作权法规定的表演权、放映权、广播权、出租权、信息网络传播权、复制权等权利人自己难以有效行使的权利，可以由著作权集体管理组织进行集体管理
4	中华人民共和国水文条例	2007年4月25日发布，2007年6月1日实施；2013年7月18日修改；2016年2月6日第二次修改	第十条 水文事业发展规划主要包括水文事业发展目标、水文站网建设、水文监测和情报预报设施建设、水文信息网络和业务系统建设以及保障措施等内容。 第二十二条 水文情报预报由县级以上人民政府防汛抗旱指挥机构、水行政主管部门或者水文机构按照规定权限向社会统一发布。禁止任何其他单位和个人向社会发布水文情报预报
5	征信业管理条例	2012年12月26日国务院第228次常务会议通过，2013年1月21日公布，自2013年3月15日起施行	第十三条 采集个人信息应当经信息主体本人同意，未经本人同意不得采集。但是，依照法律、行政法规规定公开的信息除外。企业的董事、监事、高级管理人员与其履行职务相关的信息，不作为个人信息。 第十四条 禁止征信机构采集个人的宗教信仰、基因、指纹、血型、疾病和病史信息以及法律、行政法规规定禁止采集的其他个人信息。征信机构不得采集个人的收入、存款、有价证券、商业保险、不动产的信息和纳税数额信息。但是，征信机构明确告知信息主体提供该信息可能产生的不利后果，并取得其书面同意的除外。 第十五条 信息提供者向征信机构提供个人不良信息，应当事先告知信息主体本人。但是，依照法律、行政法规规定公开的不良信息除外

续表

序号	法规名称	制定及修订时间	相关条款
6	长江三峡水利枢纽安全保卫条例	2013年7月12日国务院第16次常务会议通过，9月9日公布，自2013年10月1日起施行	第二十九条　三峡枢纽运行管理单位应当加强计算机信息系统安全保护工作，依法落实信息安全等级保护制度和技术标准，建立安全管理制度、完善技术保护措施，做好通报预警、安全监测、应急处置等工作，发现危害计算机信息系统安全的情况应当立即向公安机关报告。公安机关应当加强对三峡枢纽运行管理单位计算机信息系统安全保护工作的监督、检查、指导，发现影响计算机信息系统安全的情况应当及时通知三峡枢纽运行管理单位采取安全保护措施
7	铁路安全管理条例	2013年7月24日国务院第18次常务会议通过，8月17日公布，自2014年1月1日起施行	第七十三条　铁路管理信息系统及其设施的建设和使用，应当符合法律法规和国家其他有关规定的安全技术要求。铁路运输企业应当建立网络与信息安全应急保障体系，并配备相应的专业技术人员负责网络和信息系统的安全管理工作
8	中华人民共和国采购法实施条例	2014年12月31日国务院第75次常务会议通过，2015年3月1日起施行	第十条　国家实行统一的政府采购电子交易平台建设标准，推动利用信息网络进行电子化政府采购活动
9	地图管理条例	2015年11月11日，国务院第111次常务会议通过，4月26日公布，自2016年1月1日起施行	第三十三条　互联网地图服务单位向公众提供地理位置定位、地理信息上标注和地图数据库开发等服务的，应当依法取得相应的测绘资质证书。互联网地图服务单位从事互联网地图出版活动的，应当经国务院出版行政主管部门依法审核批准。 第三十五条　互联网地图服务单位收集、使用用户个人信息的，应当明示收集、使用信息的目的、方式和范围，并经用户同意。互联网地图服务单位需要收集、使用用户个人信息的，应当公开收集、使用规则，不得泄露、篡改、出售或者非法向他人提供用户的个人信息。互联网地图服务单位应当采取技术措施和其他必要措施，防止用户的个人信息泄露、丢失

附录4 最高人民法院、最高人民检察院有关网络安全治理的司法解释概览

序号	名称	时间	目的
1	最高人民法院关于审理涉及计算机网络域名民事纠纷案件适用法律若干问题的解释	2001年6月26日最高人民法院审判委员会第1182次会议通过	为了正确审理涉及计算机网络域名注册、使用等行为的民事纠纷案件,根据《中华人民共和国民法通则》《中华人民共和国反不正当竞争法》《中华人民共和国民事诉讼法》等法律的规定,作如下解释
2	最高人民法院、最高人民检察院关于办理利用互联网、移动通讯终端、声讯台制作、复制、出版、贩卖、传播淫秽电子信息刑事案件具体应用法律若干问题的解释	2004年9月3日,最高人民法院、最高人民检察院公布,自2004年9月6日起施行	为依法惩治利用互联网、移动通讯终端制作、复制、出版、贩卖、传播淫秽电子信息、通过声讯台传播淫秽语音信息等犯罪活动,维护公共网络、通讯的正常秩序,保障公众的合法权益,根据《中华人民共和国刑法》《全国人民代表大会常务委员会关于维护互联网安全的决定》的规定,现对办理该类刑事案件具体应用法律的若干问题解释如下
3	最高人民法院、最高人民检察院关于办理利用互联网、移动通讯终端、声讯台制作、复制、出版、贩卖、传播淫秽电子信息刑事案件具体应用法律若干问题的解释(二)	2010年2月2日,最高人民法院、最高人民检察院公布,自2010年2月4日起施行	为依法惩治利用互联网、移动通讯终端制作、复制、出版、贩卖、传播淫秽电子信息,通过声讯台传播淫秽语音信息等犯罪活动,维护社会秩序,保障公民权益,根据《中华人民共和国刑法》《全国人民代表大会常务委员会关于维护互联网安全的决定》的规定,现对办理该类刑事案件具体应用法律的若干问题解释如下
4	最高人民法院关于审理侵害信息网络传播权民事纠纷案件适用法律若干问题的规定	2012年12月17日,最高人民法院公布,自2013年1月1日起施行	为正确审理侵害信息网络传播权民事纠纷案件,依法保护信息网络传播权,促进信息网络产业健康发展,维护公共利益,根据《中华人民共和国民法通则》《中华人民共和国侵权责任法》《中华人民共和国著作权法》《中华人民共和国民事诉讼法》等有关法律规定,结合审判实际,制定本规定

续表

序号	名称	时间	目的
5	最高人民法院、最高人民检察院关于办理利用信息网络实施诽谤等刑事案件适用法律若干问题的解释	2013年9月9日最高人民法院、最高人民检察院公布；自2013年9月10日起施行	为保护公民、法人和其他组织的合法权益，维护社会秩序，根据《中华人民共和国刑法》《全国人民代表大会常务委员会关于维护互联网安全的决定》等规定，对办理利用信息网络实施诽谤、寻衅滋事、敲诈勒索、非法经营等刑事案件适用法律的若干问题解释如下
6	最高人民法院关于审理利用信息网络侵害人身权益民事纠纷案件适用法律若干问题的规定	2014年8月21日，最高人民法院公布，自2014年10月10日起施行	为正确审理利用信息网络侵害人身权益民事纠纷案件，根据《中华人民共和国民法通则》《中华人民共和国侵权责任法》《全国人民代表大会常务委员会关于加强网络信息保护的决定》《中华人民共和国民事诉讼法》等法律的规定，结合审判实践，制定本规定
7	最高人民法院最高人民检察院关于办理侵犯公民个人信息刑事案件适用法律若干问题的解释	2017年5月8日，最高人法院、最高人民检察院发布，自2017年6月1日起施行	为依法惩治侵犯公民个人信息犯罪活动，保护公民个人信息安全和合法权益，根据《中华人民共和国刑法》《中华人民共和国刑事诉讼法》的有关规定，现就办理此类刑事案件适用法律的若干问题解释如下
8	最高人民法院、最高人民检察院关于办理扰乱无线电通讯管理秩序等刑事案件适用法律若干问题的解释	2017年6月27日，最高人法院、最高人民检察院公布，自2017年7月1日起施行	为依法惩治扰乱无线电通讯管理秩序犯罪，根据《中华人民共和国刑法》《中华人民共和国刑事诉讼法》的有关规定，现就办理此类刑事案件适用法律的若干问题解释如下

附录 5　我国网络安全治理部门规章及规范性文件概览

序号	名称	时间	部门	目的
1	互联网等信息网络传播视听节目管理办法	2004年7月6日发布；自2004年10月11日起施行	国家广播电影电视总局	为规范互联网等信息网络传播视听节目秩序，加强监督管理，促进社会主义精神文明建设，制定本办法

续表

序号	名称	时间	部门	目的
2	互联网视听节目服务管理规定	2007年12月20日发布；自2008年1月31日起施行	国家广播电影电视总局、信息产业部	为维护国家利益和公共利益，保护公众和互联网视听节目服务单位的合法权益，规范互联网视听节目服务秩序，促进健康有序发展，根据国家有关规定，制定本规定
3	外国机构在中国境内提供金融信息服务管理规定	2009年4月30日公布，自2009年6月1日起施行	国务院新闻办公室、商务部、国家工商总局	为便于外国机构在中国境内依法提供金融信息服务，满足国内用户对金融信息的需求，促进金融信息服务业健康、有序发展，根据《国务院关于修改〈国务院对确需保留的行政审批项目设定行政许可的决定〉的决定》（国务院第548号令），制定本规定
4	互联网文化管理暂行规定	2011年2月17日发布；自2011年4月1日起施行	文化部	为了加强对互联网文化的管理，保障互联网文化单位的合法权益，促进我国互联网文化健康、有序地发展，根据《全国人民代表大会常务委员会关于维护互联网安全的决定》和《互联网信息服务管理办法》以及国家法律法规有关规定，制定本规定
5	规范互联网信息服务市场秩序若干规定	2011年12月29日公布；自2012年3月15日起施	工业和信息化部	为了规范互联网信息服务市场秩序，保护互联网信息服务提供者和用户的合法权益，促进互联网行业的健康发展，根据《中华人民共和国电信条例》《互联网信息服务管理办法》等法律、行政法规的规定，制定本规定
6	电信和互联网用户个人信息保护规定	2013年7月16日公布；自2013年9月1日起施行	工业和信息化部	为了保护电信和互联网用户的合法权益，维护网络信息安全，根据《全国人民代表大会常务委员会关于加强网络信息保护的决定》《中华人民共和国电信条例》《互联网信息服务管理办法》等法律、行政法规，制定本规定
7	即时通信工具公众信息服务发展管理暂行规定	2014年8月7日	国家互联网信息办公室	为进一步推动即时通信工具公众信息服务健康有序发展，保护公民、法人和其他组织的合法权益，维护国家安全和公共利益，根据《全国人民代表大会常务委员会关于维护互联网安全的决定》《全国人民代表大会常务委员会关于加强网络信息保护的决定》《最高人民法院、最高人民检察院关于办理利用信息网络实施诽谤等刑事案件适用法律若干问题的解释》《互联网信息服务管理办法》《互联网新闻信息服务管理规定》等法律法规，制定本规定

序号	名称	时间	部门	目的
8	互联网用户账号名称管理规定	2015年2月4日	国家互联网信息办公室	为加强对互联网用户账号名称的管理，保护公民、法人和其他组织的合法权益，根据《国务院关于授权国家互联网信息办公室负责互联网信息内容管理工作的通知》和有关法律、行政法规，制定本规定
9	互联网危险物品信息发布管理规定	2015年2月5日	公安部、国家互联网信息办公室、工业和信息化部、环境保护部、国家工商总局、国家安全生产监督管理总局	为进一步加强对互联网危险物品信息的管理，规范危险物品从业单位信息发布行为，依法查处、打击涉及危险物品的违法犯罪活动，净化网络环境，保障公共安全，根据《全国人大常委会关于加强网络信息保护的决定》《全国人大常委会关于维护互联网安全的决定》《广告法》《枪支管理法》《放射性污染防治法》《民用爆炸物品安全管理条例》《烟花爆竹安全管理条例》《危险化学品安全管理条例》《放射性同位素与射线装置安全和防护条例》《核材料管制条例》《互联网信息服务管理办法》等法律、法规和规章，制定本规定
10	互联网新闻信息服务单位约谈工作规定	2015年4月28日	国家互联网信息办公室	为了进一步推进依法治网，促进互联网新闻信息服务单位依法办网、文明办网，规范互联网新闻信息服务，保护公民、法人和其他组织的合法权益，营造清朗网络空间，根据《互联网信息服务管理办法》《互联网新闻信息服务管理规定》和《国务院关于授权国家互联网信息办公室负责互联网信息内容管理工作的通知》，制定本规定
11	互联网信息搜索服务管理规定	2016年6月25日	国家互联网信息办公室	为规范互联网信息搜索服务，促进互联网信息搜索行业健康有序发展，保护公民、法人和其他组织的合法权益，维护国家安全和公共利益，根据《全国人民代表大会常务委员会关于加强网络信息保护的决定》和《国务院关于授权国家互联网信息办公室负责互联网信息内容管理工作的通知》，制定本规定

续表

序号	名称	时间	部门	目的
12	移动互联网应用程序信息服务管理规定	2016年6月28日	国家互联网信息办公室	为加强对移动互联网应用程序（APP）信息服务的管理，保护公民、法人和其他组织的合法权益，维护国家安全和公共利益，根据《全国人民代表大会常务委员会关于加强网络信息保护的决定》和《国务院关于授权国家互联网信息办公室负责互联网信息内容管理工作的通知》，制定本规定
13	互联网直播服务管理规定	2016年11月4日	国家互联网信息办公室	为加强对互联网直播服务的管理，保护公民、法人和其他组织的合法权益，维护国家安全和公共利益，根据《全国人民代表大会常务委员会关于加强网络信息保护的决定》《国务院关于授权国家互联网信息办公室负责互联网信息内容管理工作的通知》《互联网信息服务管理办法》和《互联网新闻信息服务管理规定》，制定本规定
14	关于推进国土空间基础信息平台建设的通知	2017年7月10日	国土资源部、国家测绘地理信息局	依托国土资源、测绘地理等已有空间数据资源，建立国土空间基础信息平台，为政府部门开展国土空间相关的规划、审批、监管与分析决策提供基础服务，提升国土空间治理能力现代化水平
15	互联网论坛社区服务管理规定	2017年8月25日发布，自2017年10月1日起施行	国家互联网信息办公室	为规范互联网论坛社区服务，促进互联网论坛社区行业健康有序发展，保护公民、法人和其他组织的合法权益，维护国家安全和公共利益，根据《中华人民共和国网络安全法》《国务院关于授权国家互联网信息办公室负责互联网信息内容管理工作的通知》，制定本规定
16	互联网新闻信息服务许可管理实施细则	2017年5月22日	国家互联网信息办公室	为进一步提高互联网新闻信息服务许可管理规范化、科学化水平，促进互联网新闻信息服务健康有序发展，根据《中华人民共和国行政许可法》《互联网新闻信息服务管理规定》，制定本细则

序号	名称	时间	部门	目的
17	互联网信息内容管理行政执法程序规定	2017年5月2日公布，自2017年6月1日起施行	国家互联网信息办公室	为了规范和保障互联网信息内容管理部门依法履行职责，保护公民、法人和其他组织的合法权益，维护国家安全和公共利益，根据《中华人民共和国行政处罚法》《中华人民共和国网络安全法》《国务院关于授权国家互联网信息办公室负责互联网信息内容管理工作的通知》，制定本规定
18	互联网新闻信息服务管理规定	2017年5月2日公布，自2017年6月1日起施行	国家互联网信息办公室	为加强互联网信息内容管理，促进互联网新闻信息服务健康有序发展，根据《中华人民共和国网络安全法》《互联网信息服务管理办法》《国务院关于授权国家互联网信息办公室负责互联网信息内容管理工作的通知》，制定本规定

参考文献

［1］中央网络安全和信息化领导小组办公室，国家互联网信息办公室政策法规局.中国互联网法规汇编［M］.北京：中国法制出版社，2015.

［2］北京邮电大学互联网治理与法律研究中心.中国网络信息法律汇编［M］.北京：中国法制出版社，2017.

［3］黄相怀.互联网治理的中国经验：如何提高中共网络执政能力［M］.北京：中国人民大学出版社，2017.

［4］何明升.网络治理：中国经验和路径选择［M］.北京：中国经济出版社，2017.

［5］李雪峰.突发事件应对案例研究［M］.北京：国家行政学院出版社，2017.

［6］孙宝云.政府信息公开视角下保密管理机制研究［M］.北京：中国社会科学出版社，2017.

［7］金江军，郭英楼.互联网时代的国家治理［M］.北京：中共党史出版社，2016.

［8］钟海帆.互联网与国家治理现代化［M］.北京：社会科学文献出版社，2015.

［9］陈潭.大数据时代的国家治理［M］.北京：中国社会科学出版社，2015.

［10］【英】维克托·迈尔–舍恩伯格，肯尼思·库克耶.大数据时代：生活、工作与思维的大变革［M］.盛杨燕、周涛，译.杭州：浙江人民出版社，2013.

［11］中央电视台大型纪录片《互联网时代》主创团队.互联网时代［M］.北京：北京联合出版公司，2015.

［12］【美】劳拉·德拉迪斯.互联网治理全球博弈［M］.覃庆玲，译.北京：中国人民大学出版社，2017.

［13］【美】P.W.辛格，艾伦·弗里德曼.网络安全：输不起的互联网战争［M］.北京：电子工业出版社，2015.

［14］闪淳昌，薛澜.应急管理概论：理论与实践［M］.北京：高等教育出版社，2012.

［15］中国网络空间安全研究院，中国网络空间安全研究会.网络安全应急响应培训教程［M］.北京：人民邮电出版社，2016.

［16］李尧远.应急预案管理［M］.北京：北京大学出版社，2013.

［17］王舒毅.网络安全国家战略研究［M］.北京：金城出版社、社会科学文献出版社，2016.

［18］郭宏生.网络空间安全战略［M］.北京：航空工业出版社，2016.

［19］程工，等.美国国家网络安全战略研究［M］.北京：电子工业出版社，2015.

［20］【美】马克·罗滕伯格，茱莉亚·霍维兹，杰拉米·斯科特.无处安放的互联网隐私［M］.苗淼，译.北京：中国人民大学出版社，2017.

| 后 记 |

　　本书初稿完成之际，正值党的十九大胜利闭幕，全党全国各族人民正深入学习贯彻落实党的十九大精神。党的十九大是在全面建成小康社会决胜阶段、中国特色社会主义进入新时代的关键时期召开的、凝聚全党全军全国各族人民意志和力量、开启新征程的历史性盛会。党的十九大在政治上、理论上、实践上取得了一系列重大成果，就新时代坚持和发展中国特色社会主义的一系列重大理论和实践问题阐明了大政方针，就推进党和国家各方面工作制定了战略部署，是我们党在新时代开启新征程、续写新篇章的政治宣言和行动纲领。从此，中国特色社会主义进入新时代，中国网络安全亦将开启全面治理新格局。

　　2018年4月，全国网络安全和信息化工作会议召开，习近平总书记发表重要讲话。他强调，党的十八大以来，党中央重视互联网、发展互联网、治理互联网，统筹协调涉及政治、经济、文化、社会、军事等领域信息化和网络安全重大问题，作出一系列重大决策、提出一系列重大举措，推动网信事业取得历史性成就。这些成就充分说明，党的十八大以来党中央关于加强党对网信工作集中统一领导的决策和对网信工作作出的一系列战略部署是完全正确的。我们不断推进理论创新和实践创新，不仅走出一条中国特色治网之道，而且提出一系列新思想新观点新论断，形成了网络强国战略思想。习近平总书记指出，今后要加强党中央对网信工作的集中统一领导，确保网信事业始终沿着正确方向前进。

　　作为网络安全问题的研究者，我们深入学习贯彻党的十九大精神，学习习近平总书记的重要讲话，立足专业、凝心聚力，经过孜孜不倦的十余次反复修改，终于圆满完成了这部著作，献礼我们这个伟大的时代。

　　本书是国家行政学院出版社重点出版项目"公共安全治理新格局丛书"之一，重点介绍了新时代网络安全的新特点及对领导干部素养的新要求，系统研究了党的十八大以来党中央、国务院对网络安全治理的战略布局，全面梳理了习近平总书记关于网络安全的重要讲话及相关论述，深入分析了网络安全应急治理与风险治理，同时聚焦领导干部的网络安全素养，并结合最新政策全面介绍了我国网络安全专业人才培养及宣传教育。本书共七章，是团队合作的成果，成员均为北京电子科技学院的教师，分别是孙宝云教授、李波洋博士、于洁博士、张臻博士、封化民教授。具体分工如下：

封化民：第二章（与于洁合作）、第三章（与张臻合作）、第五章、后记；

孙宝云：前言、绪论、第一章、第四章、附录；

李波洋：第六章。

衷心感谢丛书主编的信任。在历时一年多的编写过程中，执行主编多次组织专家讨论会，就书中的问题提出中肯的意见建议，其严谨的研究态度和一丝不苟的工作作风，给我们留下了深刻印象。

特别感谢参与本书讨论并提出宝贵意见的各位专家，《网信军民融合》杂志副主编秦安对书稿的框架设计提出了很多宝贵意见；北方工业大学校长丁辉、国家行政学院教授许耀桐参加了本书初稿的最初论证与研讨。感谢所有提出意见的专家学者，你们的真知灼见是我们反复打磨书稿的最大支持力量。

最后还要感谢国家行政学院出版社，对"公共安全治理新格局丛书"和本书的出版高度重视，从组稿开始，从专业角度提出了很多具体建议，在出版过程中，做了大量编辑工作。

囿于学识，书中谬误疏漏之处，尚祈专家、学者不吝指正。

封化民

2018年6月